江苏省高等学校重点教材（编号：2021-2-267）

地球物理学原理与应用

黄周传　徐鸣洁　米　宁　编著

科学出版社

北　京

内 容 简 介

本书从地球物理学基本原理出发，系统地介绍地球物理学基本研究方法和在地球科学中的基本应用，内容包括地震学、重力学、地磁学和地电学等地球物理主要分支学科的原理与应用。本书遵循理论与应用相结合的原则，介绍不同地球物理场的基本特征、相应地球物理方法的工作原理，以及这些方法在地球内部探测与资源勘查中的应用，力求使读者对地球物理学有比较完整的了解。

本书适用于综合性大学地质学及地球科学相关专业本科生的地球物理学基础教学，也可作为专业院校地球物理课程的教材或参考书，亦可供从事地理科学相关内容教学的中学教师和其他专业的科技人员参考。

审图号：**GS 京（2024）1844 号**

图书在版编目（CIP）数据

地球物理学原理与应用 / 黄周传，徐鸣洁，米宁编著. —北京：科学出版社，2024.9
ISBN 978-7-03-077766-9

Ⅰ. ①地… Ⅱ. ①黄… ②徐… ③米… Ⅲ. ①地球物理学 Ⅳ. ①P3

中国国家版本馆 CIP 数据核字（2023）第 252848 号

责任编辑：周 丹 沈 旭/责任校对：郝璐璐
责任印制：赵 博/封面设计：许 瑞

科 学 出 版 社 出版
北京东黄城根北街 16 号
邮政编码：100717
http://www.sciencep.com
北京天宇星印刷厂印刷
科学出版社发行 各地新华书店经销

*

2024 年 9 月第 一 版 开本：720×1000 1/16
2025 年 3 月第二次印刷 印张：16
字数：341 000

定价：99.00 元
（如有印装质量问题，我社负责调换）

前　言

　　学科的交叉、渗透、融合是现代地球科学发展的趋势，地球物理学是地球科学中一门重要的基础学科，对现代地球科学发展，包括重大基础理论创立、重大地球科学基础研究计划实施、自然资源勘查和自然灾害预测预防，都起到了关键性支撑作用。20 世纪 60 年代以来，在全球板块构造理论的创立和重大地球科学计划的实施中，如地球动力学计划、全球地学断面计划、美国地球透镜（EarthScope）计划等，以及我国正在实施和推进的"深地""深海""深空"等基础研究，地球物理学观测和研究都是不可或缺的。伴随计算机科学和人工智能科学的发展，新的地球物理学方法和数据分析技术不断涌现，支撑着自然资源勘查和地质灾害预防行业的发展。因此，现代地球科学发展不仅需要地球物理学科高级专门人才，也需要具有理解与运用地球物理学方法观测数据和综合研究能力的地质学相关专业人才，即需要培养地质学和地球物理学复合型人才。

　　为适应现代地球科学发展和人才培养的需要，南京大学从 20 世纪 80 年代后期开始探索为综合性大学地质学及其他地球科学相关专业开设地球物理学课程，并编写相应的教材。南京大学先后为构造地质学专业本科生、地质学理科人才基地班开设了"地球物理基础"必修课程，并于 1987 年编写出版了《地球物理学原理与应用》教材，1995 年修订出版了该教材第二版。经过了几代人三十多年的教学实践、人才培养反馈，不断积累经验与探索改进，"地球物理学"现已成为南京大学地球科学与工程学院本科生培养的一门核心课程。

　　为了反映地球物理学发展的新进展，适应人才培养的新要求和学生学习的需要，在第二版的基础上，编者进行了新版教材的编写，对第二版教材内容和结构做了大量调整与增删。全书主要包括地震学、重力学、地磁学和地电学。由于第二版教材中的古地磁学和地热学部分在其他课程中讲授，新版教材中未包含这两部分内容。本书的编写目标主要是使学生能够全面了解各种地球物理学方法的基本原理及在地球科学中的应用，具备综合运用地球物理资料解决地球科学问题的基本能力。

　　教材的编撰遵循理论与应用相结合的原则，每部分均以"理论与应用"为框架。与前期版本和近年来出版的其他地球物理教材相比，本书有以下主要特点：

　　(1) 从各种地球物理场遵循的基本物理规律出发，分析地球物理场的时空分布规律，重点讲述各种地球物理场图像对应的物理意义，建立物理场图像特征和地学问题的关联。

　　(2) 从不同尺度介绍地球物理方法的应用，包括全球尺度（如地球重力场分布特征与地球形状，全球圈层结构中地幔、岩石圈结构等）、区域尺度（如板块俯冲带、地幔柱对流区的结构)的研究成果及小尺度(如地质矿产勘探、工程勘察、环境监测等)地质现象和地质问题的研究。

(3)引入并介绍地球物理研究的新进展,包括新的地球物理方法和观测技术、新的应用方向和研究成果。

本书是在黄周传主持的江苏省高等学校重点教材建设项目的支持下完成的,具体分工为:第 1 章由黄周传和米宁编写,第 2、3 章由徐鸣洁和黄周传编写,第 4、5 章由徐鸣洁编写,第 6 章由米宁编写。在编写过程中,编写组进行了深入讨论和修改,并征求了相关地质学专家的意见。王良书根据第一、第二版教材的编写和使用效果,对本教材的编写提出了重要建议,王涛、阮友谊、于大勇等对本教材的内容提出了宝贵意见,部分地球物理专业研究生参与了教材的校对与部分图件的绘制工作,在此对他们表示感谢。

由于本书涉及的内容广泛,编者水平有限,不当之处恳请读者予以指正。

编 者

2023 年 7 月

目　　录

第1章 绪 论

1.1 地球物理学概述

地球物理(geophysics，德语为 geophysik)一词最早于 1834 年出现在德语中，是由 Julius Fröbel 提出的。1887 年，*Beiträge zur Geophysik* 杂志诞生，地球物理一词开始正式出现在文献中。1898 年，哥廷根大学(University of Göttingen)建立了世界上第一所地球物理研究所，Emil Wiechert 教授成为第一位地球物理机构的负责人。1919 年，世界上第一个地球物理国际组织"International Union of Geodesy and Geophysics"(国际大地测量和地球物理学联合会)在比利时布鲁塞尔成立，它至今仍然是地球科学最重要的国际组织之一。20 世纪，地球物理学取得了突破性的进展，1957~1958 年举行的国际地球物理年(International Geophysical Year，IGY)活动对地球物理学的发展具有里程碑的意义，确立了包括地震学、地磁学、重力学在内的 11 个相关学科，建立了现代地球物理学的学科框架。

地球物理学是以地球为研究对象的一门现代应用物理学，其主体是固体地球物理学，研究地球表面的各种物理场，地球内部的物质组成、结构和运移，地球深部过程和动力学及其对地表演化的影响等。广义的地球物理学关注与地球及其所处空间环境有关的物理性质和物理过程，包括固体地球、水圈循环、海洋和大气流体动力学、大气层的电磁作用，以及相近行星系统的物理性质。

本书特指固体地球物理学，它是地球科学的一个重要分支，通过对地球物理场的观测，利用物理、数学和计算机技术，定量研究固体地球内部的物理性质与物理过程。地球物理学从字面上讲是地球科学与物理学的结合。从物理学的角度上讲，地球物理是物理学方法在地球科学研究中的应用；从地球科学的角度上讲，地球物理是一种技术手段。地球物理学在研究方法上，主要利用数学和物理学的方法；在研究内容上，研究固体地球介质的物理性质及它们的空间分布和时间演化；在空间尺度上，关注人类无法直接到达的固体地球内部；在时间尺度上，剖析现今时间节点上的地球结构和状态，为研究地球演化过程提供边界约束。

作为地球科学的重要分支，地球物理学的观测和研究成果对地球科学基本理论的发展起到了重要的推动作用。20 世纪 60 年代建立起来的板块构造学说是现今地球科学的基本框架理论，海底扩张和板块俯冲是板块构造体系的两个重要动力学边界，地磁学中海底磁异常条带的观测和研究为海底扩张学说提供了关键证据，地震学中贝尼奥夫带(Benioff zone)的观测和证实则强有力地证明了板块俯冲的存在。20

世纪 70 年代以来，随着地震观测技术的发展和数据的快速积累，以及计算机技术的进步，科学家们刻画了越来越精细的地球深部结构，证实了板块深俯冲与超级地幔柱的存在，对传统的板块构造理论提出了新挑战，推动着地球科学理论的突破和发展。

作为一门应用物理学科分支，地球物理学与人类社会息息相关。地震和火山喷发等自然灾害与人类社会如影随形，预测地震发生和火山喷发一直是关系人类生存发展的重要课题，地球物理学方法为研究地震和火山源区的结构提供了重要探测手段，是研究和阐明自然灾害成因及成灾机制的基础。对各种能源、矿产资源的开发利用是现代社会经济发展的基础，地球物理学为煤炭、石油、天然气等各种能源资源及金属和非金属矿产资源的开发提供了丰富的勘探手段，发挥了不可替代的作用。在社会基础设施建设中，存在大量的水利水电、道路交通、地下空间开发等工程项目，这些工程的建设需要探明地下的地质结构，查明基岩、断裂、水文分布状况，同时需要对工程质量和周边环境变化进行监测，都离不开地球物理学方法。此外，地球物理学在航空航天、军事和国防安全领域也有着广泛的应用，对保障国家战略安全具有重要的意义。

1.2 地球物理学的研究内容和方法

1.2.1 地球物理学的主要研究内容

从研究的尺度上讲，地球物理学的研究内容总体可以分为两大部分。一部分是研究大中尺度的地球本体结构和性质，深化认识地球的理论和研究方法，如各种地球物理场的全球时空分布规律、地球的形状和内部圈层结构、震源物理过程、地磁场起源等；另一部分则是以中小尺度地质体为对象的应用研究，如油气资源勘探、金属与非金属勘探、工程勘探与环境监测等，这部分也称为勘探地球物理。

从研究对象上来看，地球物理学是对地球表面观测到的地球物理场的研究，包括地震波场、重力场、地磁场、地电场、地热场等。根据观测和研究的物理场性质，地球物理学可以分为地震学、重力学、地磁学、地电学和地热学等研究方向。各种地球物理场的时空分布取决于地球内部介质的物理性质和空间分布，地球物理学通过对地球物理场的观测和研究，提取地球内部介质的各种物理性质和空间结构信息，包括密度结构、速度结构、磁性结构、电性结构等，构建对固体地球内部结构与性质的认知。其基本研究内容框架如图 1-1 所示。

地震学以力学理论为基础，研究内容主要包括震源物理过程、地震波在地球内部的传播过程和地球内部结构探测。由于地震波穿透地球深部，携带地球深部的结构和物性信息，地震学成为研究地球内部结构最为直接和可靠的方法，其探测的目标包含结构体的空间分布、边界形态和变形情况，研究尺度小到近地表精细结构，可以达到米级，大到全球尺度的结构，可以达到数千千米级。由于地震波能够直接穿透地核，故地震学也是目前能够直接探测地核结构的唯一手段。利用地震观测资

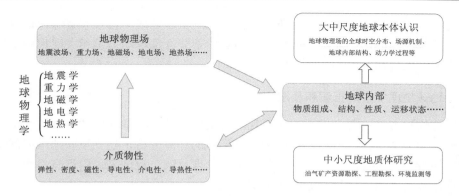

图 1-1　地球物理学基本研究内容框架示意图

料还可以推断地球内部介质的物理性质，如地球内部介质力学性质、地震波速、密度等物性参数随深度的变化规律。

重力学以引力和位场理论为基础，研究内容包括地球重力场的空间分布和变化规律，反映了地球内部物质密度分布特征，在大地测量、地球内部构造和地球动力学研究等领域有广泛应用。重力勘探利用地表重力异常进行浅层构造探测，是固体矿产和油气资源勘探、工程勘探的重要探测方法。随着卫星重力测量的发展，重力学的观测手段和观测范围得到扩展，能够获得更加完整的全球重力场信息，使人类对地球重力场空间结构和随时间的变化有了更新、更细致的了解。

地磁学以电磁场理论为基础，是研究地球磁场空间结构、随时间变化规律、地磁场起源和磁空间环境的学科。由地磁场的观测可以研究地球内部与近地空间的电磁性质，以及地核中的磁流体动力学过程。古地磁学是地磁学的一个重要分支，利用岩石剩余磁性来研究古地磁场，可为研究地质历史时期的构造演化提供重要依据，为板块构造理论的建立提供关键证据。磁法勘探利用地表磁异常勘查地下矿床，是地球物理勘探的一个重要方法，在近地表矿产资源和能源勘探领域发挥了重要的作用。随着科学技术的发展，地磁学拓展了对磁空间环境的探测，为人类开拓宇宙提供关键数据。

地电学以稳定电流场和电磁场理论为基础，通过对天然或人工建立的稳态电流场和交变电磁场的观测，研究地球内部介质的电性结构分布。其中，利用天然电磁场的大地电磁方法的探测深度可达数百千米，可用于研究整个岩石圈的结构；利用人工建立的电流场和电磁场，可以对近地表构造提供米级分辨率的结构探测，在金属和非金属矿产勘探、水文和工程地质调查、环境监测和考古等各个领域都有广泛的应用。

地热学以热力学理论为基础，通过对地球温度场和大地热流场时空分布规律的观测和研究，探讨地球内部的热源分布、各圈层之间的传热机制，以及地球内热在地球内部物质的构造变形和运动过程中的驱动作用。地热学在板块构造和地球动力

学研究、地热资源的分布和开发研究、矿产油气资源的成矿背景和资源评估等众多
领域有着广泛的应用。前两版教材中的地热学部分在地球动力学相关课程中讲授，
本书中未纳入这部分内容。

1.2.2　地球物理学中的正演和反演

地球物理方法主要利用地球表面观测的地球物理场，推断地球内部的结构、物
质组成和动力学过程。通过对不同物理场资料的计算分析，建立反映地球内部真实
物理结构或物理过程的数值模型，称为地球物理**反演**。反过来，由已有参数模型计
算理论地球物理场，称为地球物理**正演**（图 1-2）。

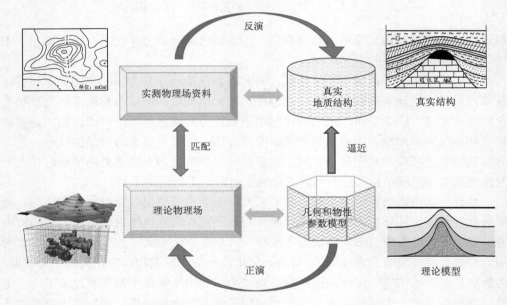

图 1-2　地球物理正演和反演过程示意图

在实际研究中，地球物理正演与反演是相辅相成的。正演过程提供对地球物理
场分布特征的一般性和规律性认识，并能够为反演计算提供初始模型。反演获得的
参数模型需要通过正演计算的理论物理场进行验证，通过与实际观测的物理场进行
比较，检验和修订反演获得的参数模型，逐步逼近地球内部真实的物理结构。在这
个过程中，正演和反演交替进行，是地球物理最基本的工作方法。

地球物理场具有等效性，即不同的场源或者结构可以形成相同的场效应，加上
实际的观测资料是对地球物理场的稀疏采样，即信息具有不完备性，导致地球物理
反演的解存在非唯一性，或者称为反演问题的多解性。例如，在重力异常场反演中，
地下岩层的密度变化会引起局部的重力异常，这个密度变化可能源自地层的起伏，
也可能源于特殊岩性体，或者是局部构造影响等。因此，在地球物理反演过程中，

应尽量采用多参数、多方法的联合反演和多学科资料的综合解释，以减少反演的多解性，获得对研究对象的正确认知。

1.3　地球物理学对地球的认识

地球内部物质的组成与结构差异是地球物理场空间分布的基础，地球内部物质的性质变化或空间运移又将引起地球物理场随时间的变化，因此，地球物理场的时空分布和变化特征中包含了地球内部的丰富信息。通过对不同尺度物理场的观测和研究，能够获得对地球不同尺度结构的基本认知；通过对不同性质物理场的观测和研究，能够获得圈层结构框架下地球内部物质组成与物理性质的认知。

1.3.1　地球基本结构

经过两个多世纪以来的地球物理观测，研究者积累了大量的地球物理场观测资料，在此基础上开展地球物理学研究，获得了对地球内部结构的基本认识。对地震波场的研究发现，地震波在地球内部的传播速度随深度变化，且在一些深度上速度会发生急剧变化，即存在速度间断面，主要有壳幔边界(Mohorovičić discontinuity, Moho)、核幔边界(core-mantle boundary, CMB)和内核边界(inner core boundary, ICB)，它们将地球分成了地壳、地幔、液态外核与固态内核，确立了地球内部的基本圈层结构。地球内部还存在次一级的速度突变界面。岩石圈和软流圈界面的发现，有力地支持了板块构造理论，证实了软流圈具有较弱力学性质；在地幔中存在410~660 km 的地幔转换带，将地幔分为上地幔、下地幔。对这些次一级界面的研究深化了对地球圈层结构的认识(图 1-3)。

大量的地球物理场观测资料也给出了各种物理场全球范围的空间分布形态。基于地球总体的球对称几何形状和自旋状态，重力场与地磁场等地球物理场空间分布总体上表现为纬向旋转对称特征，同时表现出不同尺度的空间形态变化。在现代大地测量学中，地球形状指大地水准面的形状，是由地球物质引力和地球自转共同形成的重力位场的等位面确定的。对地球重力场的观测和研究表明，地球总体上可近似为密度仅随深度变化的旋转椭球体，而大地水准面的形状与理想地球椭球体存在一定差异，如图 1-4 所示，在全球尺度上有约百米的起伏变化。

图 1-5 显示了全球地磁场磁感应强度的分布，总体上具有纬向对称的偶极子场特征。地表和高空的地磁场观测和研究表明，地磁场一级近似可视为位于地心的轴向磁偶极子的磁场，偶极子的磁轴与地球的自转轴之间存在小的夹角；另外，地磁场中还存在空间分布随时间变化漂移的非偶极磁场成分，产生这种地磁场结构的场源可能与地球外核中的电流体系有关。古地磁学借助地磁偶极子场的性质，研究地磁场演化历史，为古大陆的重建提供证据。

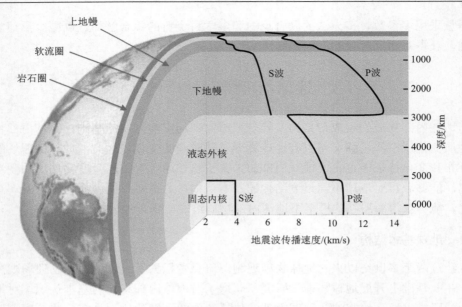

图 1-3　地球内部地震波速分布和圈层结构特征

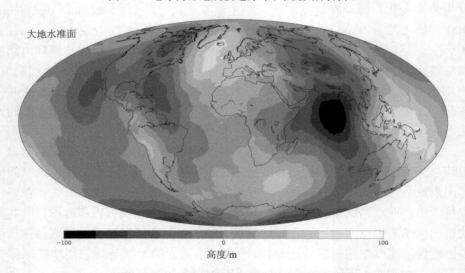

图 1-4　由重力观测获得的大地水准面高度

1.3.2　地球内部结构横向不均一性

随着观测技术的进步和观测资料的积累,现今的地球物理学主要研究地球内部结构的横向不均一性。这种横向不均一性一方面表现为主要界面(如速度间断面、密度界面和电性界面等)的起伏,另一方面表现为地球内部物质物理性质的横向变化。

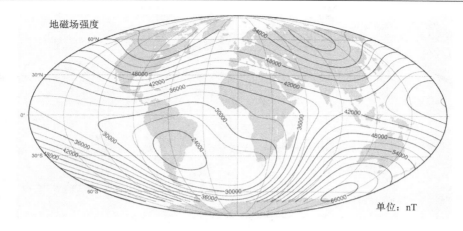

图 1-5 全球地球磁场分布

这些成果建立了对地球内部结构更为准确的空间和物理描述，同时为研究地球内部不同尺度的动力学过程提供了系统边界形态和力学性质约束。

图 1-6 是地震层析成像结果反映的地幔速度结构断面，显示了地幔中存在明显的横向速度差异。地幔柱附近表现为相对低速特征，俯冲板片表现为相对高速特征，反映了地幔的温度、成分和物理性质在空间上的横向变化，勾勒出地幔对流系统的两个重要构造边界：地幔柱上升边界和俯冲板片下降边界。地幔对流模式（图 1-7）认为，地幔柱将下地幔底部物质带到地表，俯冲板片将地球浅部物质带到地幔底部，在地幔柱和俯冲板片附近形成了明显的温度异常与成分异常，构成了地幔尺度的物质对流和循环系统。

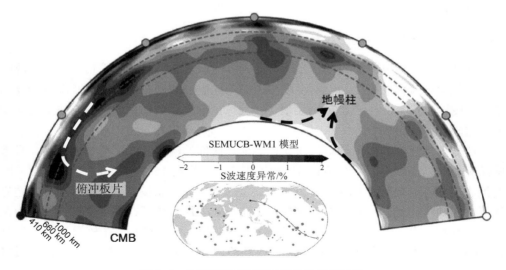

图 1-6 全球层析成像揭示的地幔速度异常

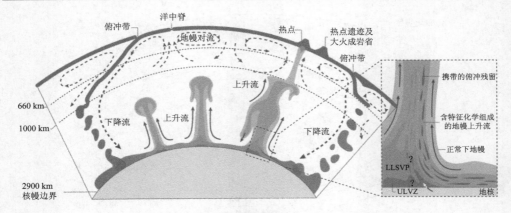

图 1-7　地幔对流示意图(Koppers et al., 2021)

LLSVP 即 large low shear velocity province，指大范围 S 波低速区；ULVZ 即 ultra-low velocity zone，指超低速区

　　基于重力场观测得到的各种大中尺度重力异常的横向变化，揭示出区域性构造单元的分界，同样可以反映重要动力学系统边界的空间变化特征。例如，线状造山带和板片俯冲带的区域重力异常，均反映了地球内部物质横向不均匀分布的特征。此外，由重力观测资料建立的均衡异常分布，如现今造山带隆升区域和冰盖消融回弹区域的均衡异常特征，反映了地球内部正在进行的各种物质调整过程。地磁场中非偶极子场向西漂移，反映了地球磁场场源结构的空间变化，可能与地球外核及其相邻下地幔的性质、运动和动力学过程有关。

　　综上所述，地球内部结构的横向不均一性，关联到地球深部的动力学过程，与地震、火山喷发等自然灾害的成灾机制，以及矿产能源等自然资源的空间分布和成矿机制密切相关，是地球物理学观测与研究的重要目标。

1.3.3　地球内部物质组成与基本物理性质

　　地球内部介质以矿物和岩石为基本组成单位。图 1-8(a)显示了地球内部的温度和压力随深度变化的变化，不同温度和压力下的矿物和岩石组合造就了地球的物理结构。图 1-8(b)和图 1-8(c)分别显示了在地球内部圈层结构框架下的物质组成与物理性质。

　　地球内部温度和压力均呈径向变化。地球内部的温度随深度增加而升高，且不同深度的地温梯度不同。地壳的温度梯度很大，平均在 15~30℃/km，地壳底部的温度可达 1000℃；地幔中的温度梯度较小，但在地幔底部温度急剧升高，在核幔边界处可达 3000℃；地核中温度缓慢增加，在地心处达到 5200℃左右。地球内部压力在地壳和地幔中几乎是线性增加的，在地壳底部可达到 1 GPa，在核幔边界处达到 136 GPa，外核中的压力增加较快，在内外核边界处达到 329 GPa，在内核中缓慢增加至 364 GPa。

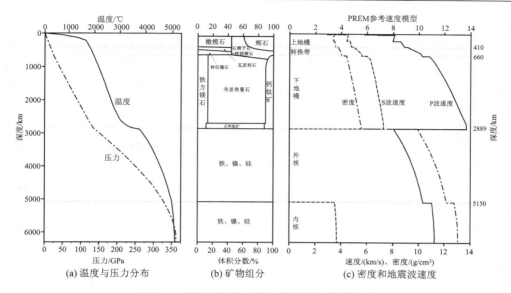

图 1-8　地球内部圈层的物质组成与物理性质

PREM 指 preliminary reference Earth model，即初始参考地球模型

　　地壳是地球最表层的部分，全球平均地壳厚度为 35 km 左右，大陆与海洋地区的地壳结构差异巨大。大陆地壳较厚，一般超过 30 km，在青藏高原地区可达 70 km。大陆地壳一般分为两层，上层地壳的化学成分以氧、硅、铝为主，平均化学成分与花岗岩相似，平均密度为 2.60 g/cm^3，P 波平均速度为 5.8 km/s，S 波平均速度为 3.46 km/s；下地壳以玄武岩质硅镁层为主，主要包括片麻岩、角闪岩和麻粒岩，平均密度为 2.90 g/cm^3，P 波平均速度为 6.5 km/s，S 波平均速度为 3.85 km/s。因此，部分大陆地壳发育康拉德速度不连续面，将上地壳、下地壳分开。海洋地壳仅有 5~15 km 厚，主要由玄武岩层组成，地壳底部常有辉绿岩和辉长岩组成的杂岩体，平均密度为 2.85 g/cm^3，P 波平均速度为 6.8~7.2 km/s，S 波平均速度为 3.5~4.3 km/s。

　　上地幔的组分以橄榄石、辉石和石榴子石为主，体积分数分别为 50%~60%、20%~40% 和约 10%。上地幔橄榄石在 410 km、520 km 和 660 km 深度附近有大规模的相变，形成明显的速度不连续面。410~660 km 深度的地幔称为地幔转换带，分割了上地幔和下地幔。在 410 km 深度处，上地幔的 α 相橄榄石转变为 β 相橄榄石（即瓦茨利石，wadsleyite）；在 520 km 深度处，β 相橄榄石转变为 γ 相橄榄石（即林伍德石，ringwoodite）；在 660 km 深度处，进一步 γ 相橄榄石变成钙钛矿，也称布里奇曼石。因此，在转换带存在两个明显的密度和速度跃增界面，即 410 km（密度 3.51 g/cm^3 →3.92 g/cm^3，P 波速度 9.03 km/s→9.36 km/s，S 波速度 4.87 km/s→5.08 km/s）和 660 km（密度 3.92 g/cm^3→4.24 g/cm^3，P 波速度 10.20 km/s→10.79 km/s，S 波速度 5.61 km/s→5.96 km/s），虽然 520 km 深度处也发生了矿物相变，但是密度和速度增加并不明显。

　　下地幔矿物以硅酸盐类和氧化物为主，包括钙钛矿(布里奇曼石)、方镁石、铁方镁石等，密度由 4.24 g/cm³ 增加至地幔底部的 5.77 g/cm³，P 波速度从 10.79 km/s 增加至 13.66 km/s，S 波速度从 5.96 km/s 增加至 7.28 km/s。近年来的研究表明，在 2700 km 深度左右，下地幔的钙钛矿(或布里奇曼石)会转变成后钙钛矿，形成一个次级的速度不连续面(D″)。

　　地核的矿物组成比较简单，以铁、镍、硅元素为主，含少量金属硫化物，其中外核处于熔融状态，在核幔边界密度与速度突变，密度突增至 9.91 g/cm³，但 P 波速度突降至 8.00 km/s，S 波消失；在外核底部，密度增加到 12.14 g/cm³，P 波速度增加到 10.29 km/s。内核则呈固态，在内外核边界处存在密度与速度的跃变，密度跃增至 12.70 g/cm³，P 波速度突增为 11.04 km/s，S 波重新出现，传播速度为 3.50 km/s。随后，密度和地震波速度缓慢增加，地心处密度为 13.01 g/cm³，P 波速度为 11.26 km/s，S 波速度为 3.67 km/s。

　　除矿物组成造成的地球结构分层外，板块构造理论提出了岩石圈和软流圈的概念。岩石圈是地球表层的刚性圈层，包括地壳和部分上地幔；软流圈位于岩石圈下方，它的强度比较低，在地质时间尺度上被认为是可以流动的，软流圈是上覆岩石圈板块运动的基础。软流圈形成的原因可能是上地幔物质产生了部分熔融，从而有效地降低了软流圈的强度。地震学研究发现，软流圈的纵波和横波速度均明显降低。

　　综上所述，地球物理学通过对不同尺度物理场的观测和研究，为我们提供了地球内部不同尺度的物质结构、组成和状态的信息。地球物理场的全球分布特征，给出了地球本体的基本结构；区域尺度的物理场变化，揭示了地球内部普遍存在横向不均一性；而中小尺度的局部异常则与各种中小尺度的地质现象和地质问题相关联。现代观测与处理技术的进步，特别是计算机技术、现代通信技术及航天技术的飞速发展，不断促进地球物理学的发展，人类将进一步深入探究与认识赖以生存的地球。

第 2 章　地震学原理

地震学是研究地震发生和地震波传播、利用地震波研究地球内部结构的学科，是地球物理学的一个重要分支。地震是一种常见的自然现象，确切地说是一种自然灾害。但地震产生的地震波能够在地球内部传播，携带了大量地球内部的信息；人们可以通过研究地震波的运动学和动力学特征来研究地震的孕育、发生和地球内部的结构。因此，地震学方法成为研究地球内部结构、状态与构造活动最重要的手段。在地震学研究的过程中形成了地震探测技术，是地球物理勘探的重要分支，广泛应用于资源勘探。

地震学的主要研究内容包括：地震波在地球内部的传播规律研究；利用地震波研究地球内部结构和物理性质；震源物理研究，主要研究地震的成因机制与发震过程；地震观测和地震探测技术的研究等。

本章主要介绍地震波在传播过程中的基本原理，以及地震波在地球内部传播过程中的重要现象和主要认识。

2.1　地震时空分布与断层成因说

2.1.1　地震的基本要素

地震是一种自然现象，它是自然界中能量积累与释放的结果。构造运动在地球内部产生应力的局部积累，当应力积累达到一定程度后，岩石发生突然破裂并释放能量，即发生了地震；在地震发生时，一部分能量以地震波的形式在地球内部传播。

为了客观定量地描述地震，研究者确定了表示地震特性的基本要素和概念（图 2-1），包括：①地震发生的时间称为发震时刻，以年、月、日、时、分、秒的形式表示，如 2008 年汶川地震发震时刻为北京时间 2008 年 5 月 12 日 14 时 28 分 4 秒；在专业地震研究中常用协调世界时（coordinated universal time, UTC）。②地震发生的位置称为震源，由经度、纬度和深度表示；震源在地表的垂直投影称为震中，用经度和纬度表示；震源至震中的距离称为震源深度，以 h 表示，单位为 km；如 2008 年汶川地震震中位于四川省阿坝藏族羌族自治州汶川县映秀镇（103.4°E、31.0°N），震源深度约为 14 km。③震级是表征地震强弱的量度，与地震释放的能量关联，依据地震记录中的振幅特征按照一定的标准计算获得；基于不同测定标准有不同的震级标度，如近震震级 M_L、面波震级 M_S、体波震级 m_b 和矩震级 M_W 等，不同震级标度数值会有差异，如 2008 年汶川地震的面波震级是 $M_S 8.0$，矩震级是 $M_W 7.9$。

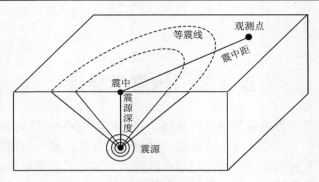

图 2-1　地震要素示意图

　　震中距是在地面从震中至观测点的距离，一般用 Δ 表示，它是地球表面的线距离，对于远震，常用台站与震中之间的大圆弧所对应的圆心角 θ 表示。地震烈度是评估地震对地面的影响和破坏程度的重要参数，它与震级、震中距和震源深度相关。一般来说，震级越大，震源越浅，它对地表的破坏程度就越大，震中的烈度就越大。地震烈度划分为多个等级，我国采用国际主流的 12 级划分方法，第 1 级烈度最小，人体没有感觉；第 12 级烈度最大，地表将完全被破坏。一次地震释放的能量是确定的，因此震级是确定的，不随震中距变化。地震对地表的破坏程度会随着震中距的增大而减小，即地震的烈度随震中距增大而减小。

　　依据地震的不同性质，天然地震有不同的分类，按成因可划分为构造地震、火山地震和诱发地震；按震源深度划分为浅源地震（$h < 60 \text{ km}$）、中源地震（$60 \text{ km} \leqslant h < 300 \text{ km}$）和深源地震（$h \geqslant 300 \text{ km}$）；按震中距划分为地方震（$\Delta < 100 \text{ km}$）、近震（$100 \text{ km} \leqslant \Delta < 1000 \text{ km}$）和远震（$\Delta \geqslant 1000 \text{ km}$）；等等。

2.1.2　全球地震分布与主要地震带

　　地震每天都在发生，中国平均每天会发生 100 次 1.0 级以上的地震，全球平均每年会产生 1500 多次 5.0 级以上地震，它们均可以被地震仪监测到。

　　地球内部的构造运动是天然地震的主要成因，构造地震约占天然地震的 90%。板块构造理论认为坚硬的岩石圈漂浮在强度较弱的软流圈之上，在较长的地质时间尺度下，不同的岩石圈板块发生相对运动，造成板块间的相互挤压、拖曳和碰撞作用。天然地震的分布与全球板块构造有着非常密切的关系（图 2-2），大地震主要分布在板块边界。

　　全球有三个主要的地震带，分别是环太平洋地震带、欧亚地震带和洋中脊地震带。环太平洋地震带是全球最重要的地震带，总长度超过 35 000 km，东侧由太平洋板块向美洲板块俯冲造成，西侧由太平洋板块向欧亚板块和印度-澳大利亚板块俯冲

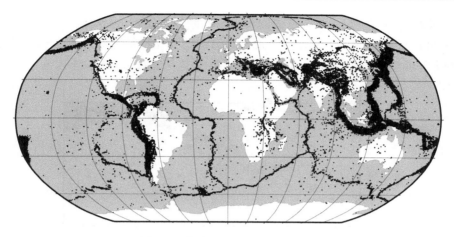

图 2-2　全球地震分布与板块构造

造成。它集中了全球 80%以上的地震，特别是目前记录到的 5 次 9.0 级以上的大地震中，有 4 次分布在环太平洋地震带。其中，1960 年智利 M_W 9.5 大地震是有地震记录以来震级最大的地震。

　　欧亚地震带是世界第二大地震活动区，总长度约 20 000 km，从西端的阿尔卑斯造山带向东经过土耳其安纳托利亚高原、伊朗高原，延伸至喜马拉雅造山带，然后转向东南，一直延伸到印度尼西亚俯冲带，它是由于新特提斯洋关闭后，欧亚板块与其南面的非洲板块和印度-澳大利亚板块的相互碰撞形成的，地震数占全球 15%左右。其中，1950 年西藏察隅发生的 M_W 8.6 地震是震级最大的陆上地震；2004 年苏门答腊 M_W 9.1 大地震是世界第三大地震。值得注意的是，欧亚地震带主要位于陆地，其上分布有众多国家和密集的人口，频繁发生的地震给人类社会造成了巨大的灾害。

　　洋中脊地震带主要位于海洋里，沿太平洋中脊、印度洋中脊和大西洋中脊分布。全球的洋中脊地震带是关联在一起的，总长度超过 65 000 km。洋中脊是离散型板块边界，地震震级相对较小，一般不超过 7.0 级，而且远离陆地，不会造成明显的灾害。

　　除了上述的三个主要地震带外，大陆内部也有一些范围较小的地震带，主要沿大陆裂谷带和陆内变形带分布，最主要的包括青藏高原—蒙古高原—贝加尔裂谷带、东非裂谷带、中国华北地震带、美国西部地震带等。虽然陆内地震带的范围较小，但它们导致的地震常发生在人口密集的地区，震级可达 M_W 8.0 以上，震源深度较浅，可能会造成重大的灾害，如我国 1556 年陕西华县大地震是世界上人员伤亡最严重的地震。

　　地球上还有一类特殊的深源地震，主要分布在环太平洋地震带，这里曾发生大量震源深度超过 100 km 的大地震，最大深度可达 751 km，如 2013 年鄂霍茨克海下方 609 km 深度发生的深源地震的震级高达 M_W 8.3。这些深源地震有明显的分布特征，与板块俯冲有一定关系，在海沟附近与外侧多为浅震，沿海沟内部向岛弧方向多发生深源地震。图 2-3 展示了震源深度分布的变化特征，称为和达-贝尼奥夫带（Wadati-Benioff zone），和达-贝尼奥夫带指示了板块俯冲的存在。

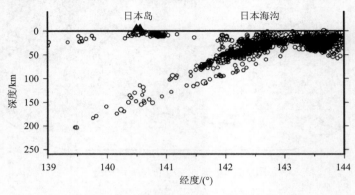

图 2-3　日本地区的和达-贝尼奥夫带

　　火山喷发的过程往往伴随着大量岩浆与气体活动，能够引发火山附近应力状态的改变，诱发地震。这类地震一般震级不大，主要分布在火山活动区，地震波及地区多限于火山附近数十千米的范围。火山地震多分布在日本、印度尼西亚和南美洲等俯冲带地区，占全球天然地震的 7% 左右。还有一种类型的火山地震被称为火山震颤(tremor)，不同的是，常规的地震会在数秒内产生并释放大部分能量，而火山震颤可以持续数小时甚至数月，它可能与火山下方岩浆或气体的流动有关，是一种缓慢的能量释放过程。

　　人类活动也能够诱发地震，最常见的是水库蓄水和石油、天然气开发过程中诱发的地震。目前已经证实了国内外约有 150 个水库诱发了明显地震，最早发现的水库诱发地震是 1931 年的希腊马拉松(Marathon)水库地震。大部分水库诱发地震的震级小于 4.5 级，不会造成明显的破坏，但是全球已出现 4 例 6.0 级以上的水库诱发地震，包括 1967 年印度科依纳(Koyna)水库 6.5 级地震、1962 年我国新丰江水库 6.1 级地震、1963 年赞比亚-津巴布韦卡里巴(Kariba)水库 6.3 级地震和 1966 年希腊克里玛斯塔(Kremasta)水库 6.2 级地震。石油和天然气资源开采也可能诱发地震。近年来，中国、美国、加拿大等国大规模推进水力压裂页岩气开采技术，在此过程中，注入的流体在附近断层中的扩散会增加孔隙液体压力，降低断层的摩擦强度，从而诱发地震。美国中东部近年来 3.0 级以上的地震明显增加，可能与向地下注水有关。

2.1.3　地震成因假说与震源等价力系

　　最主要的地震成因假说是弹性回跳假说。1906 年美国旧金山大地震后，H. F. Reid 根据圣安德烈斯断层产生明显的水平移动提出了该假说。地震是岩石破裂产生的，地震发生前，断层两侧的地块紧密结合在一起[图 2-4(a)]；在地下应力的作用下,断层附近的岩石发生形变,并积累应变能,此时断层仍处于闭锁状态[图 2-4(b)];当应力积累超过岩石的破裂极限时,岩石突然失稳、破裂,地震发生,地表断层发生错动[图 2-4(c)],释放能量;地震后,恢复至新的应力平衡状态。在主断层处于闭锁状态时,由于持续的应力作用可能发生一些小的破裂,引起断层附近一些物理场的变化,发生一些小地震,即地震前兆;主断层弹性回跳产生地震,且弹性回跳可能不是一次完成的,间歇性的弹性回跳可解释余震序列的现象。弹性回跳模式解释了构造地震发生前后的基本物理过程,勾画出了地震发生过程的简单物理图像。

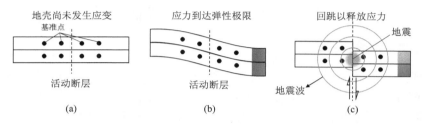

图 2-4　弹性回跳模式(据 Yeats,2004 修改)

在岩石圈中,温度随深度增加而升高,岩石由脆性逐渐变为韧性,因此由岩石脆性破裂产生的地震主要分布在浅层地壳中,震源深度一般不超过 30 km。而俯冲带附近的深源地震分布被认为是:当冷的岩石圈下插入入热的地幔时,在较短的时间内仍保持脆性,在应力作用下发生破裂形成地震。

为了定量地描述震源,采用等价力系的表示方法来建立断层几何参数与滑动方式之间的联系(图 2-5)。等价力系由 9 个不同方向的力偶组成[图 2-5(b)],可表示为矩阵形式[式(2-1)],称为地震矩张量。一般情况下,一个地震的地震矩张量可表示为不同分量的线性组合。

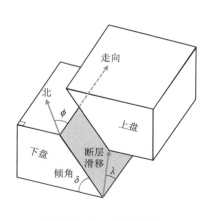

(a) 断层面的走向、倾向及滑动角

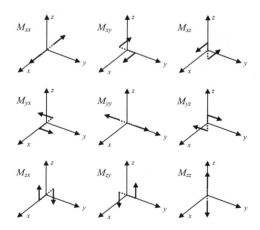

(b) 地震矩张量9个元素的意义

图 2-5　地震断层的几何参数与等价力系

$$M = \begin{pmatrix} M_{xx} & M_{xy} & M_{xz} \\ M_{yx} & M_{yy} & M_{yz} \\ M_{zx} & M_{zy} & M_{zz} \end{pmatrix} \tag{2-1}$$

对于断层破裂范围比较大、不能用简单点源表示的震源，一般将断层面划分为若干个小块，每个小块等效成一个点源，最终产生的地震波可利用这些独立的点源进行线性叠加获得。

2.2　地震波场及基本特征描述

2.2.1　地震波的产生与类型

地球介质(不包括岩石破裂的震源区域)可视为弹性介质，当地震发生时，周围介质在应力作用下产生扰动，引起质点在其平衡位置附近振动，通过质点之间的相互作用将振动传向周围介质，形成地震波。地震波是一种机械波，在地震波传播过程中，介质中的质点只在自己的平衡位置附近振动，并不发生迁移，只是将这种振动的形式和能量传播出去。

基于质点振动方式和波传播方向的关系，体波分为纵波与横波。纵波是一种压缩波(或疏密波)，地震学中又称为 P 波，其质点振动方向平行于波的传播方向[图 2-6(a)]；横波是一种剪切波，地震学中又称为 S 波，其质点振动方向垂直于波的传播方向[图 2-6(b)]。S 波又可分解为在地震波传播面内振动的 SV 波和垂直于传播面振动的 SH 波。P 波和 S 波统称为体波，它们可以穿透地球内部。

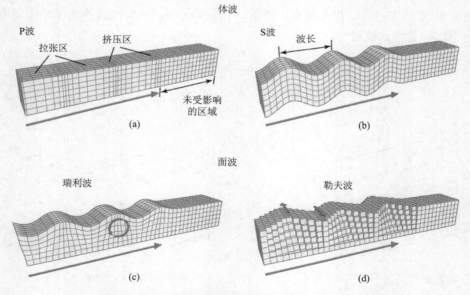

图 2-6　不同类型地震波的质点振动方式与传播方向

沿地球表面传播的地震波称为面波，面波有两类：瑞利(Rayleigh)波和勒夫(Love)波。瑞利波由英国物理学家瑞利于 1885 年通过理论推导获得，随后在地震记录中得到证实。瑞利波由 P 波和 SV 波耦合形成，传播过程中质点在其传播方向的垂直平面内做逆行椭圆运动[图 2-6(c)]。勒夫波是英国数学家勒夫于 1911 年首次发现，在层状介质覆盖于较高速度的半空间时，由 SH 波在层中干涉叠加形成，并在层间传播，勒夫波的质点振动方向平行于层面[图 2-6(d)]。

地震波属于弹性波，它的传播速度由介质的密度和弹性参数决定。P 波的传播速度 v_{P} 大于 S 波的传播速度 v_{S}，因此，地震 P 波总先于 S 波到达，在地震记录中先记录到 P 波，然后记录到 S 波；S 波不能在液体和气体中传播；面波速度一般小于 S 波速度。

2.2.2 波动方程

假设地球为弹性介质，地震引起地球介质发生弹性形变，质点在应力作用下产生小位移，并影响相邻质点，将扰动向周围传播；质点运动过程满足胡克定律和牛顿第二定律；波动方程是对弹性介质中扰动和传播规律的数学表达。

下面以一维的 P 波波动方程为例，了解波动产生和传播的动力学过程，以及描述波传播特性的基本参数。假设一均匀弹性杆，截面积为 S，分析杆中 $x \rightarrow x+\mathrm{d}x$ 质元受力运动的情况(图 2-7)。设在 x 处应力(单位面积所受的力)为 $\tau(x)$，t 时刻质点位移为 $u(x,t)$，在 $x+\mathrm{d}x$ 处应力为 $\tau(x+\mathrm{d}x)$，位移为 $u+\mathrm{d}u$，设杆的密度为 σ，则杆中长度为 $\mathrm{d}x$ 的质元的运动满足牛顿第二定律，可写为

$$\frac{\partial \tau(x,t)}{\partial x} \cdot S \cdot \mathrm{d}x = (\sigma S \mathrm{d}x) \cdot \frac{\partial^2 u(x,t)}{\partial t^2} \tag{2-2}$$

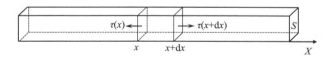

图 2-7　一维均匀弹性杆中质点受力运动表示

根据弹性介质的胡克定律，将应力与应变关系 $\tau(x,t) = E \dfrac{\partial u(x,t)}{\partial x}$ 代入式 (2-2) 并简化，得到一维均匀弹性杆的波动方程：

$$\frac{\partial^2 u}{\partial t^2} = v^2 \cdot \frac{\partial^2 u}{\partial x^2} \tag{2-3}$$

其中，$v = \sqrt{E/\sigma}$ 为 P 波波速，由介质的弹性参数杨氏模量 E 和密度 σ 确定。式 (2-3) 是振动在杆中传播的一维波动方程。波动方程的通解形式可表示为

$$u(x,t) = g\left(t - \frac{x}{v}\right)$$ (2-4)

沿 x 轴正方向传播的波，可用简谐波表示为

$$u(x,t) = A\cos\omega\left(t - \frac{x}{v}\right) = A\cos 2\pi\left(\frac{t}{T} - \frac{x}{\lambda}\right) = A\cos(\omega t - kx)$$ (2-5)

其中，v 为波速；A 为振幅，振幅反映地震波能量的大小；波长 $\lambda = vT$，T 为周期；ω 为圆频率；频率 $f = \omega / 2\pi = 1/T$；波数 $k = \omega / v = 2\pi / \lambda$；$\omega t - kx$ 为简谐波的相位。

附 2.1 三维均匀介质中的波动方程

在地球弹性介质中，需要考虑三维介质中质元受应力作用的情况。此时作用于质元各个面上的应力见图 B2-1，不同面上具有不同方向的应力，可用 9 个分量表示，写作

$$\boldsymbol{\tau} = \begin{pmatrix} \tau_{11} & \tau_{12} & \tau_{13} \\ \tau_{21} & \tau_{22} & \tau_{23} \\ \tau_{31} & \tau_{32} & \tau_{33} \end{pmatrix}$$ (B2-1)

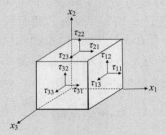

图 B2-1　作用于质元的应力分量

由应力作用引起的位移用矢量表示：

$$\boldsymbol{u} = (u_1, u_2, u_3)$$ (B2-2)

在不考虑外部体力作用时，质元满足牛顿第二定律，运动方程的矢量形式为

$$\sigma \frac{\partial^2 \boldsymbol{u}}{\partial t^2} = \nabla \cdot \boldsymbol{\tau}$$ (B2-3)

其中，σ 为质元的密度。考虑地球介质为弹性介质，利用广义胡克定律将应力张量变换成位移矢量，得到位移矢量的波动方程，表示为

$$\sigma \frac{\partial^2 \boldsymbol{u}}{\partial t^2} = (\lambda + \mu)\nabla(\nabla \cdot \boldsymbol{u}) + \mu\nabla^2 \boldsymbol{u}$$ (B2-4)

其中，λ 为拉梅系数；μ 为剪切模量。对于位移场 $\boldsymbol{u}$ 可由两种位移场叠加来表示，$\boldsymbol{u} = \boldsymbol{u}_{\mathrm{P}} + \boldsymbol{u}_{\mathrm{S}}$，其中，$\boldsymbol{u}_{\mathrm{P}}$ 为与体积形变相关的位移场，$\boldsymbol{u}_{\mathrm{S}}$ 为与剪切形变相关的位移场，因此波动方程式（B2-4）可分解成

$$
\begin{cases}
\sigma \dfrac{\partial^2 \boldsymbol{u}_{\mathrm{P}}}{\partial t^2} = (\lambda + 2\mu)\nabla^2 \boldsymbol{u}_{\mathrm{P}} \\[2mm]
\sigma \dfrac{\partial^2 \boldsymbol{u}_{\mathrm{S}}}{\partial t^2} = \mu \nabla^2 \boldsymbol{u}_{\mathrm{S}}
\end{cases}
\tag{B2-5}
$$

即有

$$
\begin{cases}
\dfrac{\partial^2 \boldsymbol{u}_{\mathrm{P}}}{\partial t^2} = v_{\mathrm{P}}^2 \nabla^2 \boldsymbol{u}_{\mathrm{P}} \\[2mm]
\dfrac{\partial^2 \boldsymbol{u}_{\mathrm{S}}}{\partial t^2} = v_{\mathrm{S}}^2 \nabla^2 \boldsymbol{u}_{\mathrm{S}}
\end{cases}
\tag{B2-6}
$$

其中，$v_{\mathrm{P}} = \sqrt{(\lambda + 2\mu)/\sigma}$ 和 $v_{\mathrm{S}} = \sqrt{\mu/\sigma}$ 分别是纵波和横波的波速。式(B2-5)和式(B2-6)告诉我们，在三维弹性介质中有两种不同振动方式和传播速度的波，一种是速度较快的 P 波(压缩波)，另一种是 S 波(剪切波)。

注：这部分内容与推导已超出本书要求，进一步的学习请参考相关地震学书籍。

2.2.3　波阵面与射线

常用波阵面(波前面)与射线来描述地震波的传播(图 2-8)。在给定时刻 t，由相位相同的各点构成的曲面，称为波阵面。可以通过在某一时刻、一系列不同相位的波阵面位置来描述波的传播；也可利用不同时刻、相同相位波阵面的空间位置来描述波的传播过程。与地震波波阵面垂直的线是地震射线，它指示地震波的传播方向，常用地震射线描述地震波传播路径。

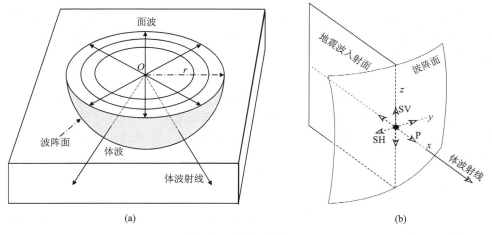

图 2-8　波阵面与射线

对于平面波，波阵面是平面，传播方向垂直于波阵面，即射线是平行直线。在均匀介质中，点震源产生的体波呈球面波状，其波阵面是球面，射线是以震源为起点的沿径向的辐射线。图 2-8(a)描绘了近地表点源在均匀介质中的球面波的波阵面与射线方向，以及面波沿地表传播的方式。可以看到，随着球面波离震源的距离增大，波阵面的曲率变小[图 2-8(b)]；因此当距离震源较远时，在局部区域可近似为平面波。

图 2-8 表示了地震波射线、振动方向与波阵面的关系，一般将地震波传播时射线所在的面称为入射面，P 波振动方向与射线方向一致，垂直于波阵面；S 波振动方向可分解为在地震波入射面内的 SV 波与垂直于入射面的 SH 波，它们的振动方向均垂直于射线方向。

2.2.4　地震波的衰减

地震波振幅随离震源距离的增加而减小的现象称为衰减。地震波衰减与波阵面几何形状及波传播经过介质的弹性性质有关，包括几何扩散和介质吸收两种不同的衰减方式。

1. 几何扩散

假设地震波由位于地表 O 点的震源向均匀半空间传播(图 2-8)，地震体波的初始能量为 E_b，如果不考虑摩擦造成的能量损失，在距震源 r 处，体波能量(E_b)分布在面积为 $2\pi r^2$ 的半球面上，体波的强度(能流密度 I_b)是波阵面上单位面积的能量，即

$$I_b = \frac{E_b}{2\pi r^2} \tag{2-6}$$

面波传播时能量集中在一定深度沿表面传播。面波扰动影响自由表面至深度为 d 的介质，对于给定的面波，可以认为 d 是恒定的。当面波的波阵面与震源距离为 r 时，初始能量(E_s)分布在面积为 $2\pi r d$ 的圆柱形表面上。在与震源距离为 r 处，面波的强度(能流密度 I_s)为

$$I_s = \frac{E_s}{2\pi r d} \tag{2-7}$$

可见，体波强度的衰减与 $1/r^2$ 成正比，面波强度的衰减与 $1/r$ 成正比。因此，随着震源距离的增加，地震体波比面波衰减得更快。一般来讲，地震记录中面波波列比体波更突出。

2. 介质吸收

地震波衰减的另一个原因是地球介质并非完全弹性介质，地震波在传播过程中部分能量被吸收而导致振幅衰减，一般用品质因子(Q)的大小来描述。品质因子(Q)定义为：在一周期(或一波长距离)内振动损耗的能量 ΔE 与总能量 E 之比(相对消耗量)的倒数，写作

$$\frac{2\pi}{Q} = -\frac{\Delta E}{E} \tag{2-8}$$

介质的 Q 值越大，地震波能量损耗越少，介质越接近于完全弹性介质。同一介质中 P 波和 S 波的品质因子 Q_P 和 Q_S 值不同。如果能量衰减是距离的函数，考虑一个波长（λ）能量的衰减，式（2-8）可改写为

$$\frac{2\pi}{Q} = -\frac{\lambda \mathrm{d}E/\mathrm{d}r}{E} \quad \text{或} \quad \frac{\mathrm{d}E}{E} = -\frac{2\pi \mathrm{d}r}{\lambda Q} \tag{2-9}$$

因为波的能量与其振幅的平方成正比（$E \propto A^2$），有 $\mathrm{d}E/E = 2\mathrm{d}A/A$，所以由式（2-9）得

$$\frac{\mathrm{d}A}{\mathrm{d}r} = -\frac{\pi A}{\lambda Q}$$

积分得

$$A = A_0 \mathrm{e}^{-\frac{\pi}{\lambda Q}r} = A_0 \mathrm{e}^{-br} \tag{2-10}$$

其中，$b = \pi/\lambda Q$ 为波的振幅衰减系数，与波长 λ 成反比，与频率成正比。可见由介质吸收引起的地震波衰减与波的频率有关，高频比低频衰减得更快。

2.3　地震波的反射与透射

地球介质是不均匀的，在垂直方向上具有分层的特征，形成速度界面，横向上也具有很强的不均一性。在明显的速度分界面上，地震波会发生反射与折（透）射，还有可能发生波的转换。地震波的传播特性受界面两侧介质物理性质的影响。

2.3.1　斯涅尔定律与射线参数

假设介质由两个均匀半空间组成，上半空间（介质 1）的波速为 v_{P1}、v_{S1}，下半空间（介质 2）的波速为 v_{P2}、v_{S2}，讨论平面波入射的情况。以 P 波入射固-固界面为例（图 2-9），P 波由介质 1 入射到速度界面上，产生反射的 P 波和转换的反射 SV 波，同时在介质 2 中产生透射的 P 波和 SV 波。入射 P 波的传播方向与 z 轴构成入射面（x-z 平面），反射波和透射波的传播方向均在此平面内。在速度界面上，入射波方向一旦确定，反射与透射波射线的方向也是确定的，且满足斯涅尔（Snell）定律：

$$\frac{\sin\theta_{P1}}{v_{P1}} = \frac{\sin\theta'_{P1}}{v_{P1}} = \frac{\sin\theta'_{S1}}{v_{S1}} = \frac{\sin\theta_{P2}}{v_{P2}} = \frac{\sin\theta_{S2}}{v_{S2}} = p \tag{2-11}$$

其中，p 为射线参数。在给定的速度模型中，入射波方向确定，射线参数 p 为常数。由式（2-11）可见，对于同类型波，入射角等于反射角（$\theta_{P1} = \theta'_{P1}$）。

在简单的多层均匀介质情况下，如果下部介质的速度总大于上部介质的速度，对一条射线来说，由于射线参数 p 不变，射线的路径是确定的（图 2-10）。

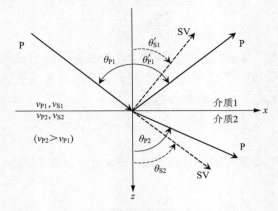

图 2-9　P 波入射固-固界面波的传播

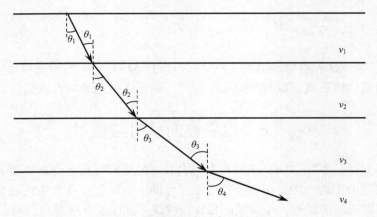

图 2-10　均匀层状介质中的射线

各层中射线的方向与垂线的夹角满足 Snell 定律，即有

$$\frac{\sin \theta_i}{v_i} = p \tag{2-12}$$

其中，θ_i 为射线在第 i 层介质中与垂线的夹角（即第 i 层的入射角）；v_i 为第 i 层介质的速度。

附 2.2　由惠更斯原理和费马原理推导 Snell 定律

惠更斯原理和费马原理是波动理论中的重要原理，利用它们也可得到 Snell 定律。

惠更斯原理认为波阵面的任意一点都可看作一个新的点源，每个点源产生新的扰动向周围介质传播，在某一时刻，各点源波阵面形成的包络面为该时刻新的波前。假设界面 R 将介质分成两部分，上半空间波速为 v_1，下半空间波速为 v_2。当平面波束 AC 入射至界面 R 时（图 B2-2），入射波 A 点先到达 R 界面，A 点作为新的点源，将扰动向上部和下部介质传播。当入射波 C 点到达界

面 B 点时，依据惠更斯原理反射波的波阵面为 BD，且 $\triangle ABC \cong \triangle ABD$；在入射波到达 A 点和到达 B 点的 t 时间内，入射波距离为 $BC = AB\sin\theta_1 = v_1 t$，反射波距离为 $AD = AB\sin\theta_1' = v_1 t$，可得出入射角等于反射角（$\theta_1 = \theta_1'$）。同时，$A$ 处点源在下半空间的扰动到达 E 点，$AE = AB\sin\theta_2 = v_2 t$。$\triangle ABC$、$\triangle ABD$ 和 $\triangle ABE$ 有共同的边 AB，因此得

$$\frac{v_1 t}{\sin\theta_1} = \frac{v_1 t}{\sin\theta_1'} = \frac{v_2 t}{\sin\theta_2} \tag{B2-7}$$

化简式（B2-7）即为 Snell 定律的表达式：

$$\frac{\sin\theta_1}{v_1} = \frac{\sin\theta_1'}{v_1} = \frac{\sin\theta_2}{v_2}$$

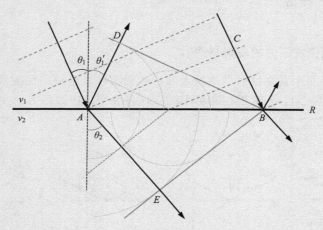

图 B2-2　用惠更斯原理表示地震波在界面上的反射与透射

费马原理认为，在各向同性的介质中，地震波沿时间最短路径传播，即地震波在 A、B 两点间的可能传播路径中，地震射线遵循沿时间为极值的路径传播（图 B2-3）。设 O 点为界面上一动点，波在 O 点发生折射，OC 距离为 x，不同 x 对应不同传播路径，波由 A 点至 B 点的传播时间为

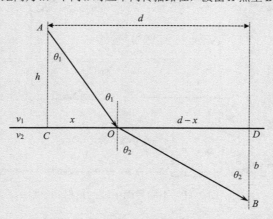

图 B2-3　用费马原理表示地震波在界面上的折射

$$t(x) = \frac{AO}{v_1} + \frac{OB}{v_2} = \frac{\sqrt{h^2 + x^2}}{v_1} + \frac{\sqrt{b^2 + (d-x)^2}}{v_2} \tag{B2-8}$$

按照费马原理，地震波传播的路径对应传播时间 t 最短，即求 $\mathrm{d}t/\mathrm{d}x = 0$，得

$$\frac{\mathrm{d}t}{\mathrm{d}x} = \frac{x}{v_1\sqrt{h^2 + x^2}} + \frac{-(d-x)}{v_2\sqrt{b^2 + (d-x)^2}} = \frac{\sin\theta_1}{v_1} - \frac{\sin\theta_2}{v_2} = 0$$

因此有

$$\frac{\sin\theta_1}{v_1} = \frac{\sin\theta_2}{v_2}$$

同理也可证明反射的情况。

2.3.2　不同界面情况下波的反射与透射

　　地震波在界面上发生反射、透射现象，入射波和反射波、透射波的传播方向遵循 Snell 定律。图 2-11 示意了在两种不同介质界面上，P 波和 S 波分别入射时的反射和透射情况。

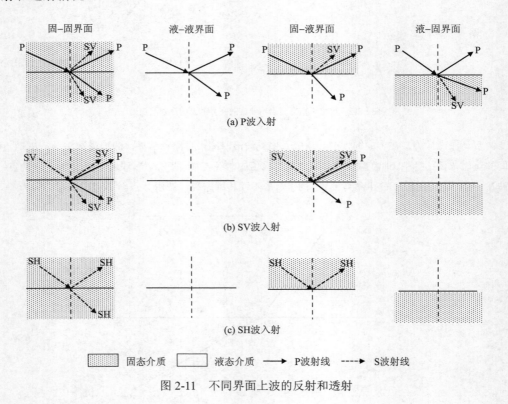

图 2-11　不同界面上波的反射和透射

　　P 波入射时［图 2-11(a)］，在固-固界面上不仅产生反射和透射的 P 波，同时产生反射和透射的转换 SV 波；由于 P 波质点振动在入射面内，反射波和透射波的质点振动只能在入射面内，因而不能产生 SH 波。在液态介质中，由于不能传播 S 波，则不能产生反射、透射的转换 SV 波。

　　SV 波入射时［图 2-11(b)］，在固-固界面上产生反射和透射 SV 波，同时产生转换的反射和透射 P 波；当固-液界面时，液态介质中无透射的 SV 波；同理，SV 波的质点振动方向在入射面内，不产生转换 SH 波。

　　SH 波入射时［图 2-11(c)］，它的质点振动方向垂直于入射面，产生的反射波和透射波质点振动方向只能垂直于入射面，即只能是 SH 反射波和透射波，不能转换成 P 和 SV 波，因此只有反射和透射的 SH 波。

　　在不同情况下，反射波、透射波与入射波的传播方向均满足 Snell 定律，因此利用射线的性质和方向(射线与法线的夹角)，可以判断界面两侧介质的状态和速度关系。

2.3.3　反射与透射系数

　　地震波是一种能量的传播，当地震波在界面上发生反射和透射时会发生能量的再分配，地震波能量的大小与地震波振幅的平方成正比，因此常通过地震波振幅的变化来分析地震波能量。设入射波、反射波和透射波的振幅分别是 A_0、A_1 和 A_2，反射系数 $R = A_1 / A_0$，透射系数 $T = A_2 / A_0$。

1. 垂直入射情况

　　以平面波垂直入射情况为例，在地震波传播过程中，必须满足在界面上应力和位移连续的力学边界条件，因此在入射波垂直入射至界面时不会产生转换波。例如，P 波垂直入射，只能产生反射和透射 P 波，并且依据 Snell 定律，反射角和透射角均为 0°，即反射和透射射线垂直于界面，此时有

$$\begin{cases} R = \dfrac{A_1}{A_0} = \dfrac{\sigma_2 v_2 - \sigma_1 v_1}{\sigma_2 v_2 + \sigma_1 v_1} = \dfrac{Z_2 - Z_1}{Z_2 + Z_1} \\ T = \dfrac{A_2}{A_0} = \dfrac{2\sigma_1 v_1}{\sigma_2 v_2 + \sigma_1 v_1} = \dfrac{2Z_1}{Z_2 + Z_1} \end{cases} \tag{2-13}$$

其中，v_1、v_2、σ_1、σ_2 分别为界面上介质、下介质的波速和密度，并定义地震波速度与介质密度的乘积为波阻抗 $Z = v \cdot \sigma$，可见反射系数和透射系数受介质的波阻抗控制。

　　当 $Z_2 \neq Z_1$ 时，可产生反射波和透射波，其中透射系数 T 总为正，而反射系数 R 可正可负，反射系数的正负表示反射波相位变化。当 $Z_2 > Z_1$ 时，$R > 0$，说明反射波相位与入射波相位一致，即当入射波到达界面时，如波前为压缩带(膨胀带)，则

反射波波前也为压缩带(膨胀带)。当 $Z_2 < Z_1$ 时，$R < 0$，此时反射波相位与入射波相反，即如果入射波到达界面时波前为压缩带(膨胀带)，则反射波波前为膨胀带(压缩带)，这种现象称为半波损失。若 $Z_2 \approx Z_1$，$R \approx 0$，此时反射波能量很弱，大部分能量以透射形式传播。

图 2-12(a)表示在地壳中 S 波向壳幔边界(莫霍面)和向地表垂直入射时反射波相位的变化情况。当 S 波向下垂直入射至莫霍面时(箭头指示入射波与反射波传播的方向)，由于地幔的密度与波速均大于地壳，波阻抗值为地幔大于地壳($Z_2 > Z_1$，$R > 0$)，此时反射波相位不变(入射波与反射波波峰均在波传播方向的右侧)。当 S 波由地壳内向上垂直入射至地表时，地表上部介质的波阻抗小于地壳的波阻抗($Z_2 < Z_1$，$R < 0$)，发生相位变化(入射波波峰在传播方向的右侧，而反射波波峰在传播方向的左侧)。可见，波阻抗在地震反射研究中是极其重要的参数。图 2-12(b)显示了在垂直入射情况下，反射系数的绝对值随界面两侧波阻抗比值的变化规律。当 $Z_2 / Z_1 = 1$ 时，$R = 0$，$T = 1$，表示只有透射而不出现反射；当 $Z_2 / Z_1 > 1$ 时，$R > 0$，且 R 随波阻抗比值增大而增大，即反射波能量的大小与介质的波阻抗有很大关系。

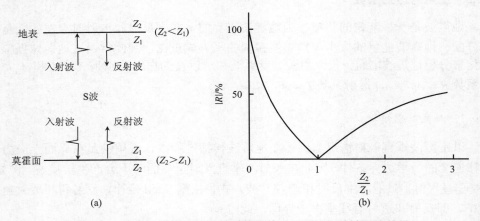

图 2-12　垂直入射情况下反射系数依赖于界面两侧的波阻抗差异

2. 倾斜入射情况

在倾斜入射的情况下，除了与波阻抗、波速比等介质的物性参数有关，反射和透射系数还随入射角度的变化而变化；由于影响因素多，无法用简单的统一结果表示，通常针对一定的模型采用数值计算的方法进行分析。图 2-13 显示了理论模型中 P 波以不同方式入射的反射、透射系数计算实例，理论模型为不同物性的固-固界面，分别计算了由介质 1 向下入射和由介质 2 向上入射的两种情况，如图 2-13(c)所示。

例 1[图 2-13(a)]：P 波由介质 1 向下倾斜入射至介质 2，即由低速介质入射至高速介质。在介质 1 中产生反射的 P 波与 SV 波，在介质层 2 中形成透射的 P 波和

SV 波。随着入射 P 波角度的变化，反射 P 波和 SV 波的反射系数（R_{PP}，R_{PS}）、透射 P 波和 SV 波的透射系数（T_{PP}，T_{PS}）也随之变化。

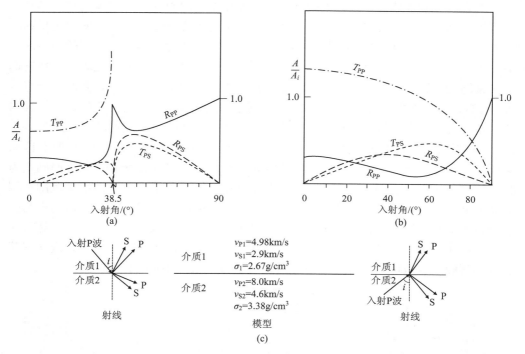

图 2-13　P 波入射至固-固界面时反射、透射系数（据 Lay and Wallace，1995 修改）

　　此情况下，临界角 θ_0 为 38.5°，当入射角接近 38.5°时，P 波的透射系数迅速增大；超过临界角后，P 波的透射系数 $T_{PP} = 0$，出现全反射情况。由于介质 2 的 S 波速度小于介质 1 的 P 波速度，透射 SV 波不会达到临界角。

　　例 2〔图 2-13（b）〕：P 波由介质层 2 向上倾斜入射至介质层 1 中，即由高速介质入射至低速介质。此时不存在临界角，不会出现全反射情况。当入射角为 0°~20°，能量分配以反射 P 波和透射 P 波为主；近垂直入射时，P 波的反射系数（R_{PP}）与透射系数（T_{PP}）与由波阻抗〔式 (2-13)〕计算的大致相同。

　　总之，当地震波倾斜入射至界面时，产生的反射、透射及转换波的情况受到入射角和界面两侧介质速度、密度等多种因素的影响，变得十分复杂。

2.4　体波震相与走时方程

　　地震发生后，在各观测台站可记录到不同传播路径和振动方式的地震波。在地震记录图中显示的性质不同或传播路径不同的地震波组称为地震震相，不同震相在到时、波形、振幅、周期和质点运动方式等方面有各自的特点，与地震波的动力学和运动学特征有关。

　　地震震相对地球圈层结构的确立起到重要作用。1909 年，科学家莫霍洛维契奇在近震观测中发现，震中距达到一定距离后，出现了比直达 Pg 波和 Sg 波更早到达台站的另一种震相(Pn 和 Sn)[图 2-14(a)]；推断在地下存在地震波速度的间断面，界面下方介质速度突然增大，地震波以临界角入射至界面并折射出地表，虽然它们的传播路径比直达波路径长，但由于在界面下部以较高的速度传播，到时早于直达波。此后在全球均发现这个速度界面，确定为壳幔分界面，又称莫霍(Moho)面。1914 年，地球物理学家古登堡发现在震中距大于 103°时，P 波和 S 波消失，而约在 140°之后，P 波再次出现，存在 P 波的影区[图 2-14(b)]，提示了地球深部存在低速层(区)。同时，S 波不再出现，说明该低速层(区)为液态，使 S 波无法传播。此界面确定为核幔边界(CMB)，又称古登堡面。随着地震观测技术的发展，在 P 波影区范围观测到新的 P 波震相，判断为内外核边界的反射震相(PKiKP)[图 2-14(c)]；而内核为固态的直接证据是发现了在地幔和外核中以 P 波传播，在内核中以 S 波传播，然后转换成 P 波再经外核和地幔传播到地表的震相(PKJKP)。由于 1936 年丹麦地震学家莱曼最早解释了这些现象，液体外核与固态内核的界面(ICB)又称莱曼面。

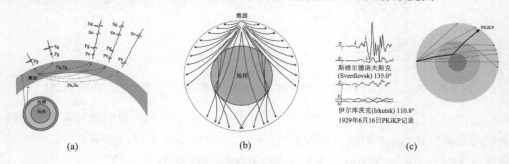

图 2-14　　地球主要圈层界面的发现

　　地震发震时刻至各震相的到时是相应地震射线经历的时间，称为地震波走时。地震波的走时与震中距之间呈有规律的变化(图 2-15)，利用走时与震中距关系建立的方程称为走时方程，对应的曲线称为走时曲线。不同震相的走时曲线有一定的变化规律，反映了地震波在地球圈层中传播的运动学规律，是在地震学研究与应用中常被利用的基本关系。

2.4.1　近震震相与走时方程

1. 近震震相

　　近震地震波主要在地壳及上地幔顶部传播，主要震相类型有直达波、反射波、折射波等(图 2-16)。最常见的近震震相有震源直接到达台站的直达波，记为 Pg、Sg；

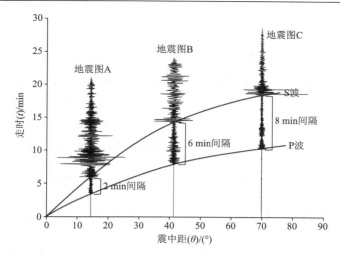

图 2-15 不同震中距的地震记录显示的走时关系

对于均匀地壳来讲，直达波的路径为直线，是从震源到台站路径最短的震相，在较小震中距范围内，它们是最先到达的震相。第二种常见的震相是在莫霍面的反射震相，记为 PmP 或 SmS；有时也会发生 P 波和 S 波之间的转换，产生 PmS、SmP 等震相。在一定震中距范围内，反射波的震相很强，成为近震中一种重要的震相。

发震时刻：2022年10月2日 17:49:38 震中：河北省石家庄市平山县 震级：4.3

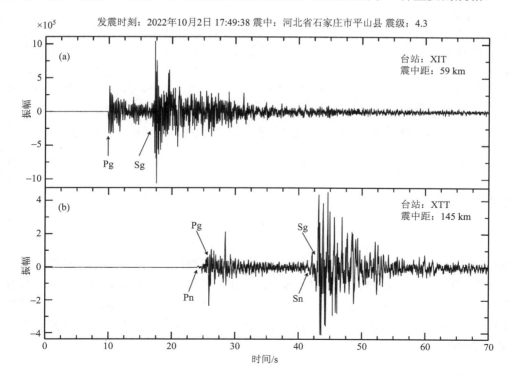

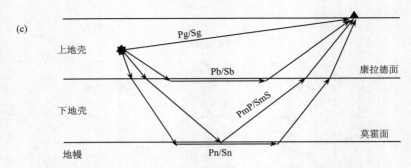

图 2-16　近震记录图 [(a) 和 (b)] 及主要近震震相射线路径示意图 (c)

折射波是近震中非常重要的震相,特别是在莫霍面形成的折射波 Pn、Sn [图 2-16(c)],因为它们在上地幔顶部以高速度滑行一段距离,所以当震中距增加到一定距离后,折射波会先于直达波到达台站,成为最先到达的地震波,因此称为首波;部分地区也可能发现康拉德面的折射波震相 Pb、Sb。

图 2-16(a) 和 (b) 为对同一个近震事件,两个不同震中距台站的地震记录,记录到的震相存在明显差异。震中距为 59 km 的台站,记录的地震初动为直达波 Pg [图 2-16(a)];在震中距 145 km 的台站记录中,首波 Pn 出现在直达波 Pg 之前 [图 2-16(b)]。

2. 直达波走时方程

在近震分析中,由于震中距较小,可忽略地球的曲率,将地下介质近似为水平层状。假定两层水平介质模型(图 2-17),上层厚度为 H,覆盖于下半空间之上,上层波速为 v_1,下层波速为 v_2。震源和震中的位置分别为 O 和 E,震源深度为 h,台站位置为 S,震中距 $ES = \Delta$,地震波走时为 t,走时方程即 $t = f(\Delta)$。

直达波是震源直接到达台站的地震波,OS 表示直达波射线,走时为

$$t = \frac{OS}{v_1} = \frac{\sqrt{\Delta^2 + h^2}}{v_1} \tag{2-14}$$

整理得

$$\frac{t^2}{t_0^2} - \frac{\Delta^2}{h^2} = 1 \tag{2-15}$$

其中,$t_0 = h / v_1$,是从震源 O 直接到达地表 E 的传播时间。由式(2-15)可见,直达波走时方程为双曲线,当 $h = 0$ 时,即地震发生在地表时,式(2-14)直达波的走时方程为 $t = \Delta / v_1$,是一条经过原点的直线,也是式(2-15)双曲线的渐近线,它的斜率 $k = 1 / v_1$。此外,当 $\Delta \gg h$ 时,可忽略震源深度,在采用人工震源时,经常忽略震源深度 ($h = 0$)。

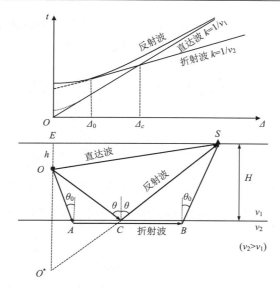

图 2-17 两层水平介质模型中地震波的传播路径及走时曲线

3. 反射波走时方程

由图 2-17 可得反射波走时方程为

$$t = \frac{OC + CS}{v_1} = \frac{O^*S}{v_1} = \frac{\sqrt{\Delta^2 + (2H - h)^2}}{v_1} \tag{2-16}$$

其中，O^* 为震源 O 关于界面的镜像点，称为虚震源。整理可得

$$\frac{t^2}{t_0^2} - \frac{\Delta^2}{(2H-h)^2} = 1 \tag{2-17}$$

其中，$t_0 = (2H - h)/v_1$，为由震源 O 向下经界面反射至 E 的时间，称为回声时间。可见反射波走时方程为双曲线方程，并以直达波（$h=0$ 时）走时曲线为渐近线。

4. 折射波走时方程

地震波入射到界面时会产生反射波与透射波，它们满足 Snell 定律，有

$$\frac{\sin \theta_1}{v_1} = \frac{\sin \theta_2}{v_2}$$

由于下层波速大于上层波速（$v_2 > v_1$），入射角增大，透射波的出射角随之增大，当透射角为 90°（全反射）时，此时入射角称为临界入射角 θ_0，根据 Snell 定律有

$$\frac{\sin \theta_0}{v_1} = \frac{1}{v_2} = p \quad \text{或} \quad \sin \theta_0 = \frac{v_1}{v_2} \tag{2-18}$$

即当透射波的出射角为 90°时，射线在该层以速度 v_2 沿水平方向传播，然后返回到

地表。在地震学中称这类波为折射波(图 2-17),如莫霍面折射波 Pn、Sn。折射波射线的传播路径为 OA、AB、BS,在 OA 和 BS 段以 v_1 传播,在 AB 段以 v_2 传播,走时方程为

$$t = \frac{OA+BS}{v_1} + \frac{AB}{v_2} = \frac{2H-h}{v_1\cos\theta_0} + \frac{\Delta-(2H-h)\tan\theta_0}{v_2} \tag{2-19}$$

化简得

$$t = \frac{\Delta}{v_2} + \frac{(2H-h)\cos\theta_0}{v_1} \tag{2-20}$$

由式 (2-20) 可见,折射波的走时曲线为直线,斜率为 $k=1/v_2$,截距为 $\frac{(2H-h)\cos\theta_0}{v_1}$。由于入射波达到临界角时才能产生折射波,所以折射波存在盲区,盲区半径 Δ_0 表示为

$$\Delta_0 = (2H-h)\tan\theta_0 \tag{2-21}$$

由于折射波在 AB 段以 v_2 速度沿界面滑行,在一定震中距 Δ_c 后成为最先到达的波,因此也称首波。由图 2-17 可见,在走时曲线上,$\Delta < \Delta_c$ 时,直达波先到,$\Delta > \Delta_c$ 时,折射波最先到达,成为地震记录中的第一个震相[图 2-16(b)];在 Δ_c 处,是直达波与折射波的交点,走时相同,因此有

$$\frac{\sqrt{\Delta_c^2+h^2}}{v_1} = \frac{\Delta_c}{v_2} + \frac{(2H-h)\cos\theta_0}{v_1} \tag{2-22}$$

在 $h\approx 0$ 的情况下,式(2-22)可简化为

$$\Delta_c = 2H\sqrt{\frac{v_2+v_1}{v_2-v_1}} \tag{2-23}$$

Δ_c 也称作首波的第二临界震中距,图 2-16(a)、(b)分别显示了震中距小于和大于第二临界震中距的地震记录。值得注意的是,当下层速度小于上层速度时,此界面上不可能发生全反射的情况,不能形成折射波。

5. 多层模型中的走时方程

实际地下结构有多个分层,对于多层水平介质情况(图 2-18),仍满足 Snell 定律,有

$$\frac{\sin\theta_1}{v_1} = \frac{\sin\theta_2}{v_2} = \frac{\sin\theta_i}{v_i} = \frac{1}{v_n} = p \tag{2-24}$$

在第 i 层中地震波的走时为

$$\Delta t_i = \frac{2D_i}{v_i} = \frac{2D_i(\sin^2\theta_i+\cos^2\theta_i)}{v_i} = \frac{2X_i\sin\theta_i}{v_i} + \frac{2h_i\cos\theta_i}{v_i} = 2pX_i + 2h_i\eta_i \tag{2-25}$$

其中,D_i 为射线经过第 i 层的距离;X_i 为射线的水平投影距离;h_i 为第 i 层的厚度;

$\eta_i = \cos\theta_i / v_i$。穿透至第 n 层的反射波总走时为

$$t = \sum_{i=1}^{n}\Delta t_i = 2p\sum_{i=1}^{n}X_i + 2\sum_{i=1}^{n}h_i\eta_i \tag{2-26}$$

穿透至第 n 层的折射波的总走时为

$$T = pX + 2\sum_{i=1}^{n}h_i\eta_i \tag{2-27}$$

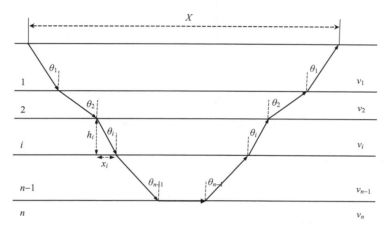

图 2-18　多层水平介质模型中地震波的传播路径

2.4.2　球对称地球模型中的地震射线

在研究远震地震波传播时，需要考虑地球曲率的影响。将地球近似为球对称分层模型，假设地球由无数多、厚度无限薄的均匀同心球壳组成，地球内部速度可表示为半径 r 的函数，即 $v = v(r)$。

1. 球对称介质中的 Snell 定律

当地震波在以 O 为球心的均匀同心球壳层模型中传播时，地震波在速度为 v_1 和 v_2 球层中的射线段分别为 A_0A_1 和 A_1A_2（图 2-19），A_0、A_1 和 A_2 点对应的半径分别为 r_0、r_1 和 r_2，在球层底部的入射角分别为 i_1 和 i_2，在球层 1 底部的折射角为 i_1'。根据 Snell 定律有

$$\frac{\sin i_1}{v_1} = \frac{\sin i_1'}{v_2} \tag{2-28}$$

在 $\triangle OA_1A_2$ 中，根据正弦定理，有

$$\frac{\sin(\pi - i_2)}{r_1} = \frac{\sin i_1'}{r_2}$$

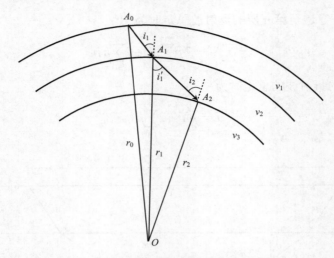

图 2-19　分层球对称地球模型中的射线路径

代入式 (2-28)，整理得

$$\frac{r_1 \sin i_1}{v_1} = \frac{r_2 \sin i_2}{v_2} \tag{2-29}$$

同理，可得射线在任意 n 层面上满足

$$\frac{r_n \sin i_n}{v_n} = \frac{r_0 \sin i_0}{v_0} = p \quad (n = 1, 2, 3, \cdots) \tag{2-30}$$

其中，i 为地震射线与矢径 r 的夹角；下标 0 为变量值取自地球表面；p 为射线参数。对于确定的分层地球模型，当地表附近的入射角 i_0 确定后，地震波传播过程中射线参数 p 值不变；入射角 i 不同时，p 值不同，即对应于不同传播路径的射线。

　　考虑地球介质的速度随深度连续变化的情形，即 $v = v(r)$，射线则由折线变为一条光滑的曲线，射线上的任一点都满足 Snell 定律，即有

$$\frac{r \sin i}{v(r)} = p \tag{2-31}$$

式 (2-31) 称为球对称介质中的 Snell 定律。如果速度 $v(r)$ 连续且随深度增大（$\mathrm{d}v / \mathrm{d}r < 0$），则地震射线是一条凸向球心的光滑曲线（图 2-20）。在地震射线中有一个特殊的点，即射线经过的最深点，也称作射线顶点，在该点处射线与矢径垂直（$i_p = 90°$），因此有

$$p = \frac{r_p}{v(r_p)} \tag{2-32}$$

　　对于确定的地球速度模型 $v(r_p)$，通过射线参数 p 可以确定地震射线穿透的最深处 r_p。需注意，在球状介质模型中，射线参数 p 的单位通常用"秒/弧度"而不是

"秒/千米"。

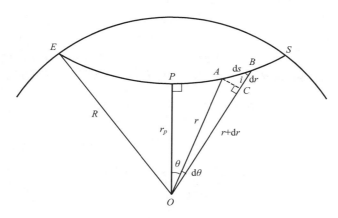

图 2-20　速度随深度逐渐增大情况下的地震射线

2. 球对称介质中射线的走时方程

图 2-20 表示速度随深度递增情况的射线路径，O 为地心，采用平面极坐标，射线上任意点可用 (r,θ) 表示，r_p 是射线顶点的矢径。考虑从震源 E 经点 P 到观测点 S 的地震射线，取射线上相邻两点 A 和 B，令 $AB = \mathrm{d}s$，A 点坐标为 (r,θ)，B 点坐标为 $(r + \mathrm{d}r, \theta + \mathrm{d}\theta)$，在 $\triangle ABC$ 中有

$$\mathrm{d}s^2 = \mathrm{d}r^2 + (r \cdot \mathrm{d}\theta)^2 \tag{2-33}$$

和

$$\sin i = \frac{r \cdot \mathrm{d}\theta}{\mathrm{d}s} \tag{2-34}$$

化简可得 $\mathrm{d}\theta$ 为

$$\mathrm{d}\theta = \pm \frac{\sin i}{\cos i} \frac{\mathrm{d}r}{r} \tag{2-35}$$

根据球对称介质中的 Snell 定律，$p = r \sin i / v(r)$，可得

$$\frac{\mathrm{d}\theta}{\mathrm{d}r} = \pm \frac{p}{r\sqrt{\dfrac{r^2}{v^2(r)} - p^2}} \tag{2-36}$$

其中，正负号分别对应射线两侧射线段的情况。同理，地震射线 AB 段相应的走时 $\mathrm{d}t$ 可表示为

$$\mathrm{d}t = \frac{\mathrm{d}s}{v(r)} = \frac{r \cdot \mathrm{d}\theta}{v(r)\sin i} = \pm \frac{r}{v(r)\sin i}\frac{\sin i}{\cos i}\frac{\mathrm{d}r}{r} = \pm \frac{\mathrm{d}r}{v(r)\cos i} \tag{2-37}$$

$$\frac{\mathrm{d}t}{\mathrm{d}r} = \pm \frac{r}{v^2(r)\sqrt{\dfrac{r^2}{v^2(r)} - p^2}} \tag{2-38}$$

整条地震射线可通过积分获得，若令远震射线 ES 的射线参数为 p，地球半径为 R，其震中距为对应的圆心角 $\theta(p)$，相应的走时为 $t(p)$，则相应射线的走时方程为

$$\theta(p) = 2\int_{r_p}^{R} \frac{p}{r\sqrt{\dfrac{r^2}{v^2(r)} - p^2}} \cdot \mathrm{d}r \tag{2-39}$$

$$t(p) = 2\int_{r_p}^{R} \frac{r}{v^2(r)\sqrt{\dfrac{r^2}{v^2(r)} - p^2}} \cdot \mathrm{d}r \tag{2-40}$$

式(2-39)和式(2-40)为球对称介质中射线的走时方程，是以 p 为参数的参数方程。以 t-θ 为坐标轴画出的曲线称为走时曲线。由走时曲线形状的变化可推导射线形状的变化，进而推断地球内部结构。

3. 本多夫定律

讨论自震源出发的射线中任意两条相邻射线 EA 和 EB 之间的关系（图 2-21）。两条射线出射到地表的距离 AB 相差 $\mathrm{d}\Delta$，两条射线的长度相差 $\mathrm{d}s$，波沿 $\mathrm{d}s$ 传播时间为 $\mathrm{d}t$，假如地表附近的地震波速度为 v_0，则有

$$\mathrm{d}t = \frac{\mathrm{d}s}{v_0} \tag{2-41}$$

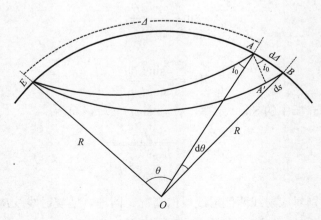

图 2-21　由两条相邻射线推导本多夫定律

由图 2-21 可见，$\mathrm{d}s = \mathrm{d}\Delta \sin i_0 = R\mathrm{d}\theta \sin i_0$，因此有

$$v_0 \mathrm{d}t = \mathrm{d}\Delta \sin i_0 = R \mathrm{d}\theta \sin i_0 \tag{2-42}$$

也可表示为

$$\frac{\mathrm{d}t}{\mathrm{d}\theta} = \frac{R \sin i_0}{v_0} = p \tag{2-43}$$

和

$$v_0 = \frac{\mathrm{d}\Delta}{\mathrm{d}t} \sin i_0 = v^* \sin i_0 \tag{2-44}$$

式(2-43)表示了射线参数 p 与走时曲线的关系，称作本多夫定律。根据本多夫定律，走时曲线 $t\text{-}\theta$ 图上任一点的斜率对应一个射线参数 p，因此由走时曲线的斜率可求出相应的射线参数。

式(2-44)中 $v^* = \mathrm{d}\Delta / \mathrm{d}t$ 称作视速度，因此式(2-44)给出了地震波的真速度与视速度的关系。

2.4.3　不同的速度分布对射线及走时曲线的影响

在速度均匀的情况下，地震射线为直线；当速度随深度连续增大时，地震射线是凸向球心的光滑曲线。地球内部速度总体上随深度增加而增加，但还存在许多速度异常区及间断面，它们会引起射线形状的变化，这些变化可在走时曲线上显示出来，根据这些变化可以研究地球内部的结构。

1. 高速层对射线和走时曲线的影响

若在地球内部 $r_1 \sim r_2$ 范围内，随深度的增加速度比其他范围(上、下部分)介质的速度增加快，此层称为高速层。在这种情况下，通过高速层 $r_1 \sim r_2$ 的射线弯曲更厉害，在地球内部出现了射线交叉现象，使通过高速层的射线 C 出现在经高速层以上的射线 B 前面，即穿透深的射线 C 反而在近距离出射[图 2-22(a)]。相应的走时曲线发生回折("打结"现象)[图 2-22(b)]。

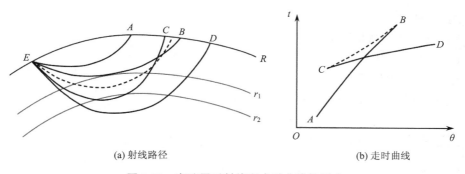

(a) 射线路径　　　　　　　　　　　　　(b) 走时曲线

图 2-22　高速层对射线和走时曲线的影响

2. 低速层对射线和走时曲线的影响

在地球内部 $r_1 \sim r_2$ 范围内，速度随深度增加而减小，在此范围之外速度仍随深度增加而增大，则 $r_1 \sim r_2$ 层称为低速层。经过低速层的射线不是凹向地表，而是凸向地表，直到穿过低速层；由于在 $r < r_2$ 的地层中速度又随深度增加，射线又向地表弯曲，最终出射于地表；B 点为经过上部层底界 r_1 的射线的出射点，C 点为经过低速层返回地表的第一条射线的出射点，在 BC 区间无射线出射，形成"影区"[图 2-23(a)]，相应的走时曲线出现间断[图 2-23(b)]。

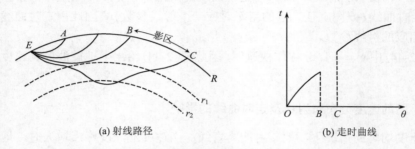

(a) 射线路径　　　　　　　　　　　　　(b) 走时曲线

图 2-23　低速层对射线和走时曲线的影响

2.4.4　远震震相与走时表

远震地震波主要在地幔和地核中传播，核幔边界和内外核边界是两个最重要的速度间断面，可以发生地震波的反射、透射与转换，形成复杂的远震震相。

1. 远震震相命名

地震学中给予在各圈层内传播的地震波不同的名称，并用特定符号表示。在地幔和地核各部分传播的 P 波和 S 波标注规定如下。

P：在地幔中传播的 P 波；

S：在地幔中传播的 S 波；

K：在外核中传播的 P 波；

I：在内核中传播的 P 波；

J：在内核中传播的 S 波；

c：在核幔边界(CMB)外表面反射的波；

i：在内外核边界(ICB)外表面反射的波。

用这些符号可表达在地球内部任意传播的地震波(地震震相)。

2. 主要远震震相的射线路径

图 2-24 显示了主要的远震震相及其射线路径。地幔内传播的 P 波和 S 波由 P 和

S 表示，经地表的反射震相用 PP、PPP、SS、SP 等表示；在核幔边界(CMB)反射和反射的转换波可表示为 PcP、ScS、PcS 等；穿过外核的波有 PKP、SKS、SKKS 等，注意由于外核介质的状态为液态，在外核中没有横波；经过内核的波有 PKIKP、PKJKP 等；经内外核边界反射的波如 PKiKP 等。

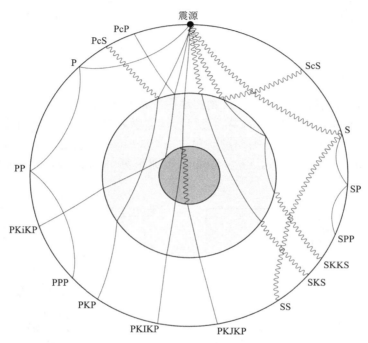

图 2-24　主要的远震射线路径与震相名称

实线表示 P 波震相，扭曲线表示 S 波震相

远震震相是由地球模型确定的，且地震波在速度界面的反射、透射及转换须满足 Snell 定律，因此，不同震相只在特定的震中距范围内存在。例如，地幔 P 波震相出现的范围为 0°~104°，震中距再增大时，P 波进入地核，形成新的地核震相(如 PKP)。

3. 深源地震震相

深源地震震相是指从震源先向地表传播，再经地表反射进入地球内部的震相。地震射线向地表出射时用小写 p 或者 s 表示，射线方向远离地表则用大写的 P 或者 S 表示，如 pP、sP 等(图 2-25)。因为深源震相的走时与直达波的走时残差对震源深度较为敏感，常用于震源深度的定位。

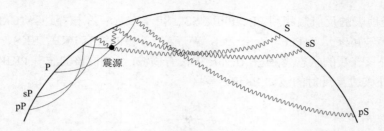

图 2-25　深源地震震相射线路径示意图

4. 远震走时表

走时表（走时曲线）是识别震相、测定地震参数和研究地球内部结构的重要工具。通过汇集全球地震、不同震相的观测资料，地震学家建立了主要震相的走时表，用其推断地球平均的速度结构。杰弗里斯和布伦 1939 年最早制定了全球地震震相平均走时表（Jeffreys-Bullen travel time table，杰弗里斯-布伦走时表，简称 J-B 表）[图 2-26(a)]。

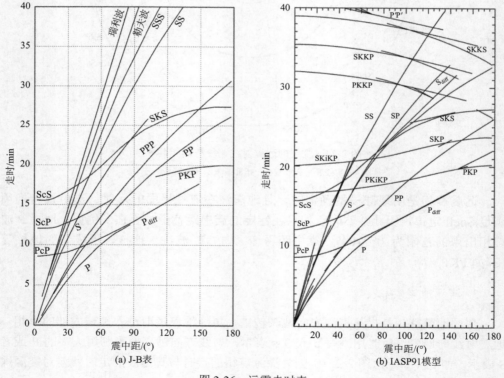

图 2-26　远震走时表

图 2-26(b) 是根据更新的 IASP91 地球模型计算的走时表，反映了不同震相的走时-震中距关系。走时表反映了各震相的运动学规律，是地震定位及地球速度结构横

向不均匀性研究的参考模型。

2.5 面波的主要特性

2.5.1 面波的主要类型

面波的特性与体波有较大差别，它们是由体波干涉叠加在界面附近生成的一种次生波，其传播特性与地球介质的不均匀性有很大的关系，振幅随深度增加而迅速减小，能量主要集中在界面附近并沿界面传播。面波主要有瑞利波和勒夫波两种基本类型，它们的特点也不相同。

瑞利波是由 P 波和 SV 波在自由界面耦合形成的非均匀波，自由界面指界面上应力为零，地表面可看作自由表面。瑞利波沿地表传播，位移矢量在垂直于地面的平面内做逆行的椭圆振动[图 2-6(c)]；波的振幅在地表最大，随着深度的增加以指数形式减小；瑞利波的波速小于横波波速，当介质的泊松比为 0.25 时，瑞利波速度 $c_R = 0.9194v_S$。

勒夫波产生于层状介质中，且要求上覆层横波速度小于下半空间的横波速度，由 SH 波相干涉形成，属于 SH 型振动的面波。勒夫波振动方向平行于地面，并与传播方向垂直[图 2-6(d)]；波的振幅在上覆层中随深度按余弦函数变化，在下层按指数函数随深度衰减；勒夫波的速度 c_L 介于上下层介质的 S 波速度之间，即 $v_{S1} < c_L < v_{S2}$，且大于瑞利波速度。

远震地震记录图中，特别是浅源地震，在 S 波信号之后出现一连串长周期大振幅的规则振动，振幅在记录中达到最大，即为面波信号(图 2-27)；但随着震源深度的增加，面波信号越来越弱，甚至不出现。面波信号的特征比体波复杂，由图 2-27可见，面波震相以大振幅的波列形式出现，且有频率的变化，一般在面波信号的时间段内低频成分先到，高频成分后到，不像体波震相有明确的到时。由于瑞利波为P-SV 波耦合的面波，出现在垂向和径向记录中；勒夫波为 SH 型波，可在切向记录中看到，且由于勒夫波速度大于瑞利波，在记录中到时早于瑞利波。

2.5.2 面波频散

面波传播速度与频率有关这一现象称为频散现象，频散现象是面波传播的重要特征。地球内部的速度随深度变化，不同频率的面波受不同深度介质的影响不同，频率越低(周期长)的面波穿透的深度越深，且深部介质的速度更大，因此长周期波传播较快，在面波波列中显示为前段周期大、后段周期小，即周期大(频率低)的波先到(图 2-27 和图 2-28)。利用面波的频散特性可以研究地球结构。

地震激发的面波总是具有一定的频带宽度，地震记录波形经过不同中心频率窄带通滤波处理，分解为不同频率和速度的"波包"(图 2-28)，表明具有频散特征的面波可由不同频率与速度的波叠加构成。在面波研究中常利用这一特性，求取面波的频散曲线。

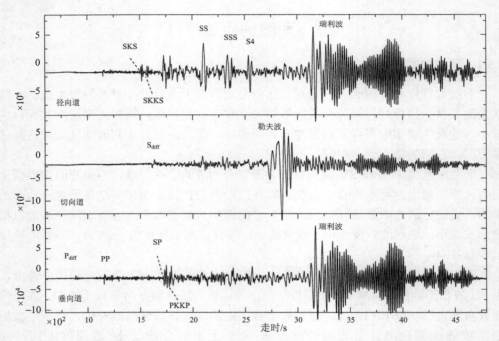

图 2-27　远震地震记录实例（$M_W = 7.7, \theta = 110°$）（据 Stein and Wysession, 2002 修改）

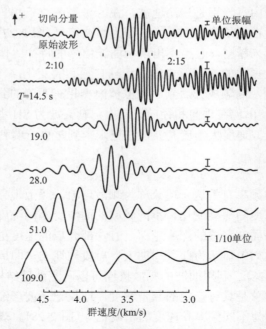

图 2-28　不同频率与速度波列的叠加（据 Lay and Wallace, 1995 修改）

2.5.3 群速度与相速度

具有频散特性的面波，在传播过程中不但具有相速度，而且具有群速度。

单色简谐波(圆频率 ω 不变)在传播过程中，波的同相面(波阵面)的传播速度称为相速度，相速度定义为

$$c = \frac{\mathrm{d}x}{\mathrm{d}t} = \frac{\lambda}{T} \qquad (2\text{-}45)$$

其中，c 为相速度；λ 为波长；T 为周期。实际上地震面波是由许多不同频率的简谐波叠加而成的。

在不同频率简谐波叠加时，一些频率的简谐波波峰相互叠加，使振幅增大，反之则相互抵消，使振幅减小，这种叠加合成后的波振幅是变化的，将合成振动的极大值(波包)传播的速度称为群速度。在波传播中能量集中在振幅极大值处，因此，群速度也就是能量的传播速度，常用 U 表示。群速度与相速度的关系为

$$U = c + k\frac{\delta c}{\delta k} \qquad (2\text{-}46)$$

其中，k 为波数。地壳和地幔介质整体上有波速随深度增加而增加的趋势，而高频波穿透介质的深度小于低频波，因此高频波的相速度比低频波的慢，即 $(\delta c / \delta k) < 0$，一般群速度小于相速度。

图 2-29 是均匀半空间上覆盖一厚度为 h 的均匀层中勒夫波的相速度和群速度理论频散曲线。

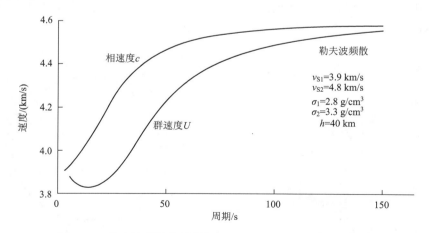

图 2-29 勒夫波频散曲线(据 Stein and Wysession, 2002 修改)

利用频散曲线可以研究地壳、上地幔的结构(图 2-30)。由于大陆与海洋地壳结构的差异，大陆地壳与海洋地壳频散特征明显不同，在短周期处海洋地壳的速度明显小于大陆地壳，随着周期增大，海洋地壳的速度很快增大，而大陆地壳速度增大

较慢，表明海洋地壳比较均匀且较薄，大陆地壳相对复杂。不同的大陆地壳，它们的频散曲线也会有差别。

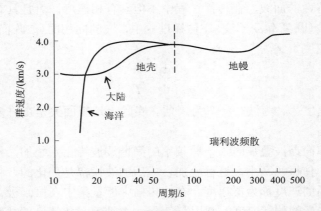

图 2-30   瑞利波长周期频散曲线（据 Lay and Wallace, 1995 修改）

2.5.4   全球面波

由于面波能量衰减很慢，大地震产生的面波在绕地球多圈后能量仍十分明显，在一个特定台站可观测到环绕地球不同路径的瑞利型 (R) 和勒夫型 (G) 长周期面波[图 2-31(a)]。把从震源沿小圆弧路径到达台站的瑞利波记为 R_1，继续绕地球一圈后到达台站的瑞利波记为 R_3，沿大圆弧路径到达台站的瑞利波记为 R_2，再绕地球一圈后到达台站的瑞利波记为 R_4，以此类推[图 2-31(b)]；同样地，将勒夫型波记作 G_1、G_2、G_3、G_4，以此类推。

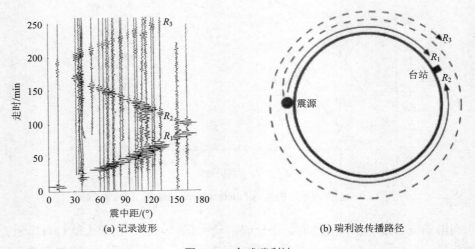

(a) 记录波形   (b) 瑞利波传播路径

图 2-31   全球瑞利波

第 3 章　地震学应用

地震学研究在当今地球深部结构探测中起到重要的作用。自 19 世纪末地震仪发明以来，在社会经济发展和技术革命的驱动下，地震观测设备不断改进、提高，地震观测方式发生巨大的变化，地震学在研究地球结构的领域中取得了越来越多的重要成果，对地球的结构与演化研究、深部资源勘探、地震灾害评估产生了重要的影响。20 世纪石油工业的发展促进了地震学在油气勘探中的应用，发展了人工地震勘探技术。

本章将在地震学理论的基础上，介绍地震学方法在研究与探测地球结构方面的应用，分别从天然地震与人工地震两方面进行介绍。主要内容包括：震源类型和地震观测方式，阐明地震数据的来源；人工地震反射波和折射波方法，以及探测地下结构的基本原理和应用；简单介绍天然地震方法中，利用不同震相(如反射震相、转换波震相等)、不同类型地震波(如 P 波、S 波、瑞利波等)及地震波不同性质(如走时、波形等)研究地球深部结构的部分方法及应用成果，了解不同方法的研究思路。

3.1　地　震　观　测

3.1.1　天然地震观测

1. 地震仪与地震记录

地震学研究依赖于可靠的观测数据，因此地震观测是地震学的基础。地震仪是观测地震的设备，它测量地震引起的地面振动，并将其自动记录下来。现代地震仪是复杂而精密的设备，主要包括拾震器和记录器两大部分。

拾震器的主要部分有拾取地面振动信号的"摆"[图 3-1(a)、(b)]，以及将这种机械振动转换为电信号的传感器(或称为换能器)，常见的有电动式、电容式或压电晶体式等根据不同原理制作的传感器。以电动式为例，拾震器利用电磁感应原理，当地面位移引起线圈和永久磁铁间发生相对运动时，线圈两端产生感应电动势，即将机械能转换为电能，并传输给记录器。拾震器中还包括一个阻尼器，它的作用是吸收仪器中"摆"的自由振荡能量，使地面振动停止后"摆"也能尽快停止下来。

大多数情况下，特别是远离震源的地方，地震波引起的地表振动十分微弱，为了检测微弱的地面振动信号，现代地震仪采用电子放大器来提高灵敏程度。地震记录器包括可直接显示的模拟记录和数值记录方式，前者将放大的地震信号直接显示在记录媒介上，后者将放大的地震信号通过模-数转换，转换为数值信号进行存储。

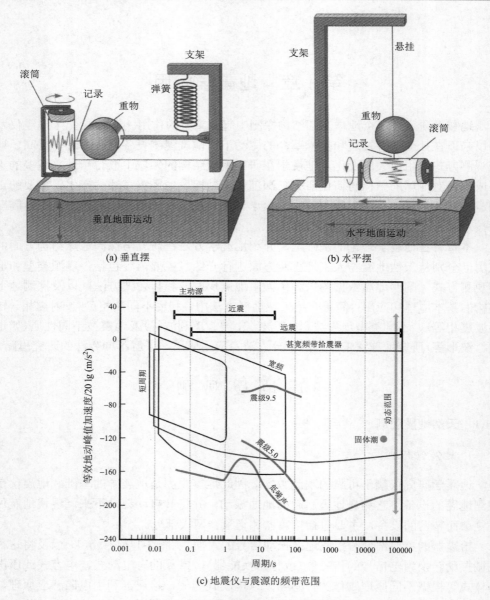

(a) 垂直摆　　　　　　　　　　　(b) 水平摆

(c) 地震仪与震源的频带范围

图 3-1　不同地震仪与震源的频带范围

当今地震观测均使用数字地震仪系统，不仅提高了地震记录的动态范围与分辨率，也促进了地震学研究的数值计算与分析方法的发展。对于地震记录，要求精确测定地震波各个震相的到达时间，以及各震相的振幅和周期，因此必须有标准的授时和计时装置；现今数字地震仪记录系统采用 GPS 时间同步，拥有达到微秒级的稳定时间参考系，可用于精确确定记录器的时间和地理位置。

地震波由不同周期成分的振动组成，不同的振动源产生的地震波又有不同的周期范围[图 3-1(c)]。人工震源信号的频率范围约在几赫兹到几百赫兹，天然地震的频率范围很宽，近震周期在 0.1~10 s 的范围，面波的周期可达几百秒，而地球的自由振荡周期达数小时甚至数天。根据不同的需求，设计有短周期、长周期及宽频带等用于记录不同类型地面振动信号的地震仪。地震震级强弱不同，且地震波的振幅在震源附近最大，随着波的传播逐渐变弱，差别可达百万倍(约 100 dB)，因此有记录不同振动幅度范围的地震仪，如强震仪、微震仪等。

地震仪的拾震器分垂向和水平向拾震器，可分别记录垂直方向和水平方向的振动[图 3-1(a)、(b)]。地震引起的地面振动表现为在三维空间中的位移变化，因此，完整的地震记录必须显示三维空间中的振动特征，即分别记录垂直、南北和东西方向的质点振动分量。现今常采用三分量地震仪研究天然地震，即在一台地震仪中，用一个垂直摆与两个水平摆构成三维正交系统，来记录振动的空间变化。

地震图表示地震波到达台站引起的地面振动，记录上的波形幅度可以是振动位移，也可以显示为速度或加速度；横轴为时间轴，用精确的绝对时间表示，如北京时或协调世界时(UTC)；三条波形曲线分别为垂向记录(Z)、东西向记录(E)和南北向记录(N)(图 3-2)。

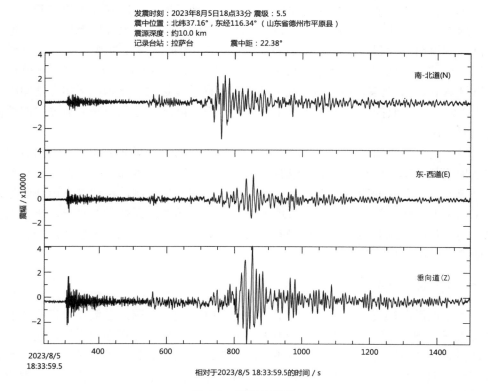

图 3-2   地震记录图

2. 固定台站与流动观测

天然地震观测可分为固定地震台站观测和流动地震台站观测。

固定台站对台站选址与台基的要求较高，要求记录环境的背景噪声极低，观测记录是连续不间断的、长期的，对记录要进行实时监测分析。随着固定地震台站数量的增加和覆盖范围的扩大，部分国家和地区组成了较密集的地震观测台网，如中国地震台网（由 1000 多个固定台站组成）、日本由高灵敏度地震观测网（Hi-net）和宽带地震观测网（F-net）组成的地震台网、美国南加利福尼亚州地震台网（Southern California Seismic Network, SCSN）等。全球地震台网（Global Seismographic Network, GSN）是由美国地震学研究联合会（Incorporated Research Institutions for Seismology, IRIS）、美国国家科学基金会（National Science Foundation, NSF）及美国地质调查局（United States Geological Survey, USGS）建立和运作的，全球多国共同参与，并提供公开的地震数据。另外，还有特定目标的地震台网，如监测海啸的、监测核爆的。现今地震台网利用先进的通信技术，将各台站的记录信号实时传输到数据中心。

20 世纪 70 年代以来，流动地震观测与研究兴起，初期的流动地震观测方式以测线为主，地震测线垂直于构造方向设置，如跨过主要的断层或造山带，利用最小的成本获得沿测线地下结构的变化特征，从而带动了地震学研究方法的重要进展。随着地震仪的迅速发展，便携性提高，经济成本明显降低，大规模密集的流动地震台阵观测逐渐流行起来，丰富了地震观测的样式和地震学研究的内容和手段。例如，我国开展的中国地震科学台阵探测（ChinArray）计划、美国地震阵列（USArray）计划和欧洲 AlpArray 地震台网项目，观测范围的横向跨度达数千千米，平均台站间距达数十千米，观测时间 1~2 年不等。密集流动地震台阵观测已成为研究地球深部结构的重要手段。

节点地震仪的出现进一步提高了地震观测的便携性，降低了地震观测的成本。节点地震仪频率范围较高，频带较窄，更适用于研究地球浅部结构。目前，在部分大城市开展了台站间距达数百米到一千米级别的超密集观测，特别是利用观测记录中不明来源的噪声记录，研究城市地下空间结构。随着航天技术的发展，研究人员也将地震仪架设到其他星球，如将地震仪架设至月球和火星上，测量月震和火震，以研究它们的内部结构。

3.1.2　人工地震观测

人工地震勘探进入工业应用始于 20 世纪 20 年代的美国，在俄克拉何马州的实验首次记录到人工激发震源产生的清晰反射波，通过反射地震勘探工作，在该地区发现了多个油田。与天然地震观测不同，人工地震勘探的震源（如爆炸）位置、激发时间和震源特征可由勘探人员设计控制，并使用专门的记录系统与相关的数据处理和解释技术。地震勘探也可在较小的范围内探测近地表沉积层特征、地下水位，以及在工程方面对地基条件进行调查，如确定基岩面的深度等。这种利用人工震源激发地震波，并通过地震波传播信息获得地下精细结构的方法，称为人工地震勘探（简称人工地震或勘探地震），主要有反射波探测方法和折射波探测方法。

1. 人工震源

人工震源的主要作用是激发足够的能量，引起振动而产生地震波。人工震源有不同的能量激发方式，主要分炸药震源与非炸药震源两大类。

炸药震源是早期人工地震中最主要的震源。特定组成的化学物质或混合物在被激发的瞬间对周围的介质施加冲击波，在震源处造成介质的破碎，但在距离震源一定区域外，形成稳定的岩石弹性形变区，爆炸的能量以弹性波的形式向外传播，最终被布设在周围的地震仪接收。1921 年，美国人卡彻（Karcher）首次将炸药作为震源用于地震勘探，此后炸药一直是人工地震勘探最主要的震源。炸药震源激发的地震波具有良好的脉冲特性，能量高度集中，可以通过简单地调整炸药量改变激发的能量，以满足不同的应用需求，且探测的深度范围广。但是它的利用效率较低，还可能带来严重的安全和污染问题，目前在人口密集的地区已经严格控制炸药震源的使用。

此外，国内外也发展了多种非炸药震源。落重法或机械撞击震源是一种最常见的人工震源，其最简单的方式就是将重物抬升到一定高度，然后通过自由落体方式让重物下落捶击地面，激发的能量以地震波的形式向外传播。在小范围的勘探中，甚至可以使用大锤捶击，由于激发的能量较弱，传播距离不远，只在浅层工程地震勘探中使用。为了增加重物捶击地面产生的能量，改进方法是通过加大重物质量或提高抬升高度来获得更大的撞击力，同时使产生的脉冲更尖锐，频谱更接近炸药爆炸产生的频谱。

可控震源是 20 世纪 50 年代出现的新型非炸药震源，自产生以来便一直处在不停地发展改进中。它产生的振动频率和延续时间都可以通过参数设置得以控制和改变，故称为可控震源。一般可控震源产生的信号是延续时间从几秒到数十秒、频率随时间变化的正弦振动信号，也称连续振动震源。由于其频率可控，一方面，可以根据探测介质的性质，调整震源的频率，提高探测效率；另一方面，可控信号的重复性较好，有利于进行信号叠加，提高信噪比，是目前最主要的人工震源。

气枪震源通过将高压气体注入空腔中，在水体中快速释放，以释放高能气泡的方式形成震源。它是一种重复性好、绿色环保、信号稳定的人工激发源，是海洋油气勘探的主要震源。但气枪震源需要大规模的水体，在陆地上的应用受到极大的限制。因此，气爆震源应运而生，它将可燃气体、氧气或空气的混合物导入容器内，通过引爆容器内的气体产生地震波，常用的气体包括甲烷、丙烷、氢气、氮碳化合物等。容器的设置可以将限压阀固定在某个方位，使爆炸产生的能量沿着固定方向释放，提高能量的利用效率。

总的来说，炸药震源是最简单、稳定、可靠的震源，能量及其频率的范围都很广，能够满足各种地震勘探的需要，但对环境的影响较大，在一些特定的区域应用受到限制。非炸药震源可控性和重复性较好，但能量整体偏小，需通过信号叠加的方式在远距离获得较深部结构的信号。

2. 观测系统设计

在人工地震勘探中，目前主要检测纵波信号，只需要记录垂直方向的质点振动，即采用单分量(垂向)检波器。一般人工地震勘探是在局部区域进行的，可根据探测目标布置多个检波器，可能是 24 个或 48 个，也可能是 120 个或 240 个，在目前的石油勘探中已发展到几千甚至上万个；并将各自接收到的振动信号传输给记录设备，这样有效降低了地震观测的成本。人工地震记录也需要精确的计时，但不需要准确的绝对时，只需要震源激发至接收信号的精确时间，常需要精确到超过千分之一秒(1 ms)。由于人工震源的频率范围较高，检波器的频率范围较天然地震观测地震仪高。

人工地震检波器布设密度大，根据探测目标的不同，检波器间距可达百米级乃至几十米级，甚至更密。一般将对应于每个观测点的检波器和记录器构成的信号传输通道总称为地震道，将每次激发多道检波器接收的观测段称为排列。人工地震观测不仅要考虑检波器的布置，还需要考虑激发震源(或称炮点)位置及其与检波器的排列方式，称为观测系统。

地震测线分纵测线和非纵测线(图 3-3)，炮点和检波点处在同一直线上称为纵测线，不在同一直线上称非纵测线。人工地震一般采用纵测线方式，并要求测线与构造走向垂直，有时也根据探测目标要求或施工场地条件的特点布设成折线或弧线。

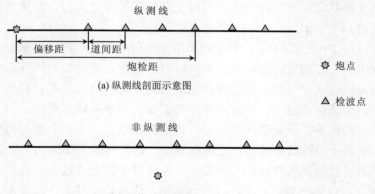

图 3-3 地震测线类别

道间距指检波点的间距；偏移距指炮点至最近检波点距离；炮检距指炮点至检波点距离

在人工地震观测系统的基本设计中，检波器可分布在震源的两侧，也可仅分布在一侧，或检波器不动而震源分别在两侧激发(图 3-4)。观测系统的设计要符合地震探测的目标、工区的环境与地质条件，以及观测设备的配置。在观测系统的设计中应注意：①排列的长度需考虑震源能量大小，应使最大炮检距处的检波器能收到有效信号；②能获得探测目标(如反射界面或临界折射界面)的完整信息；③道间距大小应满足探测目标要求的分辨率。然而，勘探任务可能由于工区范围大，一次激发不能完全覆盖，或者希望通过对探测目标的多次采样来进行信号叠加，以提高目标信号的信噪比，等等。因此，地震探测的观测系统往往是多个简单系统的组合。

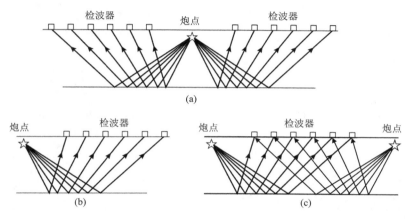

图 3-4　基本的观测系统

为了便于勘探的实施，常用图示方法直观地将设计的完整观测系统表示出来。常采用的图示方法有时距平面法和综合平面法。

时距平面法在横轴上标明激发点和接收段的位置，纵轴为时间，将激发至各检波器接收到信号的时间与炮检距关系(称时距曲线)大致画出来[图 3-5(a)和(b)]。图中 O_1、O_2、O_3 …表示沿测线的一系列激发点，图 3-5(a)对应反射波探测，时距曲线为双曲线，O_1O_2、O_2O_3、O_3O_4 …分别为相应的接收排列，A_1、A_2、A_3 …为探测反射界面 R 上的反射点；图 3-5(b)对应于折射波探测，时距曲线为直线，由于折射波方法利用了临界折射波，存在盲区，如当 O_1 激发时，O_3O_4 接收排列为有效的折射波信号接收段(时距曲线的粗线段)。当在每一排列的两端激发时，能获得许多成对的时距曲线。例如，在 O_1、O_2 点分别激发，可以在 O_1O_2 段得到两条反射波时距曲线，在 O_1 点激发、O_2 点接收的地震波传播时间，与在 O_2 点激发、O_1 点接收的地震波传播时间相等，因此把 O_1 点和 O_2 点称为互换点[图 3-5(a)]；同理，折射波法中 O_1 和 O_4 为互换点[图 3-5(b)]。

综合平面法更容易表示复杂的观测系统[图 3-5(c)和(d)]，横轴表示测线，并标明激发点和接收段的位置，从分布在测线上的各个激发点出发，向两侧作与测线呈45°角的斜线坐标网，将测线上的有效接收排列投影在通过相应激发点的斜线上，用粗线或有色线标出；图中粗线或有色线向上的交点即互换点。如图 3-5(c)表示该观测系统可以对 O_1O_6 下方整个反射界面进行连续的单次采样。为了避免激发点附近很强的面波和声波干扰，可以采用较大偏移距的反射波方法[图 3-5(d)]，表示对 O_1O_6 下方的其中一段反射界面进行连续单次采样；图 3-5(d)也可用于表示折射波方法的观测系统。

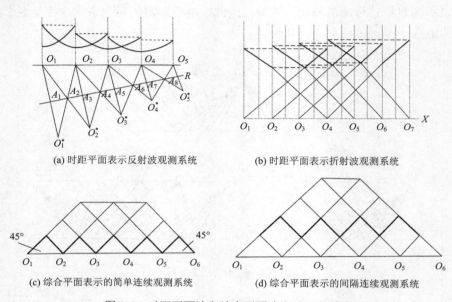

(a) 时距平面表示反射波观测系统　　　　(b) 时距平面表示折射波观测系统

(c) 综合平面表示的简单连续观测系统　　　(d) 综合平面表示的间隔连续观测系统

图 3-5　时距平面法和综合平面法表示观测系统

在反射地震勘探中，为了压制噪声与多次波信号干扰、提高地震记录的信噪比，需要对反射信号进行多次叠加，为此人们设计了多次覆盖观测系统(图 3-6)。

该系统有规律地同时移动激发点与接收排列，对地下反射界面多次重复采样，实现在同一反射点采集多个反射信号，用于信号叠加，达到提高信号质量的目的。如图 3-6 所示，以左侧单边激发、24 检波道接收为例，从左端 O_1 开始，每次激发后，将激发点和接收排列一起向右移动三个道间距；地下同一反射界面的 $ABCDEF$ 段，在 O_1 点激发时，第 19 检波道记录的是地下界面 A 点的反射信号；在 O_2 点激发时，第 13 道记录的是 A 点的反射信号；依此类推，在整个观测完成后，分别有 O_1 激发的第 19 道、O_2 激发的第 13 道、O_3 激发的第 7 道和 O_4 激发的第 1 道记录的是来自同一个反射点 A 的反射信号。共反射点 A 的记录道，构成了一个共反射点叠加道集。同样地，B、C、D、E、F 都有相应的叠加道集，形成了对 $ABCDEF$ 反射界面段的 4 次覆盖。对地下反射界面获得多次采样的结果，叠加后能够有效压制干扰、提高信噪比。

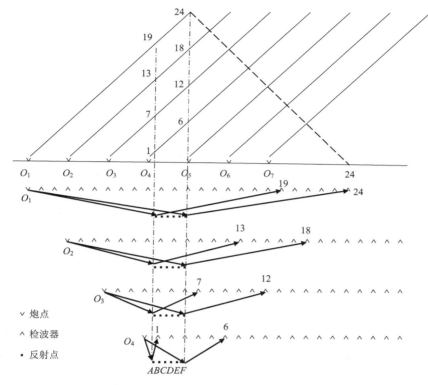

图 3-6　反射地震勘探多次覆盖观测系统

3.2　人工地震反射波方法

3.2.1　水平层状介质中的反射波

当反射界面位于均匀速度(v)层下 h 深度处，地震波从激发点经界面反射到达检波点的传播时间 t 与炮检距 x 的走时方程为

$$t = \sqrt{(x^2 + 4h^2)} / v \qquad (3\text{-}1)$$

式(3-1)也称为时距方程，与天然地震近震走时方程[式(2-16)]的不同在于取震源深度为 0。反射波走时曲线是关于时间轴对称的双曲线(图 3-7)。当 $x = 0$ 时得到垂直反射射线的传播时间 t_0(又称为回声时间)为

$$t_0 = 2h / v \qquad (3\text{-}2)$$

t_0 是一个十分重要的参数，在走时曲线上，t_0 是双曲线在时间轴上的截距。将 t_0 代入式(3-1)，可改写为

$$t^2 = t_0^2 + \frac{x^2}{v^2} \qquad (3\text{-}3)$$

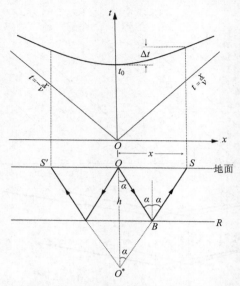

图 3-7　两层水平介质情况下反射波的路径和走时曲线

式(3-3)给出了确定速度 v 的最简单的方法，以 t^2 与 x^2 作图，得到一条斜率为 $1/v^2$ 的直线，直线在时间轴上的截距是回声时间 $\left(t_0^2 = \dfrac{4h^2}{v^2}\right)$，因此可以分别求出介质层的速度 v 和反射界面的深度 h。但实际情况较复杂，拟合直线的斜率有较大的不确定性。

另一个确定速度的方法是利用反射波随炮检距变化的走时增量，变换整理式(3-3)得

$$t = t_0\left[1 + \left(\frac{x}{vt_0}\right)^2\right]^{1/2} \tag{3-4}$$

对式(3-4)进行二项式展开，有

$$t = t_0\left[1 + \left(\frac{x}{vt_0}\right)^2\right]^{1/2} = t_0\left[1 + \frac{1}{2}\left(\frac{x}{vt_0}\right)^2 - \frac{1}{8}\left(\frac{x}{vt_0}\right)^4 + \cdots\right]$$

其中，$x/vt_0 = x/2h$。当 $2h \gg x$ 时可略去高阶项，近似为

$$t \approx t_0 + \frac{x^2}{2v^2 t_0} \tag{3-5}$$

这是反射波走时方程的另一种形式，常用于数据的处理和解释。炮检距 x 处的正常时差 Δt (normal moveout, NMO)定义为：x 处的反射波走时与零偏移距垂直反射波的走时差(图 3-7)，即

$$\Delta t = t_x - t_0 = \frac{x^2}{2v^2 t_0} \tag{3-6}$$

可见，正常时差是炮检距 x、介质层的速度 v 和反射界面深度（$h = vt_0/2$）的函数，是利用反射数据计算速度的基础，并常用于反射地震数据处理与解释。变换式（3-6），有

$$v = \frac{x}{(2t_0 \Delta t)^{1/2}} \tag{3-7}$$

当已知零偏距的回声时间（t_0）与 x 处的正常时差（Δt）时，就可以计算反射界面上部介质层的速度 v。

一般情况下，地下存在多个介质层，如有 n 个水平层，地震波在各个界面的入射角分别是 α_1、α_2、$\cdots$、α_n；各层的速度分别为 v_1、v_2、$\cdots$、v_n（图 3-8），当炮检距远小于反射界面深度（$x \ll H$）时，在 x 处接收到经第 n 个界面反射的地震波走时方程中，可近似用反射界面上部所有层的平均速度（$\overline{v}$）或均方根速度（v_{rms}）替代，式（3-1）改写为

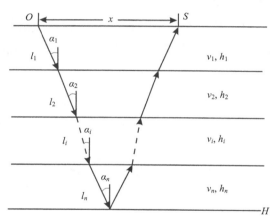

图 3-8　多个水平界面的反射波路径

$$t = \sqrt{(x^2 + 4H^2)} / v_{rms} \tag{3-8}$$

或

$$t^2 = t_0^2 + \frac{x^2}{v_{rms}^2} \quad \left(t_0 = \frac{2H}{v_{rms}} \approx \sum_{i=1}^{n} \frac{2h_i}{v_i} \right)$$

此时，走时曲线形式上仍是双曲线，实际走时曲线与双曲线有偏离，且随炮检距增加偏离更明显。第 n 个反射界面的正常时差 Δt_n 可近似为

$$\Delta t_n \approx \frac{x^2}{2v_{rms}^2 t_0} \tag{3-9}$$

定义第 n 个界面上部介质层的均方根速度（$v_{\mathrm{rms},n}$）为

$$v_{\mathrm{rms},n} = \left(\frac{\sum\limits_{i=1}^{n} v_i^2 t_i}{\sum\limits_{i=1}^{n} t_i} \right)^{1/2} \tag{3-10}$$

其中，v_i 为第 i 层的速度；t_i 为反射射线通过第 i 层时单向的传播时间。

利用不同反射界面上部介质层的 $v_{\mathrm{rms},i}$ 值，由迪克斯（Dix）公式可计算各层的层速度，第 i 层间的层速度 v_i 表示为

$$v_i = \left(\frac{v_{\mathrm{rms},i}^2 t_i - v_{\mathrm{rms},i-1}^2 t_{i-1}}{t_i - t_{i-1}} \right)^{1/2} \tag{3-11}$$

其中，$v_{\mathrm{rms},i-1}$、t_{i-1} 和 $v_{\mathrm{rms},i}$、t_i 分别为第 $i-1$ 层和第 i 层的均方根速度与反射射线的单向走时。

3.2.2　倾斜界面上的反射波

对于倾角为 φ 的倾斜反射界面的情况（图 3-9），O 点为激发点，O^* 为激发点关于反射界面的镜像点，P 为 O^* 点在地表的投影，O^* 的坐标（x_m, z_m）可以表示为

$$x_m = -2h\sin\varphi$$
$$z_m = 2h\cos\varphi$$

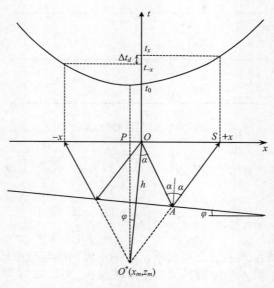

图 3-9　倾斜界面情况下的反射波路径与走时曲线

其中，h 为界面法线深度。x 处反射波走时 t 可表示为

$$t = \frac{O^*S}{v} = \frac{\left[(x-x_m)^2 + z_m^2\right]^{1/2}}{v} = \frac{(x^2 + 4h^2 + 4xh\sin\varphi)^{1/2}}{v} \tag{3-12}$$

倾斜界面的反射波走时曲线仍是双曲线，但双曲线的对称轴不再是以 O 为原点的时间轴，而是偏向界面上倾的方向，通过这个特征可以识别反射界面的倾斜方向。对式(3-12)做二项式展开并略去高阶项，有

$$t \approx t_0 + \frac{x^2 + 4xh\sin\varphi}{2v^2 t_0} \tag{3-13}$$

其中，$t_0 = 2h/v$，表示 $x=0$ 处地震波垂直反射的双程走时。由于反射界面有倾角，在 x 和 $-x$ 接收的两条反射射线的传播时间 t_x 和 t_{-x} 不同，时差值为

$$\Delta t_d = t_x - t_{-x} = 2x\sin\varphi / v \tag{3-14}$$

当倾角较小$(\sin\varphi \approx \varphi)$时，变换整理得

$$\varphi \approx v\Delta t_d / 2x \tag{3-15}$$

如果已知速度 v，利用 Δt_d 可以计算反射界面的倾角 φ。

3.2.3　共反射点叠加方法

反射波不可能成为初至波，且近垂直入射时的反射系数较低，造成反射波能量较弱。实际工作中，采用多次覆盖叠加观测系统构建共反射点叠加道集，通过信号叠加，达到增强反射信号的目的。共反射点叠加也称共深度点(common depth point, CDP)叠加、共中心点(common midpoint, CMP)叠加，或多次覆盖技术，是目前最常用的反射波探测方法。图 3-10 是共反射点叠加方法流程简图，下面简述其中关键步骤的任务与原理。

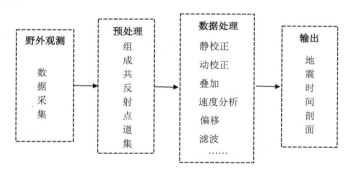

图 3-10　共反射点叠加方法流程简图

1. 共反射点道集

假设水平界面，以地面 M 点为中心，在 M 点一侧 O_1、O_2、O_3 ⋯点激发，在

另一侧的对称位置 S_1、S_2、S_3…接收，在水平界面情况下，各点接收到的是中心点 M 下方反射界面上同一点 A 的反射信号，各接收道称共反射点道或共中心点道，各道的反射波走时为 t_1、t_2、t_3…，其集合为共反射点道集(图 3-11)。共反射点叠加是将一个道集内各道信号经过正常时差校正等处理，然后进行叠加，最终达到增强信号、压制干扰的目的。

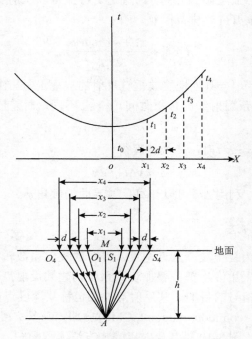

图 3-11　共反射点道集的走时曲线

共反射点道集是由原始不同共炮点记录中抽取，并集合在一起构成的。各道反射信号的走时与炮检距的关系(即走时曲线)是一条双曲线，其走时方程为

$$t_i = \sqrt{(x_i^2 + 4h^2)} / v \tag{3-16}$$

当 $x_i = 0$ 时，有 $t_0 = 2h / v$，是共中心点 M 处的回声时间。

虽然共反射点道集的走时方程[式(3-16)]与共炮点的走时方程[式(3-1)]形式类似，但物理意义不同。共反射点走时曲线反映同一个反射点的情况，共炮点反射波走时曲线反映界面上一段距离的反射情况。

2. 动校正与叠加原理

虽然共反射点道集中各道是同一反射点的反射信号，但由于炮检距不同，反射波的走时不同，存在时差。以共中心点 M 处的回声时间 t_0 为基准时间，将共反射点道集中各道反射波走时 t_i 减去 t_0，可得到各道相对于中心道的时差(即正常时差)

（图 3-12），正常时差 Δt_i 为

$$\Delta t_i = t_i - t_0 = \frac{\sqrt{x_i^2 + 4h^2}}{v} - \frac{2h}{v} = t_0 \left[\sqrt{1 + \left(\frac{x_i}{2h}\right)^2} - 1 \right] \tag{3-17}$$

在 $\frac{x_i}{2h} \ll 1$ 的情况下，即较小的炮检距范围内，通过泰勒展开，式(3-17)可近似为

$$\Delta t_i \approx \frac{t_0}{2}\left(\frac{x_i}{2h}\right)^2 = \frac{x_i^2}{2v^2 t_0} \tag{3-18}$$

正常时差 Δt_i 是 t_0、 x_i 和 v 的函数。将各反射道的走时减去正常时差 Δt_i，即将共反射点道集中的各道归算至中心点道，此时的走时曲线成为直线，同一反射点的各道反射信号走时相同(图 3-13)。这一过程称为正常时差校正，通常又称动校正。

在动校正之前，各道中反射波走时不同，直接将各道叠加不能达到增强信号的目的[图 3-13(a)]；经动校正之后，归算到了统一的走时标准，又因为共反射点各道反射波波形相似，进行叠加，反射波得到加强[图 3-13(b)]，将叠加后的信号作为共中心点信号，即实现了共反射点叠加。

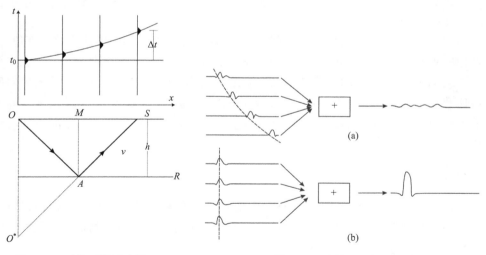

图 3-12　正常时差示意图　　　　图 3-13　动校正叠加示意图

3. 速度分析

在进行动校正时，正常时差计算需要介质层的速度 v [式(3-18)]，正确的速度值是进行动校正的关键参数。实际情况中，地下有多个反射界面，不同深度的反射界面均可产生反射信号，对应了不同的 v-t_0 关系。因此速度分析是地震处理中的重要步骤，常采用速度谱分析来确定叠加速度(图 3-14)。

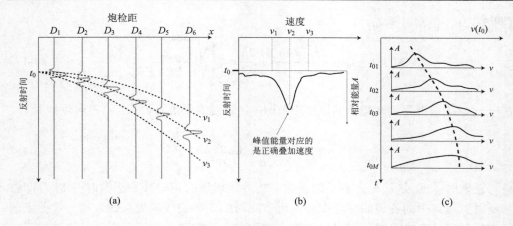

图 3-14　　速度谱分析原理

在共中心点道集上，取某个 t_0 时刻，如果 t_0 恰好对应某一反射界面的回声时间，则一定存在一个最佳叠加速度 v，使共反射点道集的反射信号波形相似、相位相同，并与走时曲线吻合，此时由 v 和 t_0 计算走时曲线所对应的各道振幅叠加，将获得最大值；反之，如果叠加速度偏离实际值，其走时曲线对应的各道振幅叠加值小于最佳叠加速度时的振幅(图 3-14)。

最佳叠加速度 v 采用搜索的方式进行，在合理范围内以一定步长选取速度值 v_i，计算相应走时曲线[图 3-14(a)]，沿走时曲线将每道振幅叠加，得到对应 v-t_0 振幅谱图[图 3-14(b)]，振幅谱图中叠加信号振幅的极大值 v_i 对应的速度就是特定 t_0 值对应的最佳叠加速度 v[图 3-14(a) 和(b)]。对不同的 t_0 值重复上述过程，得到不同 v-t_0 对应的振幅谱曲线[图 3-14(c)]，连接各振幅谱极大值得到不同反射深度的最佳叠加速度。

4. 静校正

地震波走时方程建立在地面水平、近地表介质均匀的假设之上。而实际观测中，存在地表地形起伏、地表低速带厚度变化和速度横向差异，使观测走时曲线发生畸变，需要在动校正叠加之前进行静校正。

常采用的方法为设定一基准线(面)，将炮点与检波点都校正到此基准线(面)上，去掉高差与低速带对走时的影响。

5. 偏移

偏移是共反射点叠加方法中另一项重要的数据处理过程。实际上，反射界面常常是倾斜或弯曲的，此时共中心点道集接收的反射信号不再是来自中心点下方的同一个反射点，而是来自倾斜界面上一小段的反射信号，且偏离中心点向上倾方向偏移[图 3-15(a)]。此时如仍按水平反射界面的假定，对共中心点进行叠加，会使得到的叠加界面偏离实际反射界面[图 3-15(b)]，且叠加界面的倾角 α_s 与实际反射界面倾角 α_t 不同。当界面隆起时，隆起顶部出现空白[图 3-15(c)]；当界面凹陷时，凹陷中间出现交叉[图 3-15(d)]；断层附近界面出现空白。

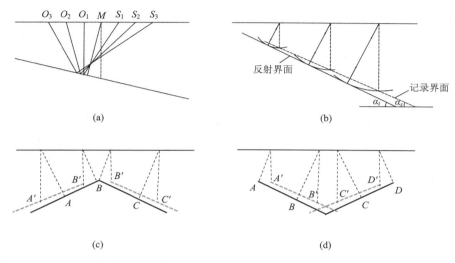

图 3-15　倾斜界面情况对观测的影响

　　为了克服这个效应，在资料处理过程中要进行偏移处理，又称偏移归位处理，分为叠后偏移和叠前偏移。基于不同思路，偏移有不同的处理方法，这里不再展开。

　　共反射点叠加方法又称反射波多次覆盖方法，覆盖次数越多，叠加道集中的道数越多，处理工作量增加越多。实际地震勘探不仅野外数据采集工作量大，之后的数据处理也是很繁杂的过程，从野外数据整理到处理后数据输出，要经过数据的预处理，然后进行实质性的数据处理，包括动校正和叠加、静校正和偏移处理，还要经过滤波、反滤波等数字处理工作，以增强信号，最终输出地震时间剖面(图 3-16)。

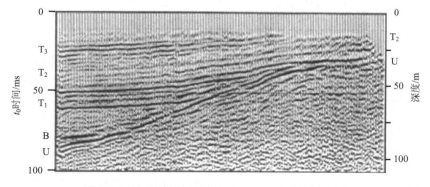

图 3-16　地震时间剖面(据 Kearey et al., 2002 修改)

3.2.4　地震剖面解释与应用

1. 地震时间剖面

地震记录经过叠加和偏移等处理后，最终显示为反射地震剖面。地震剖面的纵轴是双程反射时间 t_0，横轴为剖面的空间距离，在每个共中心点（CMP）位置上，将相应共中心点道集处理后的波形记录按点位排列，形成反射地震剖面。由于地震波形记录仍采用 t_0 时间表示，所以称为地震时间剖面（图 3-16）。

在地震时间剖面上，来自同一反射界面的反射波形态有相似特征，具有一定的稳定性，可以作为解释的基础，通过对时间剖面上波的对比，可以确定反射层的构造形态、接触关系及断层分布等。由于时间剖面上对应的不是反射界面深度，要解释成地质剖面还需进行时深转换，即利用地层速度资料将双程反射时间转换成反射界面深度。

2. 反射波识别与追踪的基本原则

地震剖面的对比是反射地震资料解释最重要的基础工作，即通过对反射波的动力学和运动学特征对比，来识别、追踪同一反射界面的反射波组（如图 3-16 中标注的 T_1、T_2、T_3、B、U）。在地震记录上相同相位（波峰或波谷）的连线称为同相轴，反射波组以同相轴特征为表现形式。识别与追踪界面反射波组的标志包括以下三项：

1) 强振幅

在地震记录上，当反射波出现时，振幅明显增强。因此具有强振幅的同相轴是有效反射波的特征，同相轴能量的强弱与界面的波阻抗差、界面的形态和传播路径有关。

2) 同相性

来自同一界面的反射波，在相邻地震记录上反射时间相近、相位一致，在反射波组中不同相位的同相轴彼此平行。因此，有一定延长的平滑且平行的同相轴通常是同一反射波组的标志。

3) 波形相似

同一界面反射波在相邻地震记录上波形特征（周期、相位与振幅等）具有相似性。因此，相邻地震道上波形特征一致是同一界面反射波组的标志。当岩性出现横向变化时，反射波组会出现相位数增减、振幅强弱的变化。

3. 地震剖面的地质解释

在实际工作中，对地震剖面的解释还应结合地质资料，建立地震反射波界面与地质界面的对应关系，实现地质解释。在构造运动平静的阶段，沉积层往往表现为产状变化较小的连续沉积；构造运动强烈时，地层发生褶皱和断裂；在不同时期的构造变动之间可能出现地层的不整合接触。这些地层变化特征决定了地震记录的波场特征，在地震剖面上反射波组有相应的表现，成为地质解释的依据。

1) 地震反射层位标定

在地震剖面解释时，一般选择地震反射标志层进行对比和追踪。反射标志层应是分布范围广且稳定、标志突出、地质层位明确的地震反射层，地震反射标志层应能够代表测区内构造格局的基本特征。层位标定是地震解释的重要基础工作，即建立反射标志层与地质层位间的对应关系，赋予地震反射层相对应的地质意义。

2) 断层的解释

断层是普遍存在且复杂的地质现象，通过地震剖面可以很好地解释断层位置与性质。断层在地震剖面中的主要特征有：①反射波的同相轴错断，断层两侧波组关系稳定，波组特征清楚，一般是中、小断层的反映；规模较大的断裂表现为波组或波系(由几个反射标志层构成)的错断。②反射波组的同相轴突然增减或消失、波组间隔突然变化，往往是基底大断裂的表现；由于基底断裂上盘抬升，地层变薄或缺失，反射层减少，而下盘大幅度下降，往往形成沉降中心，沉积较厚、较全的地层，因而在地震剖面上反射波同相轴数目明显增加，反射层齐全。③反射波组的同相轴产状突变，反射零乱或出现空白带；这是断层错动引起两侧地层产状突变，以及断层的屏蔽作用引起断层处反射波射线畸变等原因造成的。

3) 不整合面

沉积岩层中的不整合面往往是侵蚀面，地层间波阻抗变化大，故反射波的波形与振幅有较大变化。特别是角度不整合，在地震时间剖面上出现多组有明显差异的反射波组逐渐尖灭的趋势。图 3-16 显示了中生代地层(反射波组 $T_1 \sim T_3$ 和 B)与早古生代基底(反射波组 U)呈明显角度不整合关系，展现了地质构造活动的过程。

在沉积盆地中常利用地震剖面划分地震层序，可以找出完整的沉积层序和不整合面，利用不整合面分析沉积间断的成因，进一步进行沉积环境和沉积相分析，是石油勘探中的重要工作。

4) 地震构造图

如果在一个地区完成了地震测线网，将每条地震剖面上同一标志层的 t_0 值投影到平面上，并勾画出等 t_0 值图，即地震构造图；根据该区的速度资料，进行时深转换，也可得到等深度值的地震构造图。不同 t_0 的地震构造图反映了一个区域不同地质时代的地质构造形态，是地震探测的基本地质成果图件。在油气勘探中，它是进行油气资源评价和提供钻探井位的重要依据。

5) 地震剖面实例

图 3-17 展示了在油气勘探中几种典型沉积构造的反射地震剖面，反映了不同的沉积环境与构造活动。

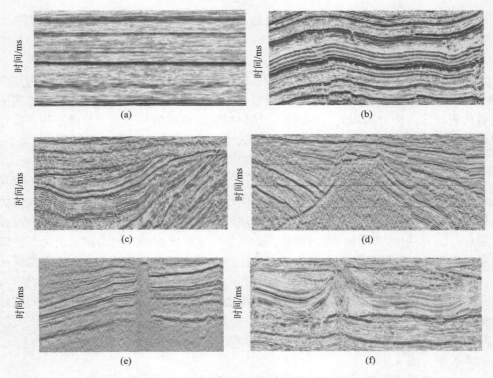

图 3-17　几种典型的反射地震剖面图（据 Qu, 2021 修改）

图 3-17（a）中可见几组连续可追踪的平行反射波组，同相轴近水平，表示连续的水平地层，对应于稳定沉积的地质环境。图 3-17（b）地震剖面中反射波组仍可连续追踪，但同相轴出现挠曲，表现出明显的起伏变化，表明地层经历过明显的褶皱变形。

图 3-17（c）比较复杂，不同深度的地层均经历了不同程度的变形，地层出现不连续、尖灭的现象，展示了地层的不整合接触关系。图 3-17（d）显示了发育在结晶基底上的复杂地层，基底内部的反射信号很弱，表明介质的性质比较均匀，没有明显的速度间断面；在基底隆起的左右侧是典型的由铲式断层形成的盆地沉积，并见明显的同生长断层（基底隆起左翼）；基底隆起右侧的上部地层中出现明显的同相轴错断，表明后期发育正断层。如结合地质资料建立地震反射波组与地质层的对应关系，即可分析地质演化历史。

图 3-17（e）和图 3-17（f）体现了侵入体的特征。图 3-17（e）是侵入岩贯穿沉积地层的特征，侵入体内部介质较均一，没有反射信号，但它错断了两侧的地层。图 3-17（f）是盐构造的反射剖面，可见明显的穿隆构造。

在石油勘探中，还会对地震剖面进行反演和属性分析，进一步分析地层岩性和物性的变化，为储层精细结构解释提供依据。

4. 深反射地震探测地壳-上地幔结构

人工反射地震也被用在地壳-上地幔结构研究中，由于探测深度大、测线长，所需要激发能量大。为了获得清晰的深部界面信息，采用了多次覆盖观测系统，发展了深反射地震探测技术。20 世纪 70 年代，以康奈尔大学为主的美国大学和壳牌石油公司的地球物理学家组成了大陆反射剖面联合会(The Consortium for Continental Reflection Profiling, COCORP)，1972 年开始试验在深部地震探测中应用多次覆盖观测系统，此后随着技术的不断进步，可以清晰接收到 50 km 深度的反射波。COCORP 在美国大陆完成了上千千米的剖面，展示了地壳的详细结构，如断裂在深部的延伸、局部岩浆囊的存在、壳幔边界的性质，加深了人们对地壳-上地幔结构的认识。

中国最早开展的深地震探测是 1992~1994 年青藏高原与喜马拉雅深部剖面探测(INDEPTH)计划，由中国、美国、德国、加拿大等多家国际学术组织共同合作完成，此后又继续开展了 INDEPTH 二期(1995~1996 年)、三期(1998~2000 年)和四期(2003~2006 年)项目，将青藏高原深部结构的研究推向了新的高度。2008~2012 年，我国独立开展了"深部探测技术与实验研究"专项(SinoProbe)，是我国规模最大的地球深部探测计划，深反射地震剖面总长度在 2012 年突破 11000 km。

图 3-18 展示了 INDEPTH 一期和二期开展的深反射地震剖面与揭示的主要结果。测线总长度约 400 km，分多期进行。人工震源采用井下爆破，每 200 m 设置一个 50 kg 炸药的小当量爆破，每 3000 m 设置一个 200 kg 炸药的大当量爆破。检波器间距为 50 m 和 25 m 两种，地震记录时长 50 s。每个反射点的地震信号经过 15 次叠加获得。图 3-18 中清晰可见喜马拉雅造山带和拉萨地块下方存在明显的差异。喜马拉雅造山带下方浅部(<10 s)存在多个南倾和北倾的反射信号，10 s 和 20 s 处有两个横向延伸比较远的、向北倾的反射信号。拉萨地块下方在 5 s 左右存在一个近水平的强反射信号，但 5~20 s 的反射信号较弱，只存在若干局部的反射信号。结合其他的地球物理证据，喜马拉雅造山带下方的两个向北倾的反射信号分别代表了向北俯冲的印度板块的上边界和印度地壳，而拉萨块体下方的两个反射信号反映了青藏高原中地壳部分熔融体的上、下边界，部分熔融体内部比较均一，反射信号较弱。

随着高质量地震数据的增加和计算机能力的提高，特别是全波形技术出现以来，地震勘探数据处理不仅利用反射时间，同时也从地震波形记录中获取更多的其他信息，综合利用地震信号的走时和波形信息，获得地下介质精细的二维和三维速度结构是现今人工地震勘探的主要发展方向。人工地震的应用领域也扩展到石油工业之外，在煤田勘探、地质工程勘察，以及金属矿产和盐构造等非层状介质勘探领域都发挥了重要的作用。

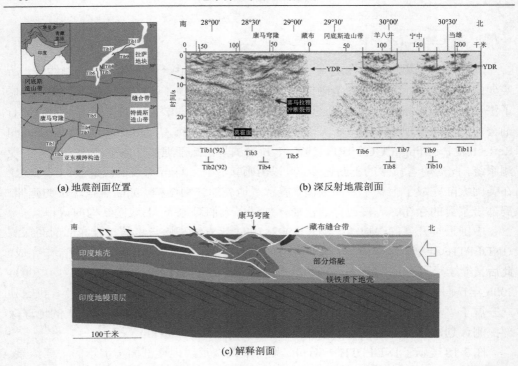

(a) 地震剖面位置　　　　　　　　　　　(b) 深反射地震剖面

(c) 解释剖面

图 3-18　INDEPTH 计划利用深反射地震揭示的青藏高原地壳结构（据 Brown et al., 1996 修改）

YDR 指亚东裂谷

3.3　人工地震折射波方法

折射波方法是最早的地震勘探方法，始于 20 世纪早期德国明特罗普的工作。20世纪 20 年代，人们利用地震勘探折射方法在墨西哥湾沿岸地区发现很多盐丘。产生折射波的首要条件是界面下部速度大于上部速度（即 $v_2 > v_1$），当入射波达到临界角时才能产生折射波。为了确保记录到目的层的折射波，折射波剖面需足够长；在反射系数较高时，还能接收到清晰的广角反射信号。折射波方法成本比较低，目前在工程和环境等浅层地质探测中常被采用；在深部地壳和上地幔探测中应用也很广泛，特别是利用广角折射/反射地震研究地壳分层结构与壳幔边界。

3.3.1　水平层状介质中的折射波

对两层水平介质（$v_2 > v_1$）（图 3-19），折射波的走时方程表示为

$$t = \frac{x}{v_2} + \frac{2h\cos\alpha}{v_1} \tag{3-19}$$

走时方程为直线方程。由于临界角满足 $\sin\alpha = v_1 / v_2$，则 $\cos\alpha = (1 - v_1^2 / v_2^2)^{1/2}$，

式 (3-19) 又可写作

$$t = \frac{x}{v_2} + \frac{2h(v_2^2 - v_1^2)^{1/2}}{v_1 v_2} \qquad (3\text{-}20)$$

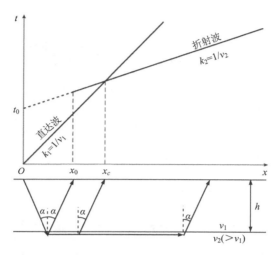

图 3-19　两层水平介质情况的折射波路径与走时曲线

图 3-19 显示折射波走时曲线为直线，直线的斜率 $k_2 = 1/v_2$，在时间轴上的截距为

$$t_0 = \frac{2h(v_2^2 - v_1^2)^{1/2}}{v_1 v_2} = \frac{2h\cos\alpha}{v_1} \qquad (3\text{-}21)$$

利用直达波和折射波走时曲线的斜率可分别求出介质层的速度（$v_1 = 1/k_1$，$v_2 = 1/k_2$），上覆介质层的厚度可通过折射波走时曲线的截距 t_0 求得

$$h = \frac{v_1 t_0}{2\cos\alpha} = \frac{v_1 v_2}{\sqrt{v_2^2 - v_1^2}}\frac{t_0}{2} \qquad (3\text{-}22)$$

对三层水平介质的情况（图 3-20），介质层速度 $v_3 > v_2 > v_1$，在第二层底部界面产生的折射波，走时方程可表示为

$$t = \frac{OA + DS}{v_1} + \frac{AB + CD}{v_2} + \frac{BC}{v_3} = \frac{x}{v_3} + \frac{2h_1 \cos\alpha_{13}}{v_1} + \frac{2h_2 \cos\alpha_{23}}{v_2} \qquad (3\text{-}23)$$

根据 Snell 定律有

$$\sin\alpha_{13} = \frac{v_1}{v_3} \quad \cos\alpha_{13} = \left(1 - \frac{v_1^2}{v_3^2}\right)^{1/2}$$

$$\sin\alpha_{23} = \frac{v_2}{v_3} \quad \cos\alpha_{23} = \left(1 - \frac{v_2^2}{v_3^2}\right)^{1/2}$$

走时方程也可表示为

$$t = \frac{x}{v_3} + t_1 + t_2 \tag{3-24}$$

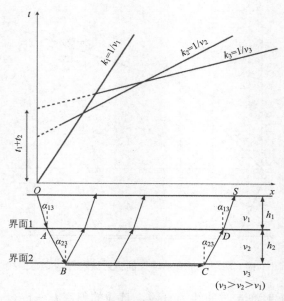

图 3-20　三层模型的折射波路径与走时曲线

可见，走时曲线仍是直线（图 3-20），斜率为 $k_3 = 1/v_3$，在时间轴上的截距为 $(t_1 + t_2)$，其中，$t_1 = 2h_1 \cos \alpha_{13} / v_1$，$t_2 = 2h_2 \cos \alpha_{23} / v_2$。

解释折射波走时曲线可由第一层开始，逐层向下推算。首先利用直达波走时曲线的斜率（k_1）求出第一层介质的速度 v_1；再由界面 1 折射波走时曲线的斜率（k_2）和截距求得第二层介质的速度 v_2 和第一层的厚度 h_1；进而由界面 2 的折射波走时曲线的斜率（k_3）和截距求出 v_3 和 h_2。

类似地，对于 n 个水平介质层，其速度和厚度分别为 v_1、v_2、$v_3 \cdots$ 和 h_1、h_2、$h_3 \cdots$，在第 n 层介质中形成的折射波走时方程为

$$t_n = \frac{x}{v_n} + \sum_{i=1}^{n-1} \frac{2h_i \cos \alpha_{in}}{v_i} = \frac{x}{v_n} + 2\sum_{i=1}^{n-1} h_i \Big/ \sqrt{v_n^2 - v_i^2} \tag{3-25}$$

其中，$\alpha_{in} = \arcsin(v_i / v_n)$。理论上利用每层的走时曲线可逐步计算地层序列的速度与厚度，但在实际应用中，随着层数的增加，识别每个层在走时曲线中对应的直线段变得非常困难。

3.3.2　倾斜界面上的折射波

两层介质速度分别为 v_1 和 v_2（$v_2 > v_1$），当界面倾斜时，速度界面的倾角为 φ，

地震射线在界面上的临界入射角为 α（图 3-21）。

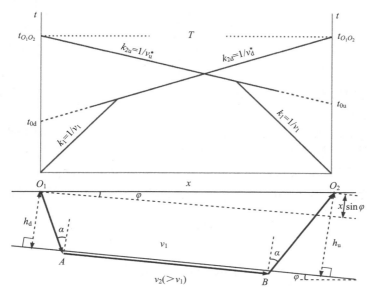

图 3-21　倾斜界面时折射波路径与走时曲线

当在 O_1 点激发地震波并沿界面下倾方向接收时，到达 O_2 点的射线路径为 O_1ABO_2，走时方程为

$$t_d = \frac{O_1A + O_2B}{v_1} + \frac{AB}{v_2}$$

根据 Snell 定律，$\sin\alpha = \dfrac{v_1}{v_2}$。利用几何关系，可得

$$t_d = \frac{x\sin(\alpha + \varphi)}{v_1} + \frac{2h_d\cos\alpha}{v_1} \tag{3-26}$$

类似地，当在 O_2 点激发地震波并沿界面上倾方向接收时，走时方程为

$$t_u = \frac{x\sin(\alpha - \varphi)}{v_1} + \frac{2h_u\cos\alpha}{v_1} \tag{3-27}$$

倾斜界面时走时曲线仍然是直线，在下倾方向接收和在上倾方向接收时的走时曲线斜率和截距不同（图 3-21），T 是互换时间，表示在 O_1 激发下倾方向 O_2 处接收与 O_2 激发上倾方向 O_1 处接收有相同的走时。直线的斜率为视速度的倒数，即 $k_{2d} = 1/v_d^*$ 和 $k_{2u} = 1/v_u^*$，视速度分别为

$$v_d^* = \frac{v_1}{\sin(\alpha + \varphi)}$$
$$v_u^* = \frac{v_1}{\sin(\alpha - \varphi)} \tag{3-28}$$

截距分别为

$$t_{0\mathrm{d}} = \frac{2h_{\mathrm{d}}\cos\alpha}{v_1}$$

$$t_{0\mathrm{u}} = \frac{2h_{\mathrm{u}}\cos\alpha}{v_1} \tag{3-29}$$

其中,上倾方向接收比下倾方向接收的截距大,根据走时曲线的特点可以大致判断倾斜界面的倾向。

实际应用中,常利用互换观测系统获得走时曲线(图 3-21),由走时曲线可分别求解倾斜界面的倾角和介质层的速度。由直达波走时曲线的斜率 k_1 可以确定上覆层速度 v_1,进一步利用两支折射波走时曲线的斜率得到下倾与上倾方向接收的视速度(v_{d}^* 与 v_{u}^*),运用式(3-28)联立求解,得到折射波的临界角 α 和速度界面的倾角 φ:

$$\alpha = \frac{1}{2}\left(\arcsin\frac{v_1}{v_{\mathrm{d}}^*} + \arcsin\frac{v_1}{v_{\mathrm{u}}^*}\right)$$

$$\varphi = \frac{1}{2}\left(\arcsin\frac{v_1}{v_{\mathrm{d}}^*} - \arcsin\frac{v_1}{v_{\mathrm{u}}^*}\right) \tag{3-30}$$

依据式(3-26)和式(3-27),并结合 Snell 定律($v_2 = v_1 / \sin\alpha$),可得

$$\left|\frac{1}{v_{\mathrm{u}}^*}\right| + \left|\frac{1}{v_{\mathrm{d}}^*}\right| = \frac{2\sin\alpha\cos\varphi}{v_1} = \frac{2\cos\varphi}{v_2} \tag{3-31}$$

实际应用中,在 φ 较小($<15°$)时,$\cos\varphi \approx 1$,v_2 可由上倾和下倾方向的斜率直接表示为

$$v_2 \approx \frac{2}{k_{2\mathrm{u}} + k_{2\mathrm{d}}} \tag{3-32}$$

进一步通过上倾方向和下倾方向的截距($t_{0\mathrm{u}}, t_{0\mathrm{d}}$)可以求得激发点下方倾斜界面的垂直深度:

$$h_{\mathrm{d}} = \frac{v_1 \cdot t_{0\mathrm{d}}}{2\cos\alpha}$$

$$h_{\mathrm{u}} = \frac{v_1 \cdot t_{0\mathrm{u}}}{2\cos\alpha} \tag{3-33}$$

3.3.3　折射波方法应用

折射波方法能从折射信息中提取界面上下层的速度,这是折射波方法优于反射波方法的一大优点。折射波方法的另一优点是实施成本较低。目前主要应用于工程勘察等浅层探测中,如确定大坝、高层建筑、大型机场、高速公路、港口等大型工程建设的基岩埋深与起伏变化、覆盖层厚度及基岩岩性变化等。

1. 起伏折射波界面的求取

在实际问题中，折射界面起伏不定，很难直接利用走时曲线的斜率与截距，因此发展了差数时距曲线法、广义互换法和时间场法等，这里介绍差数时距曲线法。

图 3-22 显示在一个起伏的折射界面上，采用双边激发（O_1、O_2 激发）的互换相遇观测系统，得到两支互换的走时曲线 $[t_1(x)、t_2(x)]$，在测线上任取一点 S，在两支相遇走时曲线上的走时分别是 t_1 和 t_2，表示为

$$t_1 = \frac{O_1A + BS}{v_1} + \frac{AB}{v_2}$$

$$t_2 = \frac{O_2D + CS}{v_1} + \frac{CD}{v_2}$$

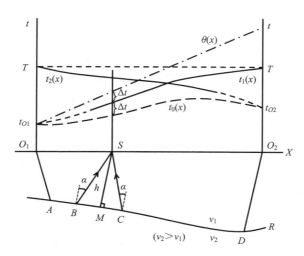

图 3-22　差数时距曲线法求取界面起伏形态示意图

相遇走时曲线中的互换时间 T 为

$$T = \frac{O_1A + O_2D}{v_1} + \frac{AB + BC + CD}{v_2}$$

由于折射界面的曲率半径比其埋深大得多，△SBC 可近似地认为是等腰三角形，自 M 作 BC 的垂直平分线，有 S 点深度 $SM = h$，则有

$$\frac{BS}{v_1} \approx \frac{CS}{v_1} = \frac{h}{v_1\cos\alpha} \tag{3-34}$$

$$\frac{BC}{v_2} \approx \frac{2h\tan\alpha}{v_2} \tag{3-35}$$

设 t_0 为

$$t_0 = t_1 + t_2 - T = \frac{BS}{v_1} + \frac{CS}{v_1} - \frac{BC}{v_2} = \frac{2h\cos\alpha}{v_1} \tag{3-36}$$

则 S 点到界面的法向深度 h 为

$$h = \frac{v_1 t_0}{2\cos\alpha} = (t_1 + t_2 - T)\frac{v_1}{2\cos\alpha} = K \cdot t_0 \tag{3-37}$$

其中，

$$K = \frac{v_1}{2\cos\alpha} = \frac{1}{2\sqrt{\dfrac{1}{v_1^2} - \dfrac{1}{v_2^2}}} \tag{3-38}$$

可见，求界面任意点 x 的深度需要 K、t_0 两个参数，求 K 需要知道介质层的速度 v_1、v_2。具体方法是利用观测的两支互换走时曲线 $[t_1(x)、t_2(x)]$ 及互换时间 (T)，求取差数时距曲线 $t_0(x)$ 和 $\theta(x)$（图 3-22），定义

$$\begin{aligned} t_0(x) &= t_1(x) + t_2(x) - T = t_1(x) - \Delta t(x) \\ \theta(x) &= t_1(x) - t_2(x) + T = t_1(x) + \Delta t(x) \end{aligned} \tag{3-39}$$

其中，$\Delta t(x) = T - t_2(x)$。$t_0(x)$ 和 $\theta(x)$ 曲线形成了两条对称于 $t_1(x)$ 曲线的辅助曲线。当界面起伏变化比较和缓时，由式(3-39)和式(3-31)可得

$$\frac{\delta\theta(x)}{\delta x} = \frac{\delta t_1(x)}{\delta x} - \frac{\delta t_2(x)}{\delta x} = \frac{1}{v_d^*} + \frac{1}{v_u^*} = \frac{2\cos\varphi}{v_2} \tag{3-40}$$

其中，$\delta t_1(x)/\delta x \approx 1/v_d^*$，$-\delta t_2(x)/\delta x \approx 1/v_u^*$；当界面倾角 φ 小于 $15°$ 时，$\cos\varphi \approx 1$，则可求得 v_2 的近似解：

$$v_2 \approx 2 \bigg/ \frac{\Delta\theta}{\Delta x} \tag{3-41}$$

v_1 为近地表的速度，容易获得，这样由式(3-38)可求得 K，代入式(3-37)可得到任意 x 点处界面的法向深度 $h(x)$。

差数时距曲线法应用于起伏折射界面时，可获得整条测线上不同 x 点处折射界面的深度与界面上下层介质的速度。应用差数时距曲线法的前提是折射界面的曲率半径比其埋深大得多，即起伏变化比较和缓，介质层速度横向变化不大。

2. 折射波方法应用中需要注意的问题

当倾斜界面倾角较大时有可能无法接收到折射波。例如，临界角 α 与倾角 φ 之和大于等于 $90°$（$\alpha + \varphi \geqslant 90°$）的情况下，在下倾方向接收时，由于折射波射线不能出射到地表，而无法被观测到；在上倾方向接收时，由于下倾方向激发的入射波的入射角总小于临界角，不可能产生折射波。也就是说，界面陡倾时不适合采用折射波方法。

当多层介质中存在低速层时，射线不能在低速层的顶部发生临界折射形成折射波，无法探测到低速层[图 3-23(a)]；同时，由于射线经过低速层会延长底界面折射

波的走时，直接利用走时曲线解释可能会过高估计底层界面的深度。因此，折射波方法不适用于探测低速层。

另外，在多层介质中，速度是递增的，如果其中一层很薄，虽然能产生折射波，但它不是最先到达的波，而更深一层(界面 2)的折射波比该层(界面 1)的折射波到达更早[图 3-23(b)]。这是由于该层太薄，或者其速度与上覆层的速度接近，在这种情况下，折射波方法将无法探测到该层。

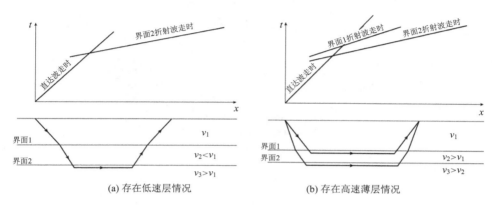

(a) 存在低速层情况　　　　　　　　　　　　　(b) 存在高速薄层情况

图 3-23　折射波路径与走时曲线

在折射波方法中，为了使探测目标界面的折射波成为记录中清晰的第一个到达的波，该界面必须满足：①探测界面下方介质层应有更高的速度，使界面上产生折射波；②多层结构时，目标层应有一定厚度和速度，使得折射波在一定范围内成为第一个到达的信号；③倾斜界面的角度不能太大。

3.3.4　广角折射/反射方法探测地壳-上地幔结构

在地壳-上地幔结构的研究中，折射波方法是常用的有效方法。由于存在盲区，折射波方法是一种采用大炮检距的探测方法，在折射波探测的同时可接收到清晰的广角反射信号，因此，可同时利用折射波与反射波信号，也称作广角折射/反射地震探测。

结合折射波和反射波的走时数据反演剖面上的二维速度结构，可以获得较高横向和纵向分辨率的地壳结构。图 3-24 展示了青藏高原南部、近似于 INDEPTH 一期和二期重合剖面位置的广角折射/反射探测结果。图 3-24(e) 和(f) 显示了记录波形，一些明显的震相可以追踪，追踪到的主要震相标在折合走时图[图 3-24(d)]中，可以追踪到莫霍面的首波 Pn 和反射波 PmP，以及壳内多层的反射波 PciP 等。采用射线追踪的建模技术[图 3-24(c)]，计算了折射(和反射)射线通过模型的传播时间，与观测到的传播时间进行对比，最终得到速度结构[图 3-24(b)]。

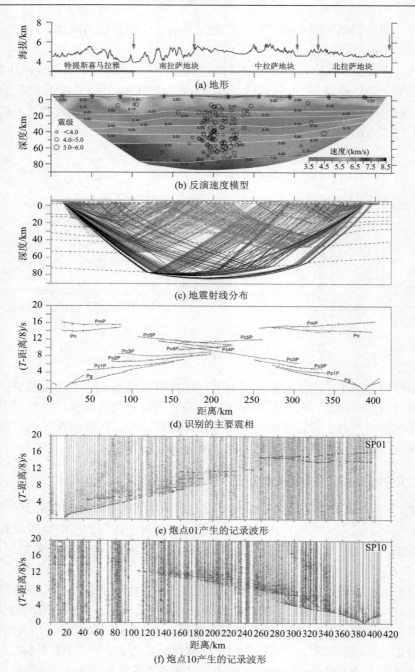

(a) 地形

(b) 反演速度模型

(c) 地震射线分布

(d) 识别的主要震相

(e) 炮点01产生的记录波形

(f) 炮点10产生的记录波形

图 3-24　青藏高原南部广角折射/反射地震探测与地壳速度结构(据 Wang et al., 2021 修改)

T 为地震波走时

由最终解释剖面[图 3-24(b)]可见,速度随着深度增加而增大,上地壳一般不超过 5 km/s，下地壳底部超过 7.0 km/s，且在喜马拉雅造山带下方(>7.0 km/s)明显大于拉萨块体下方(<6.8 km/s)；上地幔顶部的速度约为 8.0 km/s。地壳速度的横向差异反映了其温度和物质组成的差别。

3.4　天然地震体波方法

天然地震的震级较大，激发的能量比较强，携带了大量来自地壳深部、地幔和地核的信息，因此天然地震体波常被用于地球深部结构与性质的研究。与人工地震探测相比，天然地震探测深度大，但由于台站仍较稀疏，主要应用于大尺度及更深的地球结构研究。

20 世纪发现并确立了地球的圈层结构，将地球分为地壳、地幔与地核，圈层间存在重要的速度界面：壳幔边界(莫霍面)、核幔边界(古登堡面)和内外核边界(莱曼面)。现今，地震学研究进一步探寻地球内部次一级圈层界面的变化特征，如软流圈顶面、地幔转换带的 410 km 和 660 km 界面，等等；同时，利用更加密集的地震台站分布与更多的观测数据，研究地球内部界面与结构的横向变化。

针对不同的研究对象和问题，可以利用不同的天然地震震相(如近震震相、远震震相、折射震相、反射震相)，以及不同的地震波性质(如走时、波形及频率特征等)进行地球深部结构研究。例如，地震波在地球内部各速度界面上发生折射、转换和反射，在地震记录中形成了不同的地震震相，利用它们可以对地球深部不同界面进行研究；利用走时成像可反演速度分布，等等。在本节中，仅简述几种用于研究地球结构与性质的天然地震体波方法，主要了解研究思路。

3.4.1　地震折射/转换波震相的利用

远震 P 波传播至台站下方时可近似为平面波，且入射角较小，当经过速度界面时产生透(折)射、反射波，以及相应的转换波[图 3-25(a)]，如经莫霍(Moho)面形成 P 透射的 Pp 波(直达 P 波)、由 P 波转换为 SV 波的 Ps 转换波，以及多次反射转换的 PpPs 和 PpSs+PsPs 震相[图 3-25(b)]。Ps 波与 P 波的走时差取决于接收台站下方界面的深度和介质层中的速度，利用此特点研究台站下方结构的方法称为接收函数方法。接收函数方法是现今利用天然地震研究地壳结构的重要方法，又分 P 波接收函数和 S 波接收函数。

以 P 波接收函数为例，在某地震台站获得了一个远震事件的三分量地震记录(E-N-Z，东西-南北-垂向地震道)，首先依据地震所在方位，将原始地震记录转换为表示地震波传播方向的三分量记录(T-R-Z，切向-径向-垂向道)[图 3-25(c)]。转换后的垂向、径向和切向分量的地震记录表示为 $u_Z(t)$、$u_R(t)$、$u_T(t)$。P 波接收函数需要提取转换的 SV 波，理论上在水平各向同性介质情况下，由 P 波转换的 Ps 波偏振方向在径向入射面内，但 Ps 波出现在 P 波的尾波段，很难直接提取，因此，需要通过

接收函数方法来获取清晰的 Ps 波信号。定义地震记录的径向分量与垂向分量在频率域中的比为

$$E_R(\omega) = \frac{U_R(\omega)}{U_Z(\omega)} \tag{3-42}$$

其中，$E_R(\omega)$ 为接收函数在频率域的表示，反变换至时间域即得到 P 波接收函数；$U_R(\omega)$ 和 $U_Z(\omega)$ 分别为径向分量 $u_R(t)$ 和垂向分量 $u_Z(t)$ 在频率域中的表示。

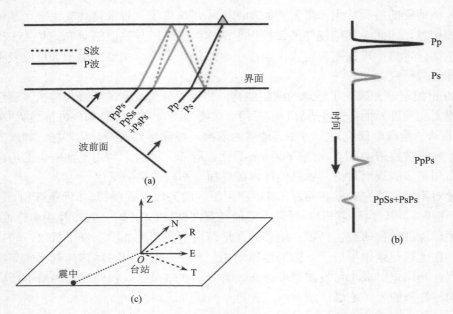

图 3-25　远震 P 波在台站下方的射线路径与径向接收函数

　　对提取的接收函数进行偏移叠加成像，将时间转换到深度，可得到地下界面深度的变化形态。接收函数方法最常用于研究莫霍面深度与形态变化[图 3-26(a)]，也可用于研究 410 km 和 660 km 速度间断面的深度变化[图 3-26(b)]，同样适用于其他波速变化剧烈的界面。例如，板块俯冲过程中，俯冲板块与上覆板块间存在强烈的速度变化，也能够利用接收函数方法获得。

　　接收函数方法还常被用于研究岩石圈-软流圈边界。岩石圈是地球表面的固体圈层，下方的软流圈物质发生了部分熔融，地震波速明显下降，在岩石圈与软流圈之间形成速度跳变。与壳幔边界不同，岩石圈-软流圈边界(lithosphere-asthenosphere boundary, LAB)的地震波速是自浅及深递减的，因此，在 P 波接收函数中，LAB 面 Ps 与莫霍面 Ps 震相的相位相反。但由于莫霍面形成的多次波(PpPms、PsPms+PpSms 等)与 LAB 的 Ps 波震相在时间上常有重叠，对利用 P 波接收函数准确提取 LAB 界面信息会形成干扰。

　　S 波接收函数是获得 LAB 面信息的重要手段，它是利用远震 S 波经速度界面转

换成 P 波的 Sp 震相，由于 Sp 波比直达 S 波及其莫霍面多次震相到达更早，不受莫霍面多次波的干扰，所以常利用 S 波接收函数 Sp 研究 LAB 面的形态。

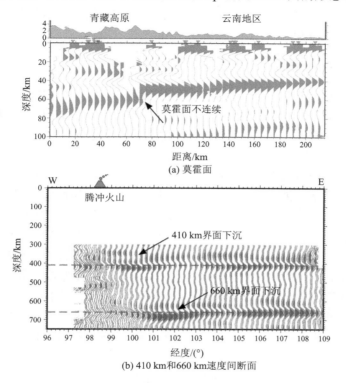

(a) 莫霍面

(b) 410 km 和 660 km 速度间断面

图 3-26　青藏高原东南缘 P 波接收函数研究实例

　　图 3-27 是经过青藏高原西部南北向的 S 波接收函数剖面，可见三组明显的地震波震相。第一组为位于 70~80 km 深处的震相，在整条剖面上比较明显，具有一定的横向变化，反映了青藏高原下方莫霍面的变化。第二组震相位于青藏高原中南部下

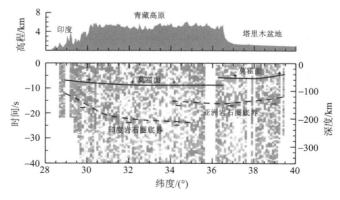

图 3-27　青藏高原西部的 S 波接收函数剖面(据 Zhao et al., 2010 修改)

方约 200 km 深度,在青藏高原南部向北倾斜,它可能代表了俯冲的印度岩石圈底界。第三组震相(相位与第二组相同)位于青藏高原北缘和塔里木盆地下方约 150 km 深度,横向变化较小,代表了亚洲岩石圈底界。S 波接收函数剖面清晰揭示了青藏高原西部印度岩石圈和亚洲岩石圈的相互作用。

3.4.2　远震反射波震相的利用

天然地震反射波在研究深部地幔速度不连续面方面发挥了重要的作用。天然地震记录中有不同界面的反射波震相,包括在地幔转换带边界(410 km 和 660 km)和 D'' 层顶部速度间断面的反射波震相。这些界面相对于地表和核幔边界来讲,都是波阻抗对比相对较弱的界面,因此产生的反射波信号也相对较弱,直接从地震记录中提取比较困难,在实际应用中常采用叠加方法增强信号。

SS 前驱波是指 S 波离开震源后下行在上地幔速度间断面底部反射,继而被台站接收到的震相,它们比在自由地表发生反射的 SS 波到达早,因而称为 SS 前驱波(图 3-28)。在大震中距时,SS 震相与 SS 前驱波的射线路径在震源和接收台站下方基本相同,主要差异在反射点 D 下方[图 3-28(a)],利用它们之间的走时差可约束 D 点下方上地幔界面的深度。该方法常用于研究地幔转换带边界(410 km 和 660 km)的变化和转换带厚度。图 3-28(b)地震记录显示了经地表反射的 SS 震相,以及经410 km 和 660 km 速度界面反射的 S 波震相 S410S 和 S660S;图 3-28(b)中可见清晰的 SS 震相,在 SS 震相前出现反射波 S410S 和 S660S,即 SS 前驱波。

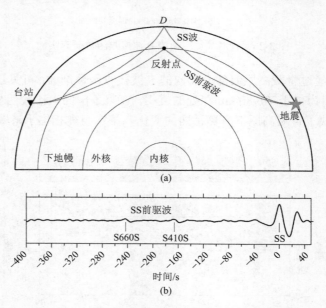

图 3-28　SS 波与前驱波震相的射线路径及波形记录

实际情况下，SS 前驱波震相的振幅较小，一般小于 SS 震相振幅的 10%，很难从单个记录的波形中直接辨识出来，为此，常通过大量地震事件的叠加来压制噪声、增强前驱波信号。在用不同震中距的 SS 前驱波数据叠加时，首先需进行时差校正（也称作动校正），使从叠加后的结果中能够更容易识别出 SS 前驱波 [图 3-28(b) 中 S410S 和 S660S]，利用 SS 前驱波与 SS 的走时差可以计算 410 km 和 660 km 界面的深度。

利用 SS 前驱波可以获得 410 km 和 660 km 速度间断面在全球的分布情况 [图 3-29(c) 和 (d)]。SS 前驱波需要一定范围内的波形叠加才能得到，因此得到的是一个区域的平均结果，比接收函数方法分辨率低。但接收函数仅能得到台站下方的转换带结构，在没有台站的地区，如海洋、沙漠等地区，几乎是空白；而 SS 前驱波的反射点可以覆盖海洋和沙漠地区 [图 3-29(a)]，提供了更广泛区域内的转换带结构 [图 3-29(b)、(c) 和 (d)]。图 3-29 显示出了全球地幔转换带厚度与上、下边界面的变化。

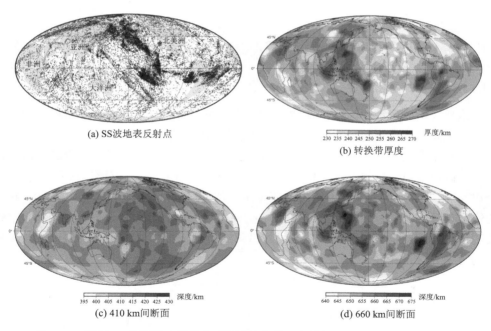

(a) SS波地表反射点

(b) 转换带厚度

厚度/km
230　235　240　245　250　255　260　265　270

(c) 410 km间断面

深度/km
395　400　405　410　415　420　425　430

(d) 660 km间断面

深度/km
640　645　650　655　660　665　670　675

图 3-29　利用 SS 前驱波获得的全球地幔转换带深度（据 Waszek et al., 2021 修改）

在核幔边界上方约 200 km 的 D'' 层顶部存在一个速度不连续面。与 SS 前驱波类似，在核幔边界反射波 ScS 震相之前也存在一个相应的反射波前驱震相，称为 SdS 震相 [图 3-30(b)]，SdS 震相是经 D'' 层顶部速度不连续面反射的波 [图 3-30(a)]。以 ScS 震相作为参考时间，分析 SdS 与 ScS 震相的走时分布特征，便可确认不同地区 D'' 层顶部界面，并且获得 D'' 层厚度和速度结构。

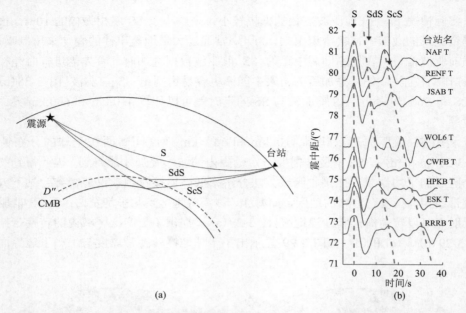

图 3-30　核幔边界与 D'' 速度间断面反射震相的路径与走时关系(据 Wookey et al., 2005 修改)

3.4.3　地震走时层析成像

　　地震层析成像被称为"给地球做 CT[①]"，可获得地球内部三维的结构。地震层析成像主要获取地下三维速度分布，对速度间断面不敏感。

　　最常用的地震层析成像方法是走时层析成像。以基于地震射线理论的走时成像为例，假设简单二维情况(图 3-31)，目标区是边长为 $4h$ 的正方形，将其划分为 16个边长为 h 的方块，每个方块内的速度是均匀的，分别是 v_1、v_2、v_3、$\cdots$、v_{16}，相应的慢度(速度的倒数)表示为 s_1、s_2、s_3、$\cdots$、s_{16}。从一震源出发、被另一侧的接收器接收的地震波信号走时 t 可直观写出，如沿第 1~4 行，水平方向传播的射线走时关系分别为

$$t_1 = \frac{h}{v_1} + \frac{h}{v_2} + \frac{h}{v_3} + \frac{h}{v_4} = h(s_1 + s_2 + s_3 + s_4)$$

$$t_2 = \frac{h}{v_5} + \frac{h}{v_6} + \frac{h}{v_7} + \frac{h}{v_8} = h(s_5 + s_6 + s_7 + s_8)$$

$$t_3 = \frac{h}{v_9} + \frac{h}{v_{10}} + \frac{h}{v_{11}} + \frac{h}{v_{12}} = h(s_9 + s_{10} + s_{11} + s_{12})$$

$$t_4 = \frac{h}{v_{13}} + \frac{h}{v_{14}} + \frac{h}{v_{15}} + \frac{h}{v_{16}} = h(s_{13} + s_{14} + s_{15} + s_{16})$$

---

① CT：电子计算机断层扫描，computed tomography。

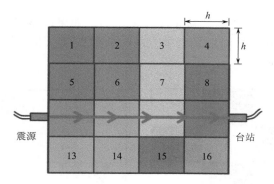

图 3-31 地震走时层析成像原理(Menke, 2018)

沿第 1~4 列,垂直方向传播的射线走时关系分别为

$$t_5 = \frac{h}{v_1} + \frac{h}{v_5} + \frac{h}{v_9} + \frac{h}{v_{13}} = h(s_1 + s_5 + s_9 + s_{13})$$

$$t_6 = \frac{h}{v_2} + \frac{h}{v_6} + \frac{h}{v_{10}} + \frac{h}{v_{14}} = h(s_2 + s_6 + s_{10} + s_{14})$$

$$t_7 = \frac{h}{v_3} + \frac{h}{v_7} + \frac{h}{v_{11}} + \frac{h}{v_{15}} = h(s_3 + s_7 + s_{11} + s_{15})$$

$$t_8 = \frac{h}{v_4} + \frac{h}{v_8} + \frac{h}{v_{12}} + \frac{h}{v_{16}} = h(s_4 + s_8 + s_{12} + s_{16})$$

另外,还有许多不同角度斜射的地震射线,形成更多的走时方程 t_9、t_{10}、$\cdots$、t_m。这些方程可以用矩阵形式表示为

$$\begin{pmatrix} t_1 \\ t_2 \\ t_3 \\ \vdots \\ t_m \end{pmatrix} = h \cdot \begin{pmatrix} 1111000000000000 \\ 0000111100000000 \\ 0000000011110000 \\ \vdots \\ 0001000100100100 \end{pmatrix} \cdot \begin{pmatrix} s_1 \\ s_2 \\ s_3 \\ \vdots \\ s_{16} \end{pmatrix} \qquad (3\text{-}43)$$

求解方程即可获得每个方块中的速度或慢度。

在实际应用的过程中,会做若干修正。首先,在真实的三维地球结构中,地震射线不再是简单的直线,而是复杂的曲线,射线路径需要通过复杂的数值计算方法获得。其次,地震和台站的分布都是不均匀的,因此造成一些地区地震射线分布比较密集,而另一些地区地震射线分布稀少。在地震射线分布密集的地区,观测数据对地下结构的约束比较好,反演获得的结果比较可靠。棋盘格网格测试是评估射线分布和反演可靠性的常用方法,该测试首先设定为正负相间的速度异常[图 3-32(a)],用实际观测的地震射线计算理论走时,再反演速度结构。对于射线分布良好的地区,输入的模型能够得到很好的恢复;在射线分布较差的地区,则无法恢复输入模型

［图 3-32(b)］。另外，即使射线数量比较多，但是如果地震射线的方向比较集中，反演结果中会出现异常体沿射线集中方向拉长的现象，获得假的反演结果，称为层析成像的晕染效应。

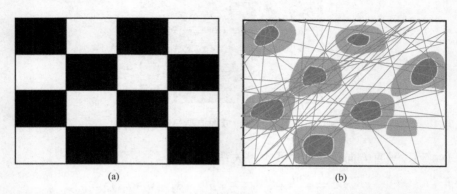

(a)　　　　　　　　　　　　　　(b)

图 3-32　地震层析成像棋盘格分辨率测试示意图（据 Shearer, 2009 修改）

图 3-33 是日本俯冲带的走时层析成像结果,清晰地显示了俯冲的太平洋板片为高速异常体，深源地震均发生在高速的俯冲板片上，形成和达-贝尼奥夫带；上覆的地幔楔中是低速异常,并一直向上延伸到火山下方,揭示了地幔楔中部分熔融体的上升通道。

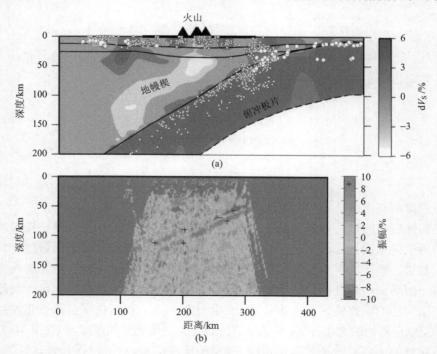

图 3-33　地震层析成像获得的日本俯冲带的 S 波速度结构剖面（据 Kawakatsu and Watada, 2007 修改）

dV_S 指速度异常，下同

　　地震层析成像在揭示深部地幔循环方面发挥了重要的作用。现今流行的板块构造理论强调地球的分层结构与水平运动，而地震层析成像发现了地球内部存在强烈的横向结构差异与垂直方向的物质运移。图 3-34 显示了在东亚地区，太平洋板片连续俯冲至地幔转换带底部(660 km)，部分物质可能下沉到了核幔边界；而夏威夷火山的结构明显不同，其下方的低速异常可以向下追踪到核幔边界，表明夏威夷火山是起源于下地幔底部的地幔柱。

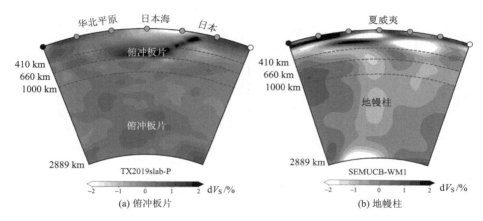

图 3-34　全球层析成像揭示的俯冲板片和地幔柱的图像(Lu et al., 2019; French and Romanowicz, 2015)

3.5　地震面波方法

3.5.1　面波频散特性与地球结构

　　在具有频散特性的瑞利波和勒夫波中，长波长面波比短波长面波的穿透深度更大。根据经验，在深度为 0.4λ 时，振幅约衰减至地表值的 $1/e$，在此深度区间内，波的传播受到区间内速度结构的影响。一般用敏感核来描述深度结构对特定频率面波速度的影响，以表示某一深度范围内质点最大运动随频率的变化特征。

　　图 3-35 是由 IASP91 参考地球模型计算的瑞利波相速度敏感核。面波相速度主要对横波速度敏感，不同频率的面波相速度对不同深度横波速度的敏感度 $\left(\dfrac{\mathrm{d}c}{\mathrm{d}V_{\mathrm{S}}}\right)$ 不同。一般来讲，频率高的面波仅对浅部结构敏感，频率低的面波对深部结构敏感，图 3-35 显示在 10~30 s 周期时，相速度对地壳结构的敏感度较大，更长周期则对上地幔结构变化更加敏感(如 60 s、90 s)。因此，利用面波的频散特性可以研究地下不同深度的速度结构。

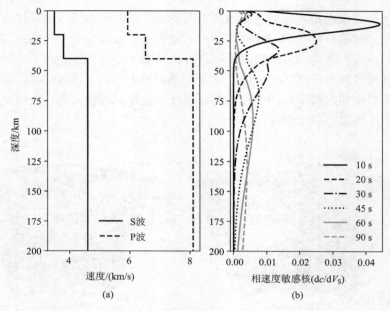

图 3-35　由 IASP91 模型计算的瑞利波敏感核

3.5.2　群速度与相速度频散测量

利用面波研究地下结构需要从地震记录中提取面波的频散曲线，面波频散曲线中不同频率的速度(相速度或群速度)特征包含了地下结构的信息，进而可以用于反演地下的横波速度分布，获得地下的速度结构。因此，从地震记录中提取面波频散曲线是面波研究工作的基础。

面波频散曲线通常可采用单台或双台方法获得，单台的面波频散数据反映震源至台站下方的平均速度结构，由双台获取的面波频散反映两台站之间地下的平均速度结构。由于计算过程超出本书的要求，在这里主要简单介绍频散曲线提取的思路。获得频散曲线主要包含两方面的工作，一方面是如何在观测的面波记录中提取不同频率的信号，另一方面是在不同频率信号中提取相速度或群速度。

常用方法是采用不同中心频率的窄带滤波器对面波信号进行滤波处理，分离出不同频率的信号，如图 2-28 所示。利用分频后的面波信号，分别提取信号中相同相位波的走时，由此可计算出相应的相速度频散曲线；如果提取的是"波包"的走时，即可得到群速度频散曲线。

以双台法求群速度为例，两个观测点与震源在同一个大圆弧上(实际情况中，要求限定在一个小的角度范围内)，假设台站 1 和台站 2 的震中距分别是 Δ_1 和 Δ_2，对应于某一个频率(f)信号的"波包"到时分别为 t_1 和 t_2，则该频率 f 对应的群速度为

$$U(f) = \frac{\Delta_2 - \Delta_1}{t_2 - t_1} \tag{3-44}$$

对不同频率(f)信号重复以上工作，可获得两台站间的群速度频散曲线。如果提取到两台站不同频率同相位信号的时间差，即可获得相速度频散曲线。

在获得了频散曲线之后，可利用频散曲线反演平均的速度结构[图 3-36(b)和(c)]。

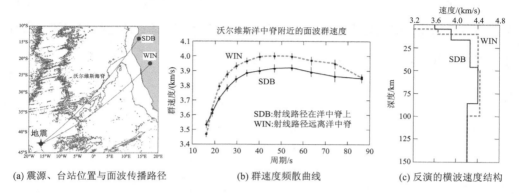

(a) 震源、台站位置与面波传播路径　　(b) 群速度频散曲线　　(c) 反演的横波速度结构

图 3-36　利用瑞利波群速度研究地壳与上地幔(据 Stein and Wysession，2002 修改)

3.5.3　利用面波研究地下速度结构

1. 利用面波频散研究地壳与上地幔结构

图 3-36 是利用群速度频散曲线反演的一维速度结构的实例。在大西洋中脊的地震，被台站 SDB 和台站 WIN 接收，地震到台站 SDB 经过沃尔维斯(Walvis)洋中脊[图 3-36(a)]，采用单台法分别提取了两个路径上平均的群速度频散曲线[图 3-36(b)]，经过不同构造区的频散曲线有明显差异，如经过洋中脊的群速度较低；通过反演得到两个不同路径上的平均 S 波速度结构，显示洋中脊下方地壳速度较低，且岩石圈较薄[图 3-36(c)]。

如果在某一研究区有多个台站分布，通过不同方位的地震与台站组合，可以提取面波频散曲线，进而获得研究区不同频率对应的面波速度分布；利用面波的频散特征反演研究区内的 S 波速度结构，称为地震面波成像。

近年来发展的噪声成像技术，是一种不依赖于地震信号，从没有明确震源的噪声记录中提取面波频散曲线，并采用面波成像的方法研究地下 S 波速度结构的技术。由噪声提取的频散曲线一般比地震面波的频率高，因此可以反映相对较浅处的速度分布。

2. 浅层瑞利波探测

瑞利波探测是依据面波的频散特性，利用人工震源激发和接收多种频率成分的瑞利波，来确定地下岩土层波速随深度的变化，解决环境与工程地质的有关问题，如地层划分、地基加固处理效果评价、公路质量无损检测和地下空洞探测等。激震方式分为稳态法和瞬态法，稳态法可激发一定频率的波，但设备笨重，不利于提高效率；瞬态法常用落锤或锤击方式，具有轻便、快捷、效率高的特点。

与天然地震面波方法类似，需要对观测的瑞利波进行分频，得出频散曲线（v_R-f 或 v_R-T）并转换为 v_R-λ 曲线。瑞利波的能量主要集中在介质的自由表面，可近似认为是 $H = \dfrac{\lambda}{2}$ 深度处的瑞利波的平均速度，进而获得测点不同深度的波速结果（图 3-37）；通过多测点测量，可得到研究区速度结构剖面。

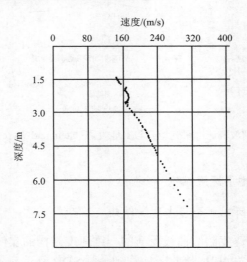

图 3-37　面波探测的岩土层波速随深度变化

3.6　震源机制解与地震断层

3.6.1　震源机制解的图示与含义

地震的发生经历了复杂的物理过程，通过对地震的观测与研究可以推断地震震源的物理过程和地震断层的空间图像。

图 3-38(a)显示了等价力系为双力偶的震源模型，图中实线表示断层面，虚线表示辅助断层面，带箭头实线表示双力偶。由于 P 波最早到达，在地震记录中可以辨别 P 波的初动，不同观测点记录的 P 波初动不同，取决于震源模型，即双力偶源对 P 波形成一定的辐射模式[图 3-38(b)]。由图 3-38 可见，断层面和辅助断层面将空间分成了 P 波初动向上"+"和初动向下"−"的 4 个象限，每个象限内 P 波初动符号相同。在"+"象限区表示位移向外，称压缩区，在位于该区的地震台站垂向地震

记录中 P 波初动向上；在"—"象限区则称膨胀区，垂向地震记录的 P 波初动向下[图 3-38(b)]。"+""—"区的交界面称节面，节面上 P 波位移为零。

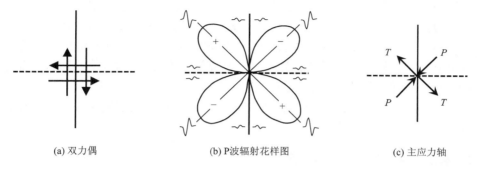

(a) 双力偶　　　　　　　　(b) P波辐射花样图　　　　　　(c) 主应力轴

图 3-38　双力偶、P 波辐射花样图和主应力轴

　　从 P 波辐射花样[图 3-38(b)]中还可见 P 波最大振幅出现在象限的中部，分别定义压缩区和膨胀区中最大振幅方向为主张应力 T 轴和主压应力 P 轴，在几何关系上，P 轴和 T 轴是断层面和辅助断层面夹角的平分线[图 3-38(c)]。

　　通过分析地震图中记录的 P 波初动方向得到主应力轴的方向，以及断层面和辅助断层面的方向，这种分析称为震源机制解。由于 P 波从震源传到地震台站的射线路径是弯曲的，震源机制解的第一步是追踪射线由震源出射的位置。设想一个以震源为球心的虚拟震源球[图 3-39(a)]，将射线与其表面相交点通过赤平极射投影的方式投射到平面上，并标出该射线对应的 P 波初动符号，初动向上用实心点标记（即台站位于压缩区），空心点表示初动向下（即台站位于膨胀区）[图 3-39(b)]。如图 3-39

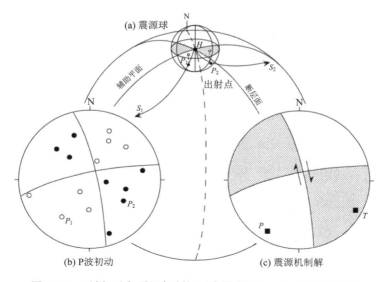

(b) P波初动　　　　　　　　　　　(c) 震源机制解

图 3-39　P 波初动与震源机制解示意图（据 Lowrie，2007 修改）

所示，对于一个地震事件，可以由多个不同方位的地震台站获得 P 波初动结果，其中台站 S_1、S_2 的射线在震源球上的出射点为 P_1、P_2，分布在震源球的不同象限，P_1 在膨胀区，P_2 在压缩区，将它们投影在平面图上，则 P_1 初动向下画空心点，P_2 初动向上画实心点。当有足够多、分布足够广的观测结果时，就可以将震源球分成压缩和膨胀象限，压缩区通常用阴影表示，区分于膨胀区；并画出两个相互正交的节面 [图 3-39(c)]，这两个相互正交的节面对应于断层面和辅助断层面。P 轴和 T 轴分别在两个节面划分的膨胀区和压缩区的等分线上。

　　目前，主要通过计算机搜索震源机制解的参数，确定与观测结果拟合最接近的震源机制解。

3.6.2　震源机制解与地震断层性质

　　通过震源机制解可以确定地震断层面的走向、倾角和滑动角，以及 P 轴、T 轴的空间方位。

　　图 3-40 显示了不同类型震源机制解的投影图形。阴影区表示 P 波射线从震源到达观测点的初动向上，非阴影区表示 P 波初动向下；主张应力轴在阴影区中部，主压应力轴在非阴影区中部。如果震源机制解由两条直节线分割成两个压缩区（阴影区）

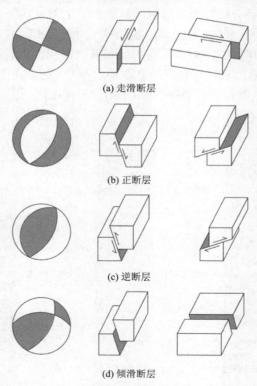

(a) 走滑断层

(b) 正断层

(c) 逆断层

(d) 倾滑断层

图 3-40　震源机制解与地震断层

和两个膨胀区(非阴影区)，表示陡峭或垂直的走滑断层[图 3-40(a)]，此时 T 轴和 P 轴都水平。如果中部是非阴影区，有阴影区的边缘，表示正断层[图 3-40(b)]，即边缘处为压缩区，T 轴水平，P 轴垂直。当中部为阴影区，非阴影区在边缘，则表示逆断层[图 3-40(c)]，即 P 轴水平，T 轴垂直。

　　但实际断层活动的形式是复杂的，常兼有走滑和倾滑(正或逆断层)分量，震源机制解也更加复杂，图 3-40(d)即显示了倾滑断层的情况。注意，在震源机制解的两个节面中只有一个节面为断层面，但仅用震源机制解是无法确定的，需要其他资料辅助解释。

3.6.3　活动板块边缘的震源机制

　　活动板块边缘有很多地震发生，图 3-41 显示了不同性质板块边缘的震源机制解的特征。在洋中脊的地震以拉张为主，T 轴垂直于扩张脊；在转换断层处震源机制解为走滑型，并显示板块的相对运动方式；在板块汇聚边缘的震源机制解表现为典型的挤压状态，主压应力 P 轴垂直于俯冲带。

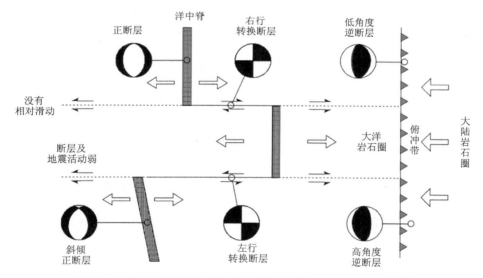

图 3-41　不同类型断层的震源机制解模式(据 Lowrie，2007 修改)

　　图 3-42 显示了青藏高原南部的震源机制解。印度板块与欧亚板块的碰撞形成了喜马拉雅山脉，沿喜马拉雅弧形山带的震源机制显示，在山脉南侧为低角度逆冲断层的模式，印度大陆地壳以一个较低的角度向青藏高原大陆地壳下方挤入，形成挤压区，产生一系列逆断层地震；而在山脉北部与高原相接的区域，重力垮塌等因素在局部造成拉张的应力区，产生一系列正断层地震。

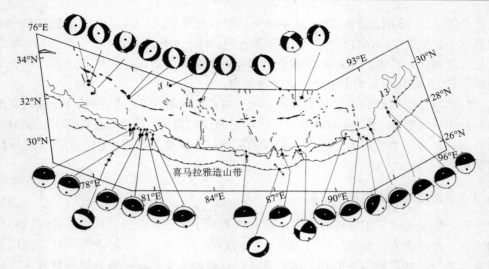

图 3-42　喜马拉雅构造带震源机制解（据 Stein and Wysession，2002 修改）

　　震源机制解也是了解地壳和上地幔应力场状态不可缺少的基础资料，在地震分布较均匀的地区，可通过震源机制进一步分析区域的地壳应力场特征。

第4章 重 力 学

重力学是地球物理学中一门历史悠久的重要分支学科，同时也是在地球科学与空间科学领域有广泛用途的应用学科。重力学的主要任务是研究地球重力场的时空分布、变化规律及其物理意义，应用于地球内部结构和地球动力学研究、大地测量、资源勘探、工程建设、灾害预防等各个领域。随着科学技术的发展，特别是空间观测技术的发展，重力学由侧重地球重力场的空间变化向研究地球重力场的时间变化与机制发展，进而探索复杂的地球内部结构及其变化规律。

本章主要内容包括：对地球重力场的描述，地球内部物质密度分布不均对重力场的影响，地质构造和岩(矿)体引起的重力异常的特征，以及如何利用重力异常解决地学中的问题等。

4.1 地球重力场

4.1.1 重力与重力场

在地球表面与周围空间的物体都受到重力作用，存在重力作用的空间称为重力场。地球重力场的空间分布特征与变化规律，主要与地球内部物质的密度分布特征有关，而天体运动和地球内部物质运动又会引起重力场周期性与非周期性的变化。

表示重力场的物理量是**重力场强度**，定义为单位质量的质点受到的重力作用。地球上的任何物体都受到地球对它的引力作用，同时由于和地球一起围绕地球自转轴转动，还受到离心力的作用。因此，地球的重力场是引力场与离心力场的矢量和(图 4-1)，表示为

$$\boldsymbol{g}(r) = \boldsymbol{f}(r) + \boldsymbol{c}(r) \tag{4-1}$$

其中，$\boldsymbol{g}$ 为重力场强度；$\boldsymbol{f}$ 为引力场强度；$\boldsymbol{c}$ 为离心力场强度；r 为空间场点的位置。在重力学中，将力场强度简化表述为力。例如，重力场强度简化表述为重力，引力场强度简化为引力。

重力的量纲为 LT^{-2}，为了纪念伟大的科学家伽利略，重力采用 Gal(伽)为单位，规定 $1\,\mathrm{cm/s^2} = 1\,\mathrm{Gal}$，常用的单位还有 mGal(毫伽)和 μGal(微伽)。另外，在国际单位制(SI 单位)中用国际通用重力单位(gravity unit)，简写成 g.u.，1 mGal=10 g.u.。

1. 引力(引力场强度)

根据万有引力定律，任意两质点 m 和 m' 之间存在吸引力(图 4-2)，引力大小可

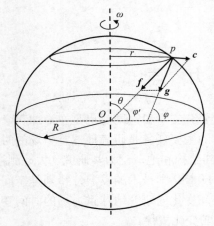

图 4-1　地球重力定义示意图

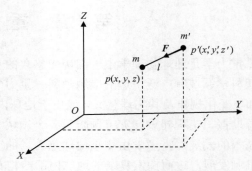

图 4-2　两质点间的引力示意图

以表示为

$$F = G\frac{mm'}{l^2} \tag{4-2}$$

其中，G 为万有引力常数 $[G = 6.67 \times 10^{-11}\,\mathrm{m}^3/(\mathrm{kg \cdot s}^2)]$；$l$ 为两质点间的距离。质元 m 在空间任意点 p' 处产生的引力场强度为单位质量元在该点所受的引力，则 p' 点的引力（引力场强度）表示为

$$\boldsymbol{f} = -G\frac{m}{l^2} \cdot \frac{\boldsymbol{l}}{l} \tag{4-3}$$

其中，$\boldsymbol{l}$ 为 p 点指向 p' 点的矢径；$\dfrac{\boldsymbol{l}}{l}$ 为 $\boldsymbol{l}$ 的单位矢量，负号表示引力与矢径 $\boldsymbol{l}$ 方向相反，大小为

$$|\boldsymbol{f}| = G\frac{m}{l^2} \tag{4-4}$$

　　如果将地球近似为密度均匀的球体，地球的总质量为 M，在地表地球引力的大小可表示为

$$F_{地球} = G\frac{M}{R^2} \tag{4-5}$$

其中，地球引力的方向指向地球的质量中心；R 为地球半径。

2. 离心力（离心力场强度）

　　由于地球绕其自转轴旋转，地球上的质点都将受到离心力的作用。设地球的自转角速度为 ω，质点 p 到自转轴的距离为 r（图 4-1），质点在地球上受到惯性离心力（离心力场强度）$\boldsymbol{c}$ 的作用，$\boldsymbol{c}$ 的大小与地球的自转角速度的平方和质点到自转轴的

距离成正比，可表示为

$$c = \omega^2 r = \omega^2 (x\boldsymbol{i} + y\boldsymbol{j}) \tag{4-6}$$

$$|\boldsymbol{c}| = \omega^2 r = \omega^2 R \sin\theta \tag{4-7}$$

c 的方向垂直于地球自转轴，沿着 r 指向球外；由赤道向两极惯性离心力逐渐减小。与引力相比，离心力是很小的，其最大值仅为平均重力值的 0.3%，因此，重力的大小主要取决于地球的引力，方向大致指向地心。

4.1.2　地球重力位

实际地球内部的物质组成与分布非常复杂，在讨论地球引力场时，可将地球看作由无数质量元组成，因此整个地球对地表及空间某一点的引力是地球内所有质量元在该点产生引力的矢量和。为了研究方便，引进一个标量函数，矢量求和通过标量函数求和之后再求梯度获得，这个标量函数为位函数。

1. 地球的引力位

若存在一个空间函数，该函数的梯度等于力，则该函数称为位函数，相应于引力场的位函数称引力位。质点 m 的引力位（V）表示为

$$V = G\frac{m}{l} \tag{4-8}$$

由于力场强度是位函数的梯度，则引力 $\boldsymbol{f}$ 是引力位的梯度矢量，可写作

$$\boldsymbol{f} = \operatorname{grad} V = \nabla V = \frac{\partial V}{\partial x}\boldsymbol{i} + \frac{\partial V}{\partial y}\boldsymbol{j} + \frac{\partial V}{\partial z}\boldsymbol{k} \tag{4-9}$$

若已知位函数，则引力可以通过位函数求梯度获得。

如图 4-3 所示，考虑地球内质量元 $\mathrm{d}m$ 在空间任一点 P 的引力位，将式（4-8）中 m 换为 $\mathrm{d}m$ 来表示，则整个地球在空间任一点 P 的引力位等于地球内所有质量元在该点的引力位之和，数学表达式为

$$V = G\int\frac{\mathrm{d}m}{l} = G\int\frac{\sigma}{l}\mathrm{d}v \tag{4-10}$$

其中，l 为质量元 $\mathrm{d}m$（$\mathrm{d}m = \sigma\mathrm{d}v$）到 P 点的距离；σ 为地球的密度分布函数；$\mathrm{d}v$ 表示积分的体积元。对整个地球进行体积分，即得到整个地球在 P 点处的引力位。

根据式（4-9），地球在空间任一点产生的引力等于地球引力位在该点的梯度。当地球的密度分布和形状已知时，通过式（4-10）对整个地球积分可求得地球在 P 点的引力位，再由引力位的梯度即可得到地球在该点产生的引力。

2. 离心力位

对于离心力场，可引入离心力位（Q）：

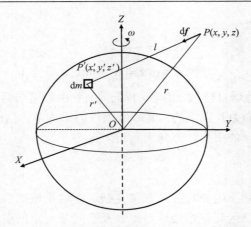

图 4-3　地球内质量元 dm 在 P 点产生的引力

$$Q = \frac{1}{2}\omega^2 R^2 \sin^2\theta = \frac{1}{2}\omega^2(x^2 + y^2) \tag{4-11}$$

则离心力可以表示为离心力位的梯度：

$$c = \nabla Q = \frac{\partial Q}{\partial x}\boldsymbol{i} + \frac{\partial Q}{\partial y}\boldsymbol{j} \tag{4-12}$$

在地球表面，两极处的离心力位为零，离心力为最小值，在赤道处达到最大值。

3. 重力位

地球在空间任一 P 点处的引力位和离心力位之和称为地球在该点的重力位（W），即

$$W = V + Q \tag{4-13}$$

将式(4-10)、式(4-11)代入式(4-13)，得

$$W = G\int\frac{\sigma}{l}\mathrm{d}v + \frac{1}{2}\omega^2(x^2 + y^2) \tag{4-14}$$

根据重力位的定义，地球在 P 点的重力 $\boldsymbol{g}$ 等于地球的重力位 W 在该点的梯度，即

$$\boldsymbol{g} = \nabla W \tag{4-15}$$

另外，地球的重力位在 P 点沿任一方向的方向导数等于重力在这个方向上的投影，即

$$\frac{\partial W}{\partial n} = \boldsymbol{n}\cdot\nabla W = \boldsymbol{n}\cdot\boldsymbol{g} \tag{4-16}$$

其中，$\boldsymbol{n}$ 为该方向的单位矢量。

4.1.3 地球正常重力场

1. 理想地球椭球体模型

为了研究地球重力场的空间结构,重力学中假定了一个理想的地球参考模型,通过研究实际地球重力场与之相应的重力变化特征,进而研究地球内部结构、地质构造和探测矿藏等。理想地球模型定义为一个旋转椭球体,它的主要特点如下。

(1)旋转椭球体长、短轴分别为 a、c,几何扁率为 $e = \dfrac{a-c}{a}$,在极坐标系下旋转椭球体面方程一级近似为 $r = a(1 - e\sin^2\varphi)$;

(2)椭球体面是等位面,其重力位等于大地水准面的重力位;

(3)它的质量等于实际地球的质量,质心重合;

(4)旋转轴与实际地球的旋转轴重合,旋转角速度相等。

这样一个理想地球椭球体模型在其表面与外部空间产生的重力场称为正常重力场。实际地球的重力场可以分解为两部分,一部分是理想地球模型产生的重力场,另一部分是由真实地球与理想地球模型的密度、形状差异产生的重力场;前者称为地球的正常重力场,后者为异常重力场,它包含地球内部结构的重要信息。

2. 正常重力公式

在一级近似下理想地球模型的正常重力场公式为

$$\gamma = \gamma_e(1 + \beta\sin^2\varphi) \tag{4-17}$$

其中,φ 为纬度;γ 为正常重力值;β 为地球的重力扁率 $\left(\beta = \dfrac{\gamma_p - \gamma_e}{\gamma_e}\right)$,$\gamma_e$ 为赤道处正常重力值,γ_p 为两极处正常重力值。

国际上也采用更精确的理想地球模型的二级近似,即

$$\gamma = \gamma_e(1 + \beta\sin^2\varphi - \beta_1\sin^2 2\varphi) \tag{4-18}$$

其中,$\beta_1 = \dfrac{1}{8}e^2 + \dfrac{1}{4}\beta^2$。

历史上由于地球参数取值不同,出现过不同的正常重力公式(表 4-1)。我国较早用于计算正常重力值的公式是 1901 年赫尔默特(Helmert)给出的公式:

$$\gamma = 978.030(1 + 0.005\,302\sin^2\varphi - 0.000\,007\sin^2 2\varphi) \text{ (Gal)} \tag{4-19}$$

其参考地球椭球体的赤道半径 a 和几何扁率 e 为

$$a = 6\,378\,245 \text{ m}$$

$$e = 0.003\,352\,3 = 1/298.3$$

表 4-1　部分正常重力公式的参数(据操华胜，2020 修改)

公式名称	年份	γ_e / mGal	β	β_1
赫尔默特公式	1901~1909	978 030.0	0.005 302	0.000 007
国际正常重力公式	1930	978 049.0	0.005 288 4	0.000 005 9
GRS-67	1967	978 031.85	0.005 302 4	0.000 005 87
GRS-80	1980	978 032.7	0.005 302 44	0.000 005 85

为了便于将研究成果进行比较，由国际大地测量和地球物理学联合会(International Union of Geodesy and Geophysics，IUGG)推荐了国际参考椭球体。IUGG 于 1924 年将海福德(Hayford)1909 年得出的参考椭球定为国际参考椭球，相应的正常重力公式为

$$\gamma = 978.049(1 + 0.005\,288\,4\sin^2\varphi - 0.000\,005\,9\sin^2 2\varphi) \ (\text{Gal}) \qquad (4\text{-}20)$$
$$a = 6\,378\,388\text{m} \quad e = 1/297.0$$

IUGG 于 1930 年将其定为国际正常重力公式。

1980 年，IUGG 根据天文、人造卫星和地球重力资料给出了 1980 大地参考系公式：

$$\gamma = 978.032\,7(1 + 0.005\,302\,44\sin^2\varphi - 0.000\,005\,85\sin^2 2\varphi) \ (\text{Gal}) \qquad (4\text{-}21)$$
$$a = 6\,378\,137\text{m} \quad e = 1/298.257$$

3. 正常重力场空间分布与变化特征

由地球正常重力式(4-17)和式(4-18)可见，地球正常重力仅是纬度 φ 的函数，数值随纬度增大而增大，与经度无关。通过正常重力的水平梯度和垂直梯度可以分析其分布和变化特征。

1)正常重力水平梯度

由于正常重力的分布仅与纬度有关，所以任意点正常重力水平梯度的矢量方向和该点的经线方向一致。沿经线方向求导数，并将式(4-17)代入，即得到正常重力的水平梯度：

$$g_x = \frac{\partial \gamma}{\partial x} = \frac{\partial \gamma}{R\partial \varphi} = \frac{\gamma_e \beta}{R}\sin 2\varphi \qquad (4\text{-}22)$$

它表示沿经线方向单位长度的变化率，其中，x 为地表直角坐标系的北向轴(沿经线方向)，若取地球平均半径 $R = 6370$ km，$\gamma_e = 978\,032.7$ mGal，$\beta = 0.005\,302\,4$，得到 $g_x \approx 0.814\sin 2\varphi$ mGal/km。如在 45°N 处，表示向北 1 km，重力值增加 0.814 mGal；向南 1 km，重力值减小 0.814 mGal。

2)正常重力垂直梯度

可以利用球体近似，取 $\gamma = G\dfrac{M}{r^2}$，得到正常重力垂直梯度的近似表示：

$$g_r = \frac{\partial \gamma}{\partial r} = -\frac{2\gamma}{r}, \quad 在地表为 \quad g_r\big|_{r=R} = -\frac{2\gamma}{R} = -\frac{2GM}{R^3} \tag{4-23}$$

取地球的平均重力值 $\gamma = 981\,\text{Gal}$，地球平均半径 $R = 6370\,\text{km}$，得 $g_r\big|_{r=R} = -0.308\,\text{mGal/m}$，表示在地球表面附近每升高 $1\,\text{m}$，重力值将大约减小 $0.308\,\text{mGal}$。

4.1.4　大地水准面与地球形状

1. 等位面及其性质

在地球重力位场中存在一系列位函数相等的空间曲面，表示为

$$W(x, y, z) = C \tag{4-24}$$

位函数相等的空间曲面称为等位面，如均匀质量球的等位面呈一组同心球面（图 4-4），其中一个球面（W_0）与质量球的表面重合，这个特殊的等位面描述了质量球的形状。

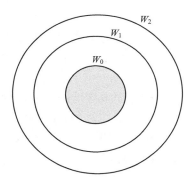

图 4-4　均匀质量球的等位面

根据定义，位函数对任意方向 s 的偏导数等于力在 s 方向的投影，即

$$\frac{\partial W}{\partial s} = g\cos(\boldsymbol{g} \cdot \boldsymbol{s}) = g_s \tag{4-25}$$

或写作

$$\mathrm{d}W = \boldsymbol{g}\cos(\boldsymbol{g} \cdot \boldsymbol{s}) \cdot \mathrm{d}\boldsymbol{s} \tag{4-26}$$

可见：

（1）重力位的增量是重力做的功，等于两点的位差；

（2）当位移方向与重力方向垂直时，$\cos(\boldsymbol{g} \cdot \boldsymbol{s}) = 0$，则 $\mathrm{d}W = 0$，说明重力垂直于重力等位面。

（3）当位移方向与重力方向一致时，$\cos(\boldsymbol{g} \cdot \boldsymbol{s}) = 1$，$\mathrm{d}W = \boldsymbol{g} \cdot \mathrm{d}\boldsymbol{s}$，显然，两重力等位面之间的距离可以写作 $\mathrm{d}s = \mathrm{d}W/g$；但当两个等位面的位差相等时，两等位面之间的距离可以不相等（图 4-5），即等位面上各点重力可不相同。

因此，地球的重力等位面是一簇复杂的曲面，而重力总与等位面正交，重力线是弯曲的(图 4-5)。我们将与等位面垂直的线定义为垂直或铅垂线的方向，与等位面相切的平面定义为水平面(图 4-6)。

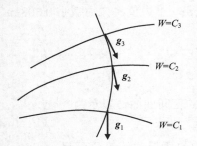

图 4-5　复杂的等位面与弯曲的力线

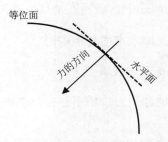

图 4-6　等位面、水平面和力方向的关系

2. 大地水准面

重力学定义最接近平静海平面的重力等位面为大地水准面。大地水准面是非常重要的概念，因为它与地球的物理形状是等效的，一般将大地水准面形状定义为地球的形状。

大地水准面是与理想地球椭球体面很接近的曲面，由于地球表面地形起伏，有山脉和海洋，而且地球内部物质分布不均匀(如存在密度异常体)，因此，大地水准面与地表和理想椭球体面之间存在差异(图 4-7)。大地水准面在山脉下方高于理想椭球体面，而在海洋地区低于理想椭球体面。

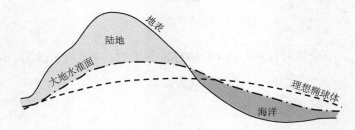

图 4-7　大地水准面与地表和理想椭球体面的差别

地下物质分布不均匀也会造成大地水准面的变化，当地下存在质量缺损时，大地水准面形成下凹形状；当地下存在多余质量时，大地水准面呈上凸的特征(图 4-8)。

3. 地球的形状

地球的形状常近似为椭球体面(理想地球)，现代分析是利用人造地球卫星轨道的精确测量，由轨道数据计算和定义最佳拟合的参考地球椭球体，即国际参考椭球

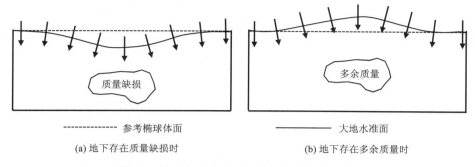

(a) 地下存在质量缺损时   (b) 地下存在多余质量时

图 4-8 地下物质分布不均引起大地水准面变化

体。如图 4-9 所示，参考地球椭球面赤道半径 $a = 6378.137\ \text{km}$，极半径 $c = 6356.751\ \text{km}$，平均半径为 6371 km，与相应的等体积球体比较，球体在极点变平了约 14.2 km，在赤道凸起约 7.1 km（图 4-9），扁率 $e = 3.35287 \times 10^{-3}$（即 $e = 1/298.252$）。

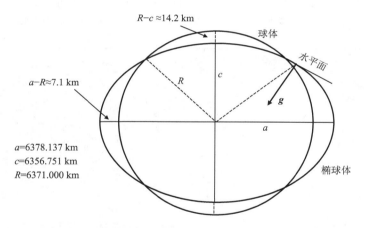

图 4-9 国际参考地球椭球体与等体积球体比较示意图

    理想地球椭球体是数学上的一阶近似，假设了密度随径向变化，表面是对应椭球体模型的理论重力等位面。实际地球既不是一个完美的球体，也不是一个完美的扁球体，实际地球的形状更加复杂，呈不规则形状（图 4-10）。

    在重力学中，以大地水准面定义地球的形状，即地球的形状是重力等位面的形状。大地水准面是一个十分复杂的曲面，一般情况下，地球形状可用大地水准面与参考椭球体面的偏差来表示，大地水准面高差又称为"大地水准面高度异常"。图 4-11 显示了大地水准面相对于参考椭球体面的偏差，偏差值约在 ±100 m，最大偏差出现在印度南部，大地水准面高度异常约为–100 m，在巽他群岛附近约为+75 m。

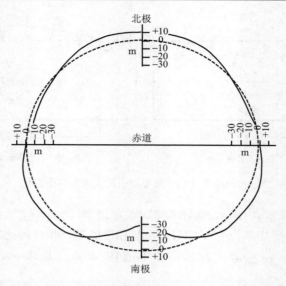

图 4-10　平均地球的形状(实线)与参考椭球体(虚线)的比较

为表示地球形状变化,图中局部区域标尺被放大;参考地球椭球体 $e=1/298.25$

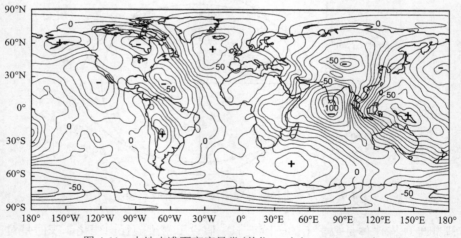

图 4-11　大地水准面高度异常(单位: m)(Fowler, 2005)

4.2　密度异常体的重力场

　　真实地球的密度分布与理想地球模型(密度仅随径向变化)不完全相同,它们的差为剩余密度,定义具有剩余密度的地球介质体为密度异常体。密度异常体在其周围产生重力场,并与理想地球的重力场叠加形成实际地球重力场,造成与正常地球重力的差异,也称异常重力。地球内部的剩余密度分布是重力学研究的重要目标之一，广泛应用于研究地球内部结构，以及地质矿产探测等。

本节计算几种简单形状密度异常体引起的重力场，分析不同形状密度异常体的重力场分布特征。计算密度异常体的重力场属于重力场的正演问题，希望通过本节的学习，读者初步了解重力正演计算方法与分析思路，为后续的重力场处理、解释和反演奠定基础。

4.2.1　简单形状异常体的重力场

在密度异常体引起的重力场计算中，简单规则形状密度异常体的重力场计算是基础，一方面简单形状的密度异常体可以近似某些地质体，另一方面复杂地质体的重力场可以利用简单形体的重力场进行叠加，因而成为解决复杂问题的基础。

为了简化计算常做如下假设：①简单规则异常体孤立存在；②异常体内密度分布均匀；③假设参考面为水平面，计算中常取地表的直角坐标系 $OXYZ$（图 4-12）。

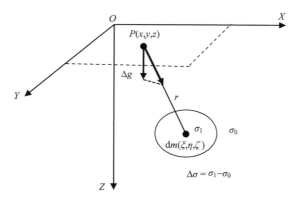

图 4-12　计算选取的坐标系

OXY 坐标面为地平面；Z 轴垂直向下；P 点为观测点

由于密度异常体引起的重力较正常重力值小得多，所以只需考虑它在垂线方向（地球重力场方向）引起的重力变化，即密度异常体产生的重力大小为引力的垂直分量，重力方向为水平参考面的内法线方向（OZ 方向）。

假设异常体体积为 V，密度为 σ_1，周围介质的密度为 σ_0，异常体与周围介质的剩余密度为 $\Delta\sigma$（$\Delta\sigma = \sigma_1 - \sigma_0$），由异常体的剩余质量（$\Delta M = \Delta\sigma \cdot V$）在周围产生引力，则密度异常体产生的重力等于引力在垂直方向的投影（图 4-12）。为了区别于正常重力，将密度异常体产生的重力计作 Δg，称密度体的重力异常。

1. 均匀密度球体

在实际工作中，一些近于等轴状的地质体，特别是异常体的尺度小于它们的中心埋深时，可以近似当作球体来计算其重力场。

设均匀球体的剩余密度为 $\Delta\sigma$，半径为 R，球体中心到地表的垂直距离为 h。针对这种情况，以球心在地面的投影点为坐标原点，建立地表直角坐标系，则球心处坐标 (ξ,η,ζ) 为 $(0,0,h)$，地表观测点 P 的坐标为 $(x,y,0)$。此时球体的重力场可等效于埋深 h、剩余质量 $\Delta M = \dfrac{4}{3}\pi R^3 \Delta\sigma$ 的质点产生的重力场，因此有

$$\Delta g(x,y,0)=G\Delta M\frac{h}{(x^2+y^2+h^2)^{3/2}} \tag{4-27}$$

由式(4-27)可见球体产生的重力异常是关于 Z 轴对称的(图4-13)，在 Δg 平面等值线图中显示为一系列不等间隔的同心圆[图4-13(b)]，圆心即球心在地面的投影点。

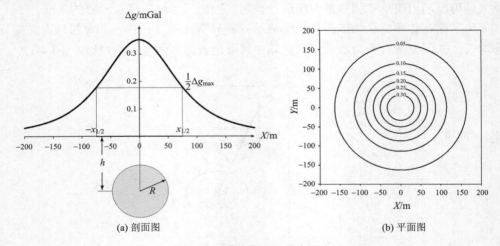

(a) 剖面图　　　　　　　　　　　(b) 平面图

图4-13　球体的理论重力异常

由于轴对称性，只需研究过坐标原点 O 的任意剖面上的重力异常分布，可以设 X 轴 $(y=0)$ 为剖面，则剖面上任意点 $P(x,0,0)$ 处的重力异常表达式为

$$\Delta g(x,0)=G\Delta M\frac{h}{(x^2+h^2)^{3/2}} \tag{4-28}$$

式(4-28)给出了球体沿 X 剖面的 Δg 理论曲线[图4-13(a)]，重力异常呈对称曲线形式，有以下基本特征。

(1)在 $x=0$ (球体的顶部)处，重力异常取最大值；最大值与球体中心埋深的平方成反比，球体的埋深增大，Δg 相应减小，表示为

$$\Delta g_{\max}=\frac{G\Delta M}{h^2} \tag{4-29}$$

(2)由式(4-28)可见，当 $x\rightarrow\pm\infty$ 时，$\Delta g\rightarrow 0$，形态如图4-13(a)所示。

(3)在异常为最大值的 $1/n$ (即 $\Delta g_{\max}/n$)时，相应点的坐标为 $x_{1/n}$，由式(4-28)和式(4-29)可得

$$\frac{G\Delta M}{nh^2} = \frac{G\Delta Mh}{(x_{1/n}^2 + h^2)^{3/2}}$$

求解得

$$x_{1/n} = \pm h\sqrt{n^{2/3} - 1} \tag{4-30}$$

常取 $n = 2$，$x_{1/2} = \pm 0.766h$，即 Δg 曲线上数值为最大值一半点的坐标（图 4-13），称为半值点坐标，曲线上两个半值点之间的宽度称为半宽度（$w = 2x_{1/2}$）。可见半宽度与球体埋深成正比，即埋深越大，异常宽度越大。

(4) 当球体埋深 h 不变，ΔM 增大（或缩小）m 倍，$\Delta g_{\max}$ 也增大（或缩小）m 倍。

通过对异常最大值和半值点宽度的分析可见：当球体埋藏深度增大时，重力异常的最大值减小，而异常的半宽度增大（图 4-14）。

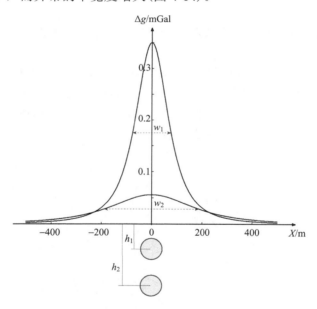

图 4-14 球体不同埋深时的重力曲线对比

分析重力场特征时，常利用重力场的导数进一步描述重力异常的变化特征（图 4-15），常用的导数有

$$g_x = -3G\Delta M \frac{hx}{(x^2 + h^2)^{5/2}} \quad \text{（重力水平导数）} \tag{4-31}$$

$$g_z = G\Delta M \frac{2h^2 - x^2}{(x^2 + h^2)^{5/2}} \quad \text{（重力垂向一阶导数）} \tag{4-32}$$

$$g_{zz} = 3G\Delta Mh \frac{2h^2 - 3x^2}{(x^2 + h^2)^{7/2}} \quad \text{（重力垂向二阶导数）} \tag{4-33}$$

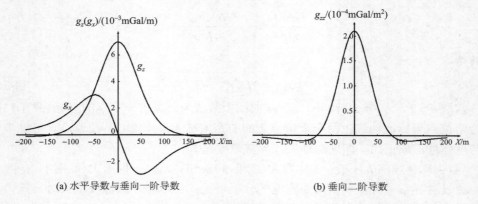

(a) 水平导数与垂向一阶导数　　　　　　(b) 垂向二阶导数

图 4-15　均匀球体的重力异常导数曲线

一般重力的高阶导数更能反映地下异常体的细结构，所以重力的高阶导数有广泛的应用。

实际情况中，一些等轴状的异常体（如无特定延伸方向的岩体、穹窿构造、盐丘等）可利用球体的重力分布进行分析。例如，图 4-16(a) 是一个盐丘在地表的重力异常图，利用球体公式计算的理论重力异常与测量值拟合得很好[图 4-16(b)]。盐丘的剩余密度为负值，因此其重力异常也为负值。

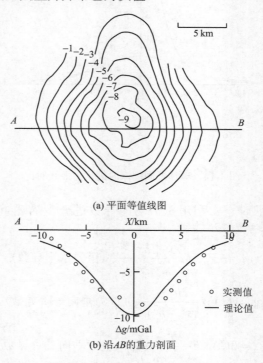

(a) 平面等值线图

(b) 沿 AB 的重力剖面

图 4-16　某盐丘上方的重力异常

2. 无限延伸水平圆柱体

对于一些走向延伸较长、横截面近似于圆形的地质体，如两翼较陡的长轴背斜和向斜等，可以当作水平圆柱体求近似解（图 4-17）。若水平圆柱体长度比其埋藏深度大得多时，可作为无限长水平圆柱体（即二度体）来处理。式（4-34）为密度均匀的二度体重力异常计算公式。

$$\Delta g = 2G\Delta\sigma \iint_S \frac{\zeta - z}{(\xi - x)^2 + (\zeta - z)^2} d\xi d\zeta \tag{4-34}$$

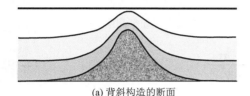

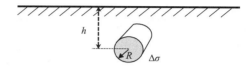

(a) 背斜构造的断面　　　　　　　　　(b) 无限延伸水平圆柱体模型

图 4-17　背斜的重力异常计算近似模型

当密度均匀分布时，可以将水平圆柱体当作剩余质量集中于中轴线的质量线来近似计算。计算时坐标原点取中轴线在地面投影线上的一点，使 Y 轴平行于中轴线，中轴线至地面的距离为 h，则质量线的坐标为 $\xi = 0$，$\zeta = h$。设截面积半径为 R，剩余密度为 $\Delta\sigma$，则单位长度圆柱体的剩余质量称为剩余线密度，表示为

$$\lambda = \Delta\sigma \iint_S d\xi d\zeta = \Delta\sigma \cdot S \tag{4-35}$$

这样，在地表（$z = 0$）处的重力异常为

$$\Delta g = \frac{2G\lambda h}{x^2 + h^2} \tag{4-36}$$

图 4-18 显示了 Δg 剖面曲线和平面等值线。平面等值线为一系列平行于 Y 轴的直线，中部数值高，向两侧数值减小。剖面图的基本特征为

（1）在 $x = 0$ 处，有重力最大值

$$\Delta g_{max} = \frac{2G\lambda}{h} \tag{4-37}$$

（2）半值点 $\Delta g_{max} / 2$ 的坐标 $x_{1/2}$ 为

$$x_{1/2} = \pm h \tag{4-38}$$

（3）当 λ 不变时，h 增大 m 倍，Δg_{max} 降为原值的 $1 / m$，$x_{1/2}$ 增大为原值的 m 倍。和球体变化规律相比，随埋深增大，水平圆柱体的理论曲线衰减较慢。

水平圆柱体重力异常的各阶导数表达式为

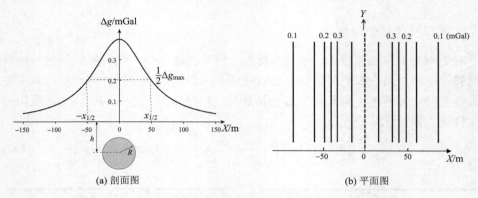

图 4-18　无限延伸水平圆柱体的重力异常剖面图和平面图

$$g_x = -\frac{4G\lambda hx}{(x^2 + h^2)^2} \tag{4-39}$$

$$g_z = \frac{2G\lambda(h^2 - x^2)}{(x^2 + h^2)^2} \tag{4-40}$$

$$g_{zz} = 4G\lambda h \frac{h^2 - 3x^2}{(x^2 + h^2)^3} \tag{4-41}$$

图 4-19 显示了无限延伸水平圆柱体重力异常的各阶导数的变化特征。

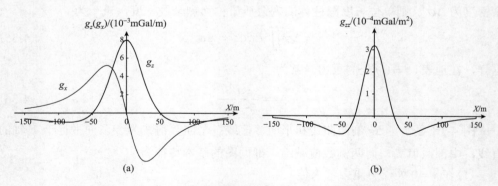

图 4-19　无限延伸水平圆柱体的重力异常导数

3. 垂直台阶的重力异常

断层及界线清楚的高角度岩性接触带可以当作台阶求近似解[图 4-20(a)]。

将坐标原点选在台阶铅垂面与地面的交线上，Y 轴与交线重合，Z 轴垂直向下，X 轴与台阶铅垂面垂直。假设台阶在 x 方向和 y 方向是无限延伸的，剩余密度为 $\Delta\sigma$，上、下界面的深度分别为 h 和 H，即构成一在 x 方向和 y 方向无限延伸的水平板 [图 4-20(b)]，其在地面沿 x 方向任一点 $P(x, 0, 0)$ 处的重力异常表达式为

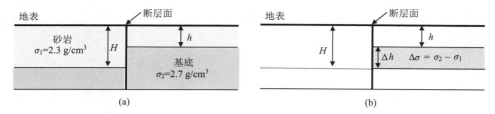

图 4-20 垂直台阶的计算模型

$$\Delta g = 2G\Delta\sigma \int_0^\infty \mathrm{d}\xi \int_h^H \frac{\zeta\,\mathrm{d}\zeta}{(\xi-x)^2+\zeta^2}$$

$$= G\Delta\sigma \left(\pi(H-h) + x\ln\frac{x^2+H^2}{x^2+h^2} + 2H\tan^{-1}\frac{x}{H} - 2h\tan^{-1}\frac{x}{h} \right) \qquad (4\text{-}42)$$

图 4-21 为垂直台阶的重力异常特征。剖面图 [图 4-21(a)] 显示为单调递增的曲线，由式 (4-42) 可知：

当 $x \to -\infty$ 时，$\Delta g = 0$；

当 $x \to +\infty$ 时，$\Delta g = \Delta g_{\max} = 2\pi G\Delta\sigma(H-h)$；

当 $x = 0$ 时，$\Delta g = \Delta g(0) = \pi G\Delta\sigma(H-h) = \Delta g_{\max}/2$。

可见，重力值 $\Delta g_{\max}$ 和 $\Delta g(0)$ 与垂直台阶的表面深度 h 无关，只与 $\Delta\sigma$ 和 $(H-h)$ 的大小有关；埋藏深度的变化只影响曲线的陡缓程度，即 h 越小，曲线变化越陡；h 越大，曲线变化越平缓。

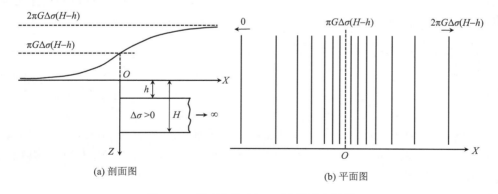

(a) 剖面图　　　　　(b) 平面图

图 4-21　垂直台阶 ($\Delta\sigma > 0$) 的重力异常

重力异常的平面等值线 [图 4-21(b)] 显示为一系列平行线，等值线数值随台阶单调上升 ($\Delta\sigma > 0$) 或下降 ($\Delta\sigma < 0$)，在台阶断面正上方等值线最密集，向两侧逐渐变稀，等值线的密集带通常称为重力梯度带。重力梯度带是识别断裂构造的主要标志。

当断层面或接触面倾斜时形成倾斜台阶 (图 4-22)，对于正断层，下降盘一侧异常极小值明显 [图 4-22(a)]；对于逆断层，上升盘一侧异常极大值明显 [图 4-22(b)]；

不论哪种情况，断层附近重力异常变化明显，水平梯度大，在平面图中均显示重力梯度带特征。

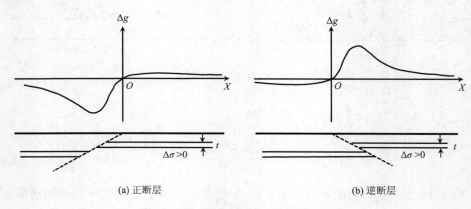

(a) 正断层　　　　　　　　　　　　　　　(b) 逆断层

图 4-22　倾斜断层面的重力异常示意图

4.2.2　横截面为任意形状的二度体重力场

对于横截面为任意形状的二度体，可以用多边形来逼近其截面形状（图 4-23），可利用多边形角点的坐标通过解析式计算其重力异常。

图 4-23 中 O 点为计算点，x 轴垂直于二度体走向，z 轴垂直向下，多边形由 n 条边构成。计算时首先求出任意一个三角形（如 $\triangle OAB$）截面二度体在 O 点的重力异常，计算公式为

$$\delta g_i = 2G\Delta\sigma\left[\frac{z_{i+1}x_i - z_i x_{i+1}}{(x_{i+1}-x_i)^2 + (z_{i+1}-z_i)^2}\right]$$
$$\cdot\left[(x_{i+1}-x_i)\cdot\left(\tan^{-1}\frac{z_i}{x_i} - \tan^{-1}\frac{z_{i+1}}{x_{i+1}}\right) + \frac{z_{i+1}-z_i}{2}\cdot\ln\frac{x_{i+1}^2 + z_{i+1}^2}{x_i^2 + z_i^2}\right] \tag{4-43}$$

其中，(x_i, z_i) 为多边形第 i 个角点的坐标。然后依次分别计算 $\triangle OBC$、$\triangle OCD$、$\triangle ODE$… 三角形截面二度体的重力异常，并求和 [式 (4-44)]，即得到该任意截面二度体在 O 点的重力异常。

$$\Delta g(0) = \sum_{i=1}^{n}\delta g_i = 2G\Delta\sigma\sum_{i=1}^{n}\left[\frac{z_{i+1}x_i - z_i x_{i+1}}{(x_{i+1}-x_i)^2 + (z_{i+1}-z_i)^2}\right]$$
$$\cdot\left[(x_{i+1}-x_i)\cdot\left(\tan^{-1}\frac{z_i}{x_i} - \tan^{-1}\frac{z_{i+1}}{x_{i+1}}\right) + \frac{z_{i+1}-z_i}{2}\cdot\ln\frac{x_{i+1}^2 + z_{i+1}^2}{x_i^2 + z_i^2}\right] \tag{4-44}$$

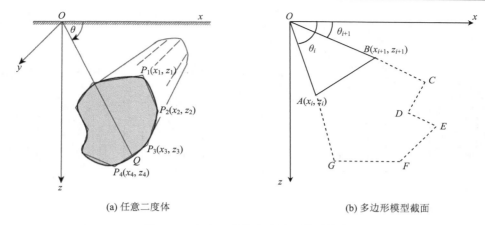

(a) 任意二度体   (b) 多边形模型截面

图 4-23 任意二度体和多边形模型截面

计算过程应按照同一方向的顺序进行，这样多边形 $ABC\cdots A$ 以外面积部分产生的异常将互相抵消，结果仅是该多边形截面二度体在 O 点产生的重力异常。计算时，多边形必须是闭合的，当计算到 $x_i = x_n$ 时，取 $x_{n+1} = x_1$，$z_{n+1} = z_1$，n 为多边形的总边数。对于整条剖面，通过依次变换 O 点进行计算，最终获得多边形截面二度体重力异常沿剖面的变化。

当存在多个不同密度异常体时，可以利用重力场的叠加原理，采用多个不同截面与密度的模型，分别计算不同异常体在同一观测点的重力异常，并进行叠加来获得。

计算任意形状的三维密度异常体的异常重力场，需要完成对密度异常体体积的三重积分，实际情况中常用规则形状异常体的组合逼近三维密度异常体，通过分别计算每个规则体的重力异常，然后求和得到三维密度异常体产生的重力异常（附 4.1）。

附 4.1 任意形状密度体的重力场计算

任意形体重力异常的解析解为

$$\Delta g(x,y,z) = G\iiint_v \frac{\Delta\sigma(\xi,\eta,\varsigma)(\varsigma-z)\mathrm{d}\xi\mathrm{d}\eta\mathrm{d}\varsigma}{\left[(\xi-x)^2+(\eta-y)^2+(\varsigma-z)^2\right]^{3/2}} \tag{B4-1}$$

式 (B4-1) 是关于异常体体积的三重积分，由于异常体的密度分布未知和体积不规则，无法求精确解。通常将异常体划分成一系列形状简单、密度均匀的单元，每个单元的重力异常可由积分或数值积分得到，于是整个异常体的重力异常是这些单元的重力异常之和。例如，直立长方柱体 [图 B4-1(a)]，假设密度近似均匀，在计算点处的重力异常可表示为

$$\Delta g(x,y,z) = G\Delta\sigma\int_{\xi_1}^{\xi_2}\int_{\eta_1}^{\eta_2}\int_{\varsigma_1}^{\varsigma_2}\frac{(\varsigma-z)\mathrm{d}\xi\mathrm{d}\eta\mathrm{d}\varsigma}{\left[(\xi-x)^2+(\eta-y)^2+(\varsigma-z)^2\right]^{3/2}} \tag{B4-2}$$

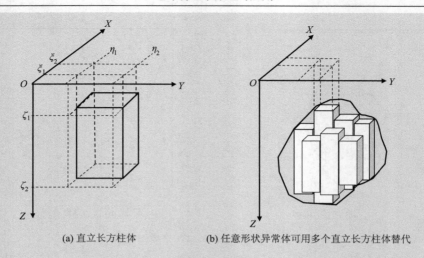

(a) 直立长方柱体　　　　　(b) 任意形状异常体可用多个直立长方柱体替代

图 B4-1　任意形状密度异常体重力计算示意图

任意形状异常体可用多个直立长方柱体替代[图 B4-1(b)]，其重力异常为它们之和。对于复杂形状异常体，也可根据具体情况选择不同形状单元体进行计算。

4.3　重力校正与重力异常

4.3.1　重力异常和重力校正概念

1. 重力异常的概念

如果地球内部的密度分层均匀，在理想地球椭球体面上测量的重力，应与正常重力公式给出的理论重力一致，但实际地球的形状与密度分布都与理想地球模型有差异，使观测的实际重力值与正常重力值不同。一般情况下，将地面上某点的重力观测值 g_{obs} 与该点的正常重力值 γ 之差称为重力异常 Δg，表示为

$$\Delta g = g_{obs} - \gamma \tag{4-45}$$

其中，g_{obs} 为某点的重力观测值；γ 为该观测点的正常重力值；Δg 为在该点的重力异常。

实际情况中，重力测量并不是在大地水准面上进行的，而是在地球表面进行的，观测点与大地水准面或多或少存在差异；另外，存在于大地水准面以外的物质也可以影响观测值，即便不存在地球内部物质不均的情况，这些因素也将引起观测值与正常重力之间的差异。

2. 重力校正的概念

不同观测点重力观测值的差异，除了受地球内部密度异常体的影响之外，还受

海拔、大地水准面以上物质的影响。由于多种因素的影响，在研究重力场的空间分布时，无法直接用重力观测值进行比较，需要制定对比的标准。通常，选定大地水准面作为标准面，将重力观测值按照一定要求归算到这个面上，归算的过程即重力校正，用校正后的观测数据减去正常重力，最终获得重力异常，如

$$\Delta g = g_{\text{obs}} + \delta g - \gamma \tag{4-46}$$

其中，Δg 为重力异常；g_{obs} 为观测重力值；δg 为重力校正值；γ 为正常重力值。

图 4-24 中 P、Q 点分别为两个不同位置的重力观测点，两观测点距离大地水准面的高度不同，而且大地水准面之上的物质质量对 P、Q 点的重力影响也不同。如果要完全归算到大地水准面上，需要去掉高度的影响，即高度校正，也称自由空气校正；另外，还需要去除大地水准面上部质量的影响，可分为两部分：地形校正和中间层校正。图 4-24 显示了不同校正的含义。

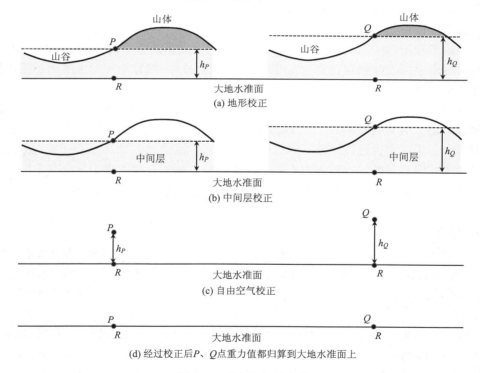

图 4-24　重力归算的含义

1）地形校正

在重力观测点 P、Q 附近有高于测点的山体[图 4-24(a)深色阴影区]，它们的质量会影响重力测量值，山体质量在 P、Q 点处产生了垂直向上的重力分量，使测量重力减小；为弥补这个影响，需计算山体地形质量的引力分量，并添加到观测重力中，称为地形校正(δg_{T})。当测点旁有山谷时[图 4-24(a)P、Q 点左侧空白区]，也

要进行地形校正，假设山谷中填满密度为 σ 的岩石，对 P、Q 点产生向下的吸引力，即增加了测量的重力值。通过对山体和山谷进行地形校正，使重力观测点处成为水平地形［图 4-24(b)］。地形校正值均为正值，由于 P、Q 点处地形不同，相应的地形校正值不同。

2）中间层校正

经地形校正后，测量点 P、Q 与大地水准面之间形成密度为 σ、厚度为 h_P 和 h_Q 的均匀密度层［图 4-24(b)］，称为中间层。此时，重力观测值包含该密度层的影响，去除中间层影响称中间层校正（δg_z）。中间层可以被认为是厚度为 h_P 或 h_Q 的平板，也称为布格板，它引起的重力可根据板的厚度和密度 σ 计算。如果测点在海平面以上，须从测量重力值中减去这个校正值，如果测点在海平面以下，须在海平面以下填充密度为 σ'（地壳密度与海水密度之差）的岩层。当测点高于海平面时中间层校正值（δg_Z）为负，在低于海平面时为正。

3）高度校正

经地形校正和中间层校正后，大地水准面以上质量的影响已被去除，但在 P、Q 点与大地水准面之间仍存在高差 h_P 和 h_Q［图 4-24(c)］，归算至大地水准面还需进行高度校正（δg_h）。

经过地形校正、中间层校正和高度校正，即去除了 P、Q 点不同高度和大地水准面以上物质的影响，将观测重力归算到大地水准面上［图 4-24(d)］；再将归算后的观测重力与正常重力进行比较，最终可获得 P、Q 点的重力异常 $\Delta g(P)$ 和 $\Delta g(Q)$。针对不同的研究目的，可以采用不同的校正内容，因而获得的重力异常有不同的含义，最常见的重力异常有布格重力异常和自由空气重力异常，可用于研究不同问题。

附 4.2　重力测量

重力测量分为绝对重力测量与相对重力测量，绝对重力测量为直接测量某观测点处的绝对重力值，相应的仪器称为绝对重力仪；相对重力测量为以某一点作为重力基点，测量其他测点相对于基点的重力差值，该差值加基点的绝对重力值即得到测点的绝对重力值，相应的仪器称为相对重力仪。

常用的绝对重力测量方法有两种：一种是通过测定"摆"在自由摆动过程中的周期，结合摆长来测量绝对重力值；另一种是通过测定重物自由落体时运动的距离与时间来计算绝对重力值。可见重力值的精度与长度和时间的测量精度有关。20 世纪 70~80 年代，绝对重力仪采用了激光干涉技术，在精确的时间范围测定标准物体的下落距离，仪器精度达到 6~10 μGal，80~90 年代，精度不断提高，可达 1~4 μGal。但绝对重力测量比较复杂、费时，且仪器较笨重，一般用在固定点测量重力值随时间的变化。

大量的重力测量工作采用相对重力测量，即测量相对于某基准点的重力差值。最常用的测量原理是在不同位置，当物体受力平衡时，观测物体平衡位置受重力变化产生的位移，通过平衡位置的变化来测定重力变化，此类仪器主要有弹簧重力仪。相比绝对重力仪，它体积小、重量轻，更适合野外流动观测。

如果采用相对重力测量方法,为了获得某一点的绝对重力值,可用一个已知的绝对重力点作为相对重力测量的起算点,然后利用与起算点的重力差计算该点的绝对重力。这就需要知道起算点的绝对重力值,即建立统一的重力参考系统。首先需要确定世界上公认的起算点,称为世界重力基点。1909 年,IUGG 在会议上决定采用波茨坦重力基点,其绝对重力值为

$$g = (981\,274.2 \pm 3)\text{mGal}$$

以该点为出发点推算的绝对重力值称为波茨坦重力系统下的重力值。依据进一步的更高精度的测量,1971 年,IUGG 决定建立国际重力基准网(IGSN71),以便统一世界重力测量资料。由 IGSN71 国际重力基准网推算出波茨坦重力基点新的重力值为

$$g = (981\,260.19 \pm 0.17)\text{mGal}$$

比原来的值小了 14.01 mGal。

为在全国开展重力测量,建立了国家基准网作为重力测量的基准点,这些点之间按一定规则进行联测(包括与国际重力基准点联测)。在一些局部地区进行重力测量时,由于是针对局部重力异常问题,可以设定局部的基点网作为测量重力异常的基准。针对不同的探测目标,测量的精度要求不同,应根据工作要求与具体情况设定测网与比例尺,比例尺反映了测线间的距离与一定范围内的测点数,具体的重力测量可参看重力测量规范。

重力测量方式包括地面重力测量、海洋重力测量、航空重力测量和 21 世纪快速发展的卫星重力测量。

4.3.2　高度校正与自由空气重力异常

1. 高度校正值(δg_h)

高度校正是将海拔为 H 的观测点上的重力观测值归算到大地水准面上,归算时不考虑观测点与大地水准面之间的质量影响,只考虑高度对重力值的影响。可利用正常重力的垂直梯度[式(4-23)]计算高度校正值:

$$\delta g_h = \frac{\partial \gamma}{\partial H} H = 0.3086 H (\text{mGal}) \tag{4-47}$$

其中,δg_h 为高度校正;H 为观测点的海拔,以 m 为单位。

2. 自由空气重力异常(Δg_f)

经高度校正后的观测值减去正常重力值就得到自由空气重力异常:

$$\Delta g_f = g_{obs} + \delta g_h - \gamma \tag{4-48}$$

其中,Δg_f 为自由空气重力异常。在地形平缓的地区,自由空气重力异常往往接近于零,但它对地表和近地表的质量分布敏感,一般显示与地形高度呈正相关(图 4-25)。

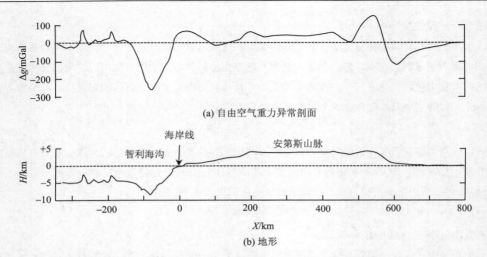

(a) 自由空气重力异常剖面

(b) 地形

图 4-25　穿过智利海沟与安第斯山脉(23°S)的自由空气重力异常剖面(据 Lowrie，2007 修改)

　　自由空气重力异常只考虑了测点高度的影响，并没有改变地球的质量，对大地水准面的形状影响很小，因而常用于大地测量工作，研究大地水准面的形状和垂线的偏差。

4.3.3　布格校正与布格重力异常

　　1. 布格校正值(δg_{B})

　　通常将高度校正与中间层校正之和，称为简单布格校正或不完全布格校正，表示为

$$\delta g_{\mathrm{B}} = \delta g_{\mathrm{h}} + \delta g_{\mathrm{z}} \tag{4-49}$$

　　中间层校正值是厚度为 H 的无限延伸水平板的异常值，可采用式(4-42)将水平方向的积分改为$(-\infty,+\infty)$，计算得到

$$\delta g_{\mathrm{z}} = -2\pi G\sigma H \tag{4-50}$$

其中，σ 为中间层的密度；H 为测点的高程(以 m 为单位)，有

$$\delta g_{\mathrm{z}} = -0.0418\sigma H \ (\mathrm{mGal})$$

因此，简单布格校正可写作

$$\delta g_{\mathrm{B}} = (0.3086 - 0.0418\sigma)H$$

　　更多情况下将高度校正、中间层校正和地形校正之和作为布格校正，又称为完全布格校正，它去掉了大地水准面以上的质量层的影响，并将测点归算到大地水准面上。完全布格校正可表示为

$$\delta g_{\mathrm{B}} = \delta g_{\mathrm{h}} + \delta g_{\mathrm{z}} + \delta g_{\mathrm{T}} \tag{4-51}$$

其中，地形校正（δg_{T}）以测量点为中心，将周围地形分成许多小块，然后对各小块的引力求和，即得到地形校正值（附 4.3）。

附 4.3 地形校正计算

常用的一种方法是以某测点 P 为中心，以不同半径 R_i 作同心圆，然后用通过 P 点的射线将同心圆分成一系列不同高度（h_j）的扇形柱[图 B4-2（a）~（c）]，对式（B4-1）采用柱坐标，求每个扇形柱体对 P 点的重力影响：

$$\delta g_i = G\sigma \int_0^{h_i} \int_{R_j}^{R_{j+1}} \int_{\alpha_k}^{\alpha_{k+1}} \frac{r\zeta}{(r^2 + \zeta^2)^{3/2}} \, \mathrm{d}\alpha \mathrm{d}r \mathrm{d}\zeta \tag{B4-3}$$

如果将圆周分成 n 等份，则 $\alpha_{k+1} - \alpha_k = 2\pi/n$，得

$$\delta g_i = \frac{2\pi G\sigma}{n} \left[\left(\sqrt{R_j^2 + h_i^2} - R_j \right) - \left(\sqrt{R_{j+1}^2 + h_i^2} - R_{j+1} \right) \right] \tag{B4-4}$$

测点 P 的地形校正值为所有扇形柱的重力之和：

$$\delta g_{\mathrm{T}} = \sum_i \delta g_i \tag{B4-5}$$

也可采用方形域分块的方式进行地形校正[图 B4-2（d）]，它便于计算机的应用。

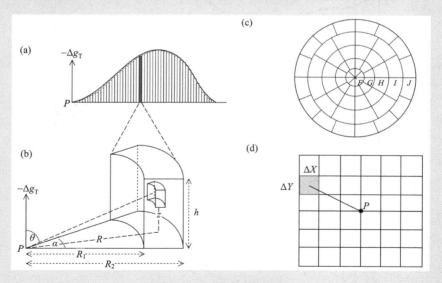

图 B4-2　地形校正计算示意图

2. 布格重力异常（Δg_{B}）

布格重力异常可表示为

$$\Delta g_{\mathrm{B}} = g_{\mathrm{obs}} + \delta g_{\mathrm{B}} - \gamma \tag{4-52}$$

布格重力异常是将观测重力归算到大地水准面，并在去除了大地水准面以上物质的影响之后与正常重力的差值。所以布格重力异常反映了地球内部密度横向不均匀分布的信息，大范围的布格重力异常主要反映了莫霍面的起伏，常用布格重力异常来研究地壳结构；在地质学研究中还常用布格重力异常研究地质构造(如地质构造单元划分、追踪断裂)与寻找矿产等。

在研究局部区域地质问题时，有时也将观测重力值与区域平均重力值对比，获得研究区内重力异常的相对变化，研究地壳内密度的横向变化。

图 4-26 显示了不同地区地壳厚度与布格重力异常的关系。与自由空气重力异常不同，布格重力异常与地形呈镜像关系，在山区地壳增厚，布格重力异常显示重力低；在地壳非常薄的海洋区域为正的布格重力异常，显示为重力高。布格重力异常的特征反映了地壳厚度的变化。

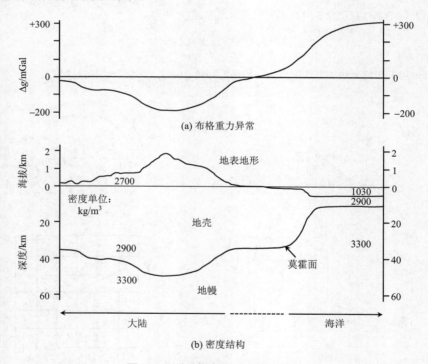

图 4-26　地壳结构与布格重力异常

4.3.4　一些重要地区的重力异常

图 4-27 是在瑞士阿尔卑斯山地区利用地震折射和反射结果解释布格重力异常的一个例子。沿着瑞士阿尔卑斯山脉中部的反射地震剖面结果提供了重要的速度与界

面信息，利用速度-密度关系计算得到岩石圈内的密度分布模型[图 4-27(b)]，重力模型显示了岩石圈呈缓慢向南倾的俯冲带特征。用岩石圈密度结构计算得到的重力异常与观测重力大致吻合，负布格重力异常是阿尔卑斯山脉的特征，与地壳增厚相一致。

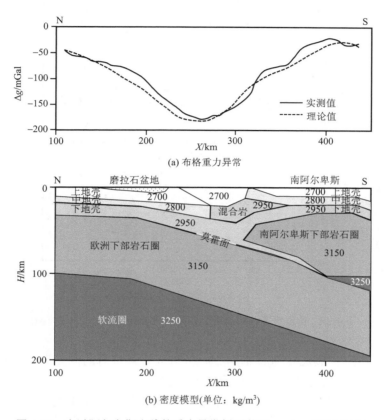

(a) 布格重力异常

(b) 密度模型(单位：kg/m³)

图 4-27 穿过阿尔卑斯山脉的重力异常剖面(据 Lowrie，2007 修改)

图 4-28(b)为横跨日本岛弧的自由空气重力异常剖面，与地形[图 4-28(a)]呈正相关关系，在海沟上方呈现明显的负异常。图 4-28(c)是由地震方法测得的地壳速度结构剖面，可以看到自由空气重力异常不能直接反映地壳厚度的变化。

图 4-29 是穿过大西洋 32°N 附近洋中脊的布格重力异常和自由空气重力异常图。自由空气重力异常很小，约 50 mGal 或更小，并与海底地形变化密切相关，这表明洋中脊及其侧翼几乎达到了均衡状态。由于海洋地区地壳较薄，布格异常总体上是强的正异常，但在洋中脊出现明显的重力降低，在距离洋中脊 1000 km 以外的地方大约为 350 mGal，洋中脊处减小到 200 mGal 以下，布格重力异常反映了地壳与上

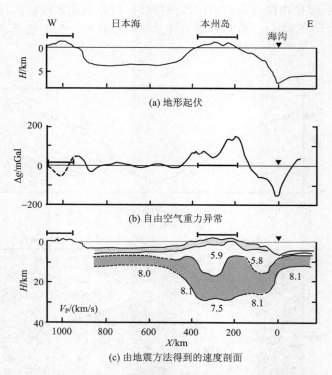

(a) 地形起伏

(b) 自由空气重力异常

(c) 由地震方法得到的速度剖面

图 4-28　穿过日本海沟的重力异常剖面（据 Fowler，2005 修改）

地幔的结构特征。地震速度剖面［图 4-29（c）］显示在洋中脊两侧莫霍面深度约 11 km，向洋中脊地壳有减薄趋势；地壳上层的 P 波速度为 4~5 km/s，下层为 6.5~6.8 km/s；上地幔速度为 8~8.4 km/s；然而，在洋脊下方出现约 400 km 宽的低速异常地带，部分地方出现 7.3 km/s 的低速异常，表明在洋中脊下方存在异常的低密度地幔物质，引起洋中脊处布格重力的减小。

图 4-30 为在肯尼亚获得的东非裂谷的重力剖面，利用地震和重力资料确定了裂谷的地壳和上地幔结构。区域性的布格重力异常低，被认为是裂谷下方地幔中大范围低密度异常（与周围相比）的存在；在裂谷的正上方有局部的布格重力异常增大，被解释为裂谷地壳中存在较高密度的熔融物质。

由实例可以看到重力异常场与地壳结构横向变化的关系，同一地区自由空气重力异常与布格重力异常特征不同；实例中重力异常解释可能存在多解，反映了重力异常研究的复杂性与难度。

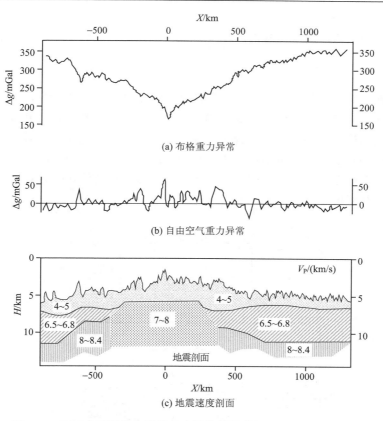

(a) 布格重力异常

(b) 自由空气重力异常

(c) 地震速度剖面

图 4-29 穿过大西洋洋中脊的重力异常剖面(据 Lowrie,2007 修改)

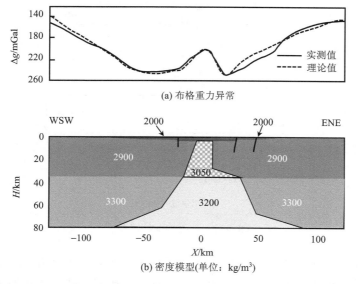

(a) 布格重力异常

(b) 密度模型(单位：kg/m³)

图 4-30 经过东非裂谷的重力异常剖面(据 Fowler,2005 修改)

4.3.5　地壳均衡与均衡重力异常

1. 地壳均衡模型

如果地形起伏仅仅是多余(或不足)的物质附加在均匀地壳的表面，经布格校正后，重力异常应该不大。但布格重力异常在去除了大地水准面以上物质的引力效应之后，山区布格重力多显示为负异常，显然地壳内存在质量不足；反之，在大洋地区布格校正补充了海水质量不足产生的重力效应，却仍显示布格重力异常为正异常，表明地球内部存在某种补偿作用。普拉特(J. H. Pratt)和艾里(G. B. Airy)提出了不同的地壳均衡补偿模型[图 4-31(a)和(b)]。

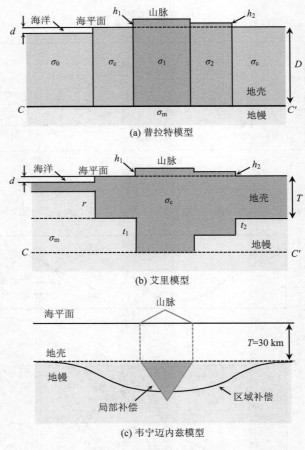

图 4-31　地壳均衡补偿模型

普拉特均衡模型[图 4-31(a)]认为表面地形是垂直柱体中物质的差异膨胀造成的，在地下某一深度(补偿深度)之上，每个截面积相同的柱体质量相等，此深度面为等压面。因此山越高，其岩石的密度越小；反之密度越大。正常大陆地区，地壳密度为 σ_c，柱体的压力为 $\sigma_c D$；在山区，山高为 $h_i(i=1,2,\cdots)$，相应岩石的密度为 σ_i，则 CC' 处的压力为 $\sigma_i(h_i+D)$；在海洋区，CC' 处的压力来自于密度为 σ_0 和高度为 $(D-d)$ 的岩石柱体与水深 d 和密度为 σ_w 的海水两部分，等于 $\sigma_w d + \sigma_0(D-d)$。

艾里均衡模型［图 4-31(b)］将地壳视为较轻的均质岩石巨块漂浮在较重的均匀流体物质之上，并处于静力平衡状态，就像冰山浮在水上。根据阿基米德原理，山越高，它的下部陷入流体的深度越大，即形成所谓的"山根"，海洋下方形成"反山根"。在图 4-31(b) 中，正常地壳厚度为 T，密度为 σ_c，在地壳底部压力为 $\sigma_c T$；在山区压力由 h_i 高度的山体、地壳(T)和相应山根(t_i)所产生，为 $\sigma_c(h_i+T+t_i)$；当流体静力平衡时，在 CC' 面上压力相等。

普拉特模型和艾里模型均考虑局部的均衡补偿，认为其中每个柱在补偿平面(CC'面)上施加相等的压力，不同之处在于艾里模型用"山根"（或"反山根"）实现补偿，而普拉特模型用不同密度的柱体来实现补偿。

韦宁迈内兹(F. A. Vening Meinesz)认为地壳有相当大的强度，完全靠局部补偿是困难的，他从弹性理论出发，提出了一个区域均衡补偿的模型［图 4-31(c)］。假设一个弹性板覆盖在流体物质中，地形荷载使板向下弯曲进入流体，板的弯曲是由岩石圈的弹性特性决定的。当山脉的重量将弹性板压弯，使其陷入地壳下层的流体物质中，平衡时达到完全补偿［图 4-31(c)］。

2. 均衡重力异常

均衡重力异常是经过均衡校正后获得的重力异常。均衡校正需要将移去的大地水准面以上物质全部填补到大地水准面以下的地壳中，计算地壳内补偿物质对测点产生的重力影响，进而讨论地壳的均衡状态。可见均衡重力异常是布格重力异常加上均衡校正值，即

$$\Delta g_I = \Delta g_B + \delta g_I \tag{4-53}$$

其中，Δg_I 为均衡重力异常；δg_I 为均衡校正，校正计算可采用与地形校正类似的方法，但不同的均衡模型校正参数不同。

按照普拉特模型，需要计算补偿密度，如图 4-31(a) 所示，在山区有

$$\sigma_c D = \sigma_i(D + h_i) \tag{4-54}$$

其中，σ_c 为地壳平均密度(通常取 2.67 g/cm^3)；D 为补偿深度；h_i 为山的高度；σ_i 为山体的密度，则补偿密度为

$$\Delta\sigma_i = \sigma_c - \sigma_i = \sigma_c \frac{h_i}{D + h_i} \tag{4-55}$$

同理，海洋区补偿密度(取海水密度为 1.027 g/cm^3)为

$$\Delta\sigma = (1.027 - \sigma_c)\frac{d}{D-d} \qquad (4\text{-}56)$$

若按艾里模型[图 4-31(b)]则需要计算山根 t(或反山根 r)，在山区有关系

$$\sigma_c h_i = (\sigma_m - \sigma_c)t_i \qquad (4\text{-}57)$$

其中，σ_m 为地幔的密度。由此，可以求出山根 t_i 为

$$t_i = \frac{\sigma_c}{\sigma_m - \sigma_c}h_i \qquad (4\text{-}58)$$

同理，海洋区有

$$(\sigma_c - 1.027)d = (\sigma_m - \sigma_c)r \qquad (4\text{-}59)$$

则反山根为

$$r = \frac{\sigma_c - 1.027}{\sigma_m - \sigma_c}d \qquad (4\text{-}60)$$

3. 均衡重力异常与现代地壳运动

均衡重力异常将地形质量按照一定的补偿模型移到大地水准面以下，可研究地球的均衡状态，为研究地球内部动力学过程提供依据，因此均衡重力异常在研究大范围的地壳运动中有独特的意义。

均衡重力异常有三种情况：$\Delta g_I < 0$ 表示区域均衡补偿不足[图 4-32(a)]，按照艾里模型要达到均衡，山根将减小；$\Delta g_I \approx 0$ 表示区域均衡补偿达到平衡状态[图 4-32(b)]；$\Delta g_I > 0$ 表示区域均衡补偿过剩[图 4-32(c)]，只有通过山根增厚才能达到均衡。可见地球表面某些局部地带出现明显均衡异常，即反映了现代地壳运动所造成的均衡失调。

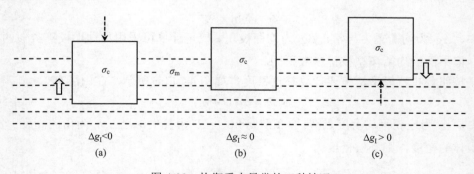

图 4-32　均衡重力异常的三种情况

4.4 重力异常数据的分析与应用

4.4.1 引起重力异常的主要因素

从地表到地球深处所有密度分布的不均匀是引起重力异常的主要因素，包括地球深部结构、结晶基底面起伏、沉积岩层内部构造和密度变化，以及岩矿体与地表附近的密度不均等，地表观测的重力异常是它们产生的重力场的叠加。

地球深部的结构是大范围区域重力异常的主要来源，在壳幔边界、核幔边界，密度发生急剧变化，其界面的起伏变化将引起重力异常。特别是地壳厚度的变化（即莫霍面的起伏变化）及地幔上部物质密度的不均匀，对重力异常场的基本特征有决定性影响（图 4-27~图 4-30）。

沉积岩层中物质成分变化和复杂构造使其内部密度存在横向上的变化。例如，由构造活动产生的褶皱、断裂，以及结晶基底面和沉积盆地底界的起伏，当具有足够大的剩余密度时，就能产生明显的重力异常。

大多数金属矿床（如铁矿、铜矿和铬铁矿等），其密度都比围岩大，一般有 1~3 g/cm^3 的剩余密度，虽然矿体规模不大，一般埋深较浅，但是会在地表形成正的局部重力异常。而某些非金属矿（如盐岩、煤炭等）的情况相反，其密度小于围岩（负的剩余密度），则产生负的局部重力异常。

4.4.2 重力异常数据处理方法

1. 异常的划分与提取

重力异常是地球内部密度分布不均匀的结果，是不同深度和不同密度异常体的叠加作用，一方面说明它可以用于研究不同深度的问题，但另一方面又说明了重力异常的复杂性，很难精确划分出某一因素引起的重力异常的大小与规模。

一般情况下，根据异常形态特征，可以将布格重力异常划分成区域异常和局部异常两部分。分布范围大、幅度大，但变化相对平缓的异常特征，称为区域重力异常，这种异常主要由分布较广的中、深部地质因素引起；分布范围有限（相对于区域异常而言）、幅度小，但变化梯度较大的异常特征，称为局部异常，主要由埋藏较浅、体积较小的地质因素（如构造、矿产等）引起。区域异常往往形成研究区的重力异常背景场，局部异常叠加在区域背景场之上，并使其发生严重的畸变 [图 4-33 (a)]。区域异常和局部异常只是相对的概念，没有截然划分的标准，往往根据研究目标来划分并提取目标重力异常。

在重力异常研究中需要对重力异常进行划分，将重力异常划分为局部重力异常与区域重力异常，以提取所需的重力异常信息。假如区域重力场具有一定的水平梯度，当存在局部重力低时，在布格重力异常等值线图中就会出现局部范围的向区域

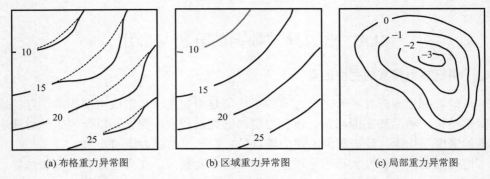

(a) 布格重力异常图　　　　　(b) 区域重力异常图　　　　　(c) 局部重力异常图

图 4-33　区域异常与局部异常划分(单位：mGal)

背景重力升高方向凸出的变化[图 4-33(a)]；划分的目标是通过某种处理方法，将此重力异常划分成区域重力异常[图 4-33(b)]和局部重力异常[图 4-33(c)]。

划分重力异常有不同的方法，可以分为两种主要类型。一种是通过异常平滑的方法获得区域重力异常，然后在布格重力异常中减去区域重力异常，来提取局部重力异常；另一种是通过数学变换，将其换算成另一种重力异常形式，使变换后的异常达到突出区域重力异常(或局部重力异常)、压制局部重力异常(或区域重力异常)的目的。下面介绍几种常用处理方法。

2. 重力异常平滑方法

当区域重力异常和局部重力异常的形态和幅度有明显差别时，可以采用图解法徒手平滑取得区域重力异常，但随着计算机的应用，一般多采用数字分析的方法，如用多项式拟合区域重力异常的平滑方法。

以一维数据为例，重力异常剖面采用一次多项式拟合区域异常[图 4-34(a)中虚线]，在观测曲线中减去线性的区域重力异常得到局部重力异常[图 4-34(b)]。

一次多项式可表示为

$$\overline{\Delta g}(x) = a_0 + a_1 x \tag{4-61}$$

其中，a_0、a_1 为待定系数，可用最小二乘法求解，有

$$\delta = \sum_{i=-m}^{m} \left[a_0 + a_1 x_i - \Delta g(x_i) \right]^2 = \min \tag{4-62}$$

其中，$\Delta g(x_i)$ 为观测的重力异常；δ 为多项式和观测值偏差的平方和。通过求极值得

$$\begin{cases} a_0 = \sum_{i=-m}^{m} \Delta g(x_i) \bigg/ (2m+1) \\ a_1 = \sum_{i=-m}^{m} x_i \Delta g(x_i) \bigg/ \sum_{i=-m}^{m} x_i^2 \end{cases} \tag{4-63}$$

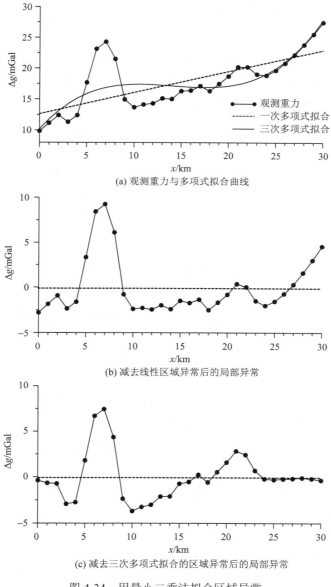

(a) 观测重力与多项式拟合曲线

(b) 减去线性区域异常后的局部异常

(c) 减去三次多项式拟合的区域异常后的局部异常

图 4-34 用最小二乘法拟合区域异常

当设计算点为 $x = 0$ 时，有 $\overline{\Delta g}(0) = a_0$，即

$$\overline{\Delta g}(0) = \frac{1}{2m+1} \sum_{i=-m}^{m} \Delta g(x_i) \tag{4-64}$$

可见，计算某一点的平滑值，实际上是剖面上以该点为中心求奇数点的异常值的算术平均。多项式的次数可根据具体研究目标来定，次数越低区域场越平滑。

同理，对于二维平面上的异常可以采用二维的多项式拟合区域异常。如采用线性平滑，拟合方程可表示为

$$\overline{\Delta g}(x,y) = a_0 + a_1 x + a_2 y \tag{4-65}$$

其中，待定系数 a_0、a_1、a_2 可利用最小二乘法来确定。当计算点取 $x=0$、$y=0$ 时，有 $\overline{\Delta g}(x,y) = a_0$，如采用 5 点平滑计算，有

$$\overline{\Delta g}(0,0) = \frac{1}{5}\left[\Delta g(0,0) + \Delta g(1,0) + \Delta g(-1,0) + \Delta g(0,1) + \Delta g(0,-1)\right] \tag{4-66}$$

将相应计算点的重力异常值 $\Delta g(0,0)$ 减去平滑计算的区域重力异常 $\overline{\Delta g}(0,0)$，即得到该点的局部重力异常，通过不断移动计算点获得整个研究区的区域重力异常和局部重力异常。如何选择多项式的次数需根据具体问题来确定。

3. 重力场的解析延拓

利用数学方法将地面观测的重力异常换算到另一空间位置，这种位场变换方法称为重力异常的解析延拓方法。将地面实测的重力异常换算至地面以上某一高度面的重力异常，称为向上延拓；换算至地下某一深度面，称为向下延拓。

在直角坐标系中，向上延拓至 h 高度平面上的重力变换公式为

$$\Delta g(x,y,-h) = \frac{h}{2\pi}\int_{-\infty}^{\infty}\int_{-\infty}^{\infty}\frac{\Delta g(\xi,\eta,0)}{\left[(\xi-x)^2 + (\eta-y)^2 + h^2\right]^{3/2}}\mathrm{d}\xi\mathrm{d}\eta \tag{4-67}$$

其中，$\Delta g(\xi,\eta,0)$ 为地面 $(z=0)$ 观测的重力异常；$\Delta g(x,y,-h)$ 为延拓到地面上方 $(z=-h)$ 空间平面上的重力异常。若取坐标原点为计算点，式(4-67)简化为

$$\Delta g(0,0,-h) = \frac{h}{2\pi}\int_{-\infty}^{\infty}\int_{-\infty}^{\infty}\frac{\Delta g(\xi,\eta,0)}{(\xi^2 + \eta^2 + h^2)^{3/2}}\mathrm{d}\xi\mathrm{d}\eta \tag{4-68}$$

实际计算中可采用移动坐标系的方式，并根据具体情况设定积分区间。

重力异常值与异常体到观测点的距离呈某种反比关系，因此对于两个埋藏深度相差较大的异常体(图 4-14)，当上延相同高度时，它们的重力异常值会减弱，但减弱的速度不同。埋藏深度浅的异常体引起的重力异常范围小(局部异常)，异常变化梯度较大，随高度增加的衰减速度比较快；而埋藏深度大、规模大的异常体引起大范围的、宽缓的重力异常(区域异常)，随高度增加的衰减速度比较慢。因此，向上延拓有利于突出相对较深、规模较大的异常特征，而上延高度是决定向上延拓效果的一个关键参数。

在重力解释中常采用向上延拓方法来确定研究区的区域重力异常，因为区域场被认为起源于较深的构造。图 4-35(a)是某地区的布格重力异常图，图 4-35(b)是向上拓延 20 km 的布格重力异常图。比较两幅图可以清楚地看到向上延拓有效地去除了观测异常中的局部异常分量，反映了相对较深的构造特征，为区域异常场。

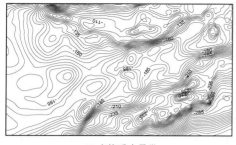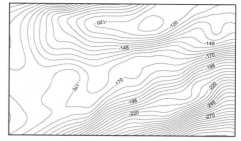

(a) 布格重力异常　　　　　　　　　　　(b) 向上延拓20 km的布格重力异常

图 4-35　布格重力异常与向上延拓 20 km 的布格重力异常对比（单位：mGal）

4. 重力场的导数

重力场的导数方法是通过将观测重力异常换算成重力异常的各种导数（如 g_x、g_z、g_{zz} 等），进而实现目标重力异常的提取。

1）重力异常水平导数

重力异常水平导数一般是指观测面上沿某一方向的重力异常变化率，如沿 x（或 y）方向的导数 g_x（或 g_y），以及水平导数的模量等。在异常体的边界部位，重力异常往往是变化较明显的地方，所以常用水平导数来突出异常的边界。图 4-36 显示了

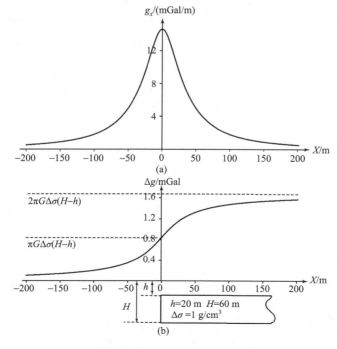

图 4-36　垂直台阶的重力异常与重力异常水平导数

垂直台阶的重力异常与它的水平导数，可见重力异常是单调递增的曲线，台阶的边界处变化大[图 4-36(b)]，而重力水平导数显示了极大值[图 4-36(a)]。

2)重力异常垂向导数

重力不同阶次的垂向导数对不同埋深异常体的重力异常反映是不同的。由式(4-28)、式(4-32)和式(4-33)可得到球体重力异常及各阶导数的最大值为

$$\begin{cases} \Delta g_{\max} = G\Delta M / h^2 \\ (g_z)_{\max} = 2G\Delta M / h^3 \\ (g_{zz})_{\max} = 6G\Delta M / h^4 \end{cases} \tag{4-69}$$

可见，随着球体埋深增大，高阶导数衰减更快。例如，质量相同的球体，当埋藏深度分别为 $0.5h$、h 和 $2h$，重力异常和各阶导数最大值的比值分别为

$$\begin{cases} [\Delta g_{\max}]_{0.5h} : [\Delta g_{\max}]_h : [\Delta g_{\max}]_{2h} = 16:4:1 \\ [(g_z)_{\max}]_{0.5h} : [(g_z)_{\max}]_h : [(g_z)_{\max}]_{2h} = 64:8:1 \\ [(g_{zz})_{\max}]_{0.5h} : [(g_{zz})_{\max}]_h : [(g_{zz})_{\max}]_{2h} = 256:16:1 \end{cases} \tag{4-70}$$

显示出高阶导数更能够突出埋藏浅的异常体的重力异常。

比较两个大小、埋深不同的球体上方重力异常和垂向导数的理论曲线(图 4-37)，可以看到小球的重力异常最大值约为大球的 1/4，在叠加异常中很难分辨出来；虽然大球的体积和质量远大于小球，但在重力垂向二阶导数异常[图 4-37(b)]中，小球异常的极大值约是大球的 10 倍。因此，重力异常的高阶导数突出了浅而小地质体的重力异常特征，而压制了区域性深部地质因素的影响。

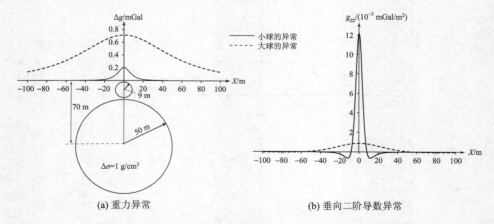

(a) 重力异常　　　　　　　　　(b) 垂向二阶导数异常

图 4-37　两个大小、埋深不同的球体上方重力异常和垂向导数

重力垂向导数还可用来区分多个相互靠近、埋藏深度相差不大的异常体产生的叠加异常，即提高了横向的分辨率。图 4-38 显示了两个体积、质量相同，埋藏深度

也相同的相邻球体所产生的重力异常，以及相应的垂向二阶导数。对比两条异常曲线，Δg 曲线只反映了一个极大值，无法分辨两个球体，而垂向二阶导数曲线显示出两个明显的重力异常峰值，反映出两个球体的存在，提高了对异常的分辨能力。

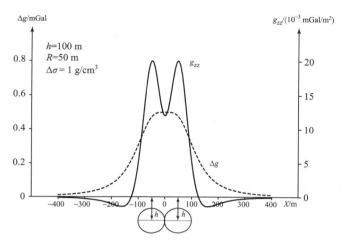

图 4-38　两个相邻球体的叠加重力异常和垂向二阶导数

4.4.3　重力异常反演解释

重力异常的反演问题是通过已有观测重力异常来确定密度异常体的几何参数和物性参数，以及物性界面的深度和起伏变化等。很多情况下需要通过反演定量计算出研究目标的具体参数与变化值。反演方法很多，最常见的反演方法的思路是通过模型数据与观测数据取得最佳拟合解来实现，即

$$\|d - A(m)\| \leqslant \delta \tag{4-71}$$

其中，d 为实际重力异常数据集；$A(m)$ 为模型 m 计算的理论重力异常数据，$A(m)$ 的计算过程是重力正演过程。对于式(4-71)，常采用迭代方法来获得最佳解，迭代过程中需不断修改模型参数，并正演计算理论重力值，当用模型计算的理论重力异常与实际重力异常能很好拟合时，模型 m 的参数为反演参数的结果。

反演方法的详细讨论已超出本书的范围，这里仅介绍一种简单的直接反演方法——特征点方法。

1. 规则体的特征点反演方法

特征点法依据重力异常曲线上的一些特征点，如极大值点、零值点、半值点等，通过提取特征点的异常值及相应坐标，求取异常体的几何参数与物性参数。因此，首先要对观测的重力异常进行分析，同时收集相关资料，确定异常体所属类型，便于利用理论计算公式。

1）球体

球体的反演问题常利用实测重力异常曲线的半值点或其他特征点，计算异常体大小和埋深等。根据式（4-29），以及实测曲线的 Δg_{max} 和 $x_{1/2} = \pm 0.766h$，可求出球形地质体球心的埋藏深度 h 与剩余质量 ΔM，有

$$h = 1.305x_{1/2} \quad \text{和} \quad \Delta M = \frac{h^2}{G} \Delta g_{max}$$

如果知道球体和围岩的密度，还可以求得球体的半径 R 及球体顶部的埋深 H：

$$R = \sqrt{\frac{3\Delta M}{4\pi \cdot \sigma}} \quad \text{和} \quad H = h - R$$

由此可见，正演是反演的基础。

2）水平圆柱体

根据水平圆柱体重力异常的式（4-37）和式（4-38），可以求得水平圆柱体中心埋深 $h = x_{1/2}$，圆柱体的剩余线密度 $\lambda = \frac{h}{2G} \Delta g_{max}$。如果已知剩余密度 $\Delta\sigma$，还可以求得截面的半径 $R = \sqrt{\lambda / \pi\Delta\sigma}$，以及圆柱体顶面埋深 $H = h - R$。

3）垂直台阶

利用垂直台阶重力异常正演公式，可根据 Δg 的半值点位置确定垂直台阶在地面的投影位置。假如已知垂直台阶的剩余密度 $\Delta\sigma$，可由正演公式反推出台阶厚度 D：

$$D = H - h = \frac{\Delta g_{+\infty} - \Delta g_{-\infty}}{2\pi G\Delta\sigma}$$

2. 重力场反演的多解性

重力场反演的多解性是影响重力解释的关键问题。在一定测量精度范围内，不同场源可以引起相同的重力异常。例如，埋藏浅而薄的透镜体和埋藏深一点相对窄而较厚的物体可引起相同的重力异常（图 4-39）。这表明重力场反演将存在多解性，造成解释的不确定性。

图 4-40（a）显示了某地一大的圆形重力异常，异常近似径向对称。通过一组同轴圆柱体模型模拟该重力异常的剖面［图 4-40（b）］，这些圆柱体的直径随深度增大而减小，因此异常体整体形状为倒锥形。由于异常体的性质是未知的，缺少密度的信息，这里采用了两种模型［图 4-40（b）中模型Ⅰ、模型Ⅱ］，两种模型的密度差不同，这两种模型都可拟合观测异常。这个例子很好地说明了重力反演解释的非唯一性，同时也告诉我们要获得可靠的解释，需要掌握更多的信息来约束解释结果。

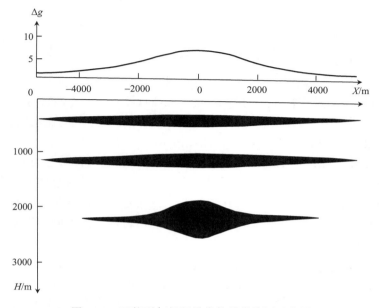

图 4-39 可能引起相同异常的异常体源示意图

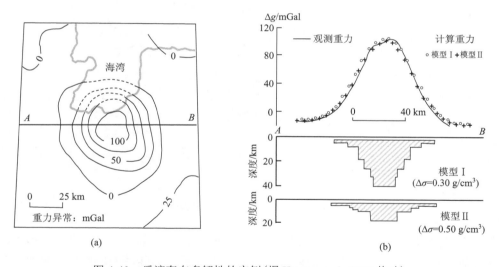

图 4-40 反演存在多解性的实例（据 Kearey et al., 2002 修改）

4.4.4 重力异常解释与应用

在详细掌握与分析已有的地质和物性资料，并参考其他地球物理资料的基础上，选用适当的数据处理与计算方法，对重力异常的解释可以取得令人满意的结果。

1. 重力异常特征描述与定性分析

最常用的重力异常资料是布格重力异常[$\Delta g(x,y)$]，在分析解释中，应该特别关注重力异常及其不同处理后的平面等值线图的分布特征。

(1) 研究区重力异常整体上的分布形态、走向(异常延伸方向)特征与变化趋势。这种区域性的重力异常与研究区的地质构造背景有关，如出现明显不同(异常走向不同、变化程度与趋势不同等)的区域，往往指示不同的构造单元。

图4-41显示了某地区的布格重力异常图，由异常特征大体可分为三个构造单元，Ⅰ区异常总体上呈东西向分布，为相对的重力高区；Ⅱ区异常总体为北东向展布，异常变化较和缓；Ⅲ区异常显示了几条沿北东方向延伸的梯度带，异常值向东南方向减小，变化幅度大。这三个不同的区域重力异常特征，是不同构造单元的基底结构与性质的反映。

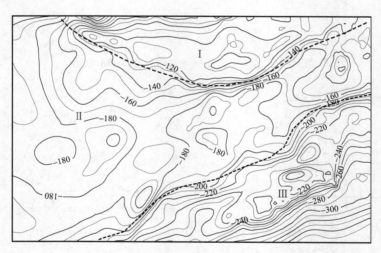

图 4-41　某地区布格重力异常(单位：mGal)
其中虚线与罗马数字标注不同的构造单元

(2) 重力梯度带的延伸方向与长度，异常的水平变化梯度及最大水平梯度方向等。梯度带一般反映断裂带、破碎带，或具有不同密度的陡峭的岩性接触带等。延伸较长、变化幅度和梯度大的重力梯度带一般指示区域性断裂，也常常是不同构造单元的边界(图4-41)。为了突出梯度带特征，常采用重力的各种水平导数处理。

(3) 重力等值线延伸大或闭合呈条带状，等值线中心高(低)两侧低(高)的条带状重力高(低)。条带状重力高带常反映高密度岩性带或金属矿带，中基性侵入岩形成的岩墙或岩脉，高密度岩层形成的长轴状背斜、长垣、古潜山带和地垒等；条带状重力低带则反映低密度的岩性带、非金属矿带、在较高密度的岩层中由酸性侵入体形成的岩脉或岩墙。

　　(4)重力异常等值线圈闭成近圆形(无特别的延伸方向),中心部位异常值高四周低(或中间低四周高)的等轴状重力高(低)异常。等轴状重力高可能反映囊状、巢状、透镜体状的致密金属矿体(如铬铁矿、铁矿、铜矿等);中基性岩浆(密度较高)侵入较低密度的岩层中形成的岩株状侵入体;高密度岩层形成的穹窿、短轴背斜和基岩(密度较高)局部隆起等。

　　(5)等轴状重力低可能反映盐丘构造或盆地中岩层加厚的地带;侵入于密度较高地层中的酸性岩浆(密度较低)侵入体;高密度岩层形成短轴向斜,上部密度较小;古老岩系地层中存在的巨大溶洞等。

　　(6)可连续追踪的重力梯度带反映了有明显断距的断裂,而一些走滑断裂在重力异常图中可表现出异常轴明显错动、等值线扭曲等,反映了由走滑断裂造成的地层错开与扭曲(图 4-42)。

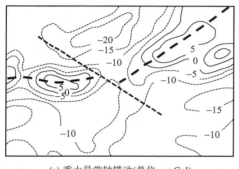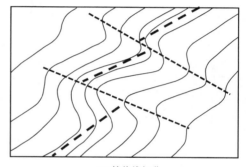

(a) 重力异常轴错动(单位：mGal)　　　　　　　　　　(b) 等值线扭曲

图 4-42　走滑断裂引起的重力异常变化

2. 在地壳深部结构研究中的应用

　　利用重力资料研究地壳结构,主要是确定地壳各密度分界面的起伏与层间的密度变化,特别是地壳厚度(莫霍面深度)及大型断裂。地壳厚度的变化及上地幔密度的横向变化引起大范围的重力异常,构成了区域背景场的主体,异常幅度大,变化平缓。研究表明,布格重力异常与地壳厚度之间存在相关性,因此常用于计算大范围的地壳厚度。

　　图 4-43 是全国布格重力异常图,从我国东部沿海向西到青藏高原,布格重力异常逐渐减小。在东部沿海布格重力异常值在 0 mGal 左右,如上海、青岛、丹东约为10 mGal;向西重力异常值缓慢递减,进入负值区;沿大兴安岭—太行山—武陵山一带为过渡带,重力异常为–55~–100 mGal;再向西,在青藏高原的周边地区(西昆仑山—阿尔金山—祁连山—龙门山—大雪山)重力异常值迅速减小,约为–300 mGal;青藏高原内部达到–500 mGal 以下。

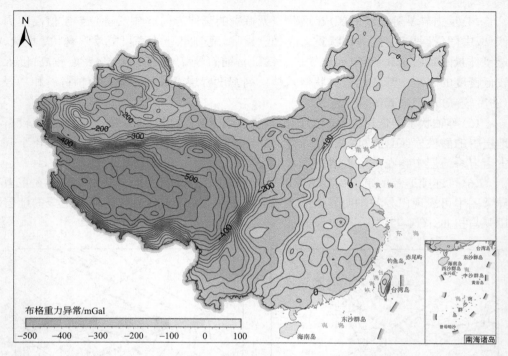

图 4-43　全国布格重力异常图(数据来源：https://bgi.obs-mip.fr/activities/projects/world-gravity-map-wgm/)

　　在布格重力异常图(图 4-43)上有几条规模巨大的重力梯度带，它们大都与我国主要的褶皱山脉分布相关，从异常的展布特征看，大体上可分为两组。在我国东部地区以北北东及北东向为主，其中纵贯我国南北的一条北北东向梯度带规模最大，它北起大兴安岭，经太行山、武陵山向南至滇东南地区，在南北端有向外延伸的趋势，被认为是一条重要的地球物理界线。在我国西部地区则以北西或近东西向的梯度带为主，它与东部异常走向相互垂直甚至交汇，这种异常走向截然不同的特征反映了我国东西部不同深部构造走向的变化规律。从异常强度看，西部梯度带的梯度大，与地形高度有密切关系，如西藏南缘的梯度带与喜马拉雅山相吻合，青藏北缘梯度带与昆仑山、阿尔金山和祁连山相重合。

　　在重力梯度带之间分布着一系列不同规模的区域重力高和重力低；这些相对重力高多与地理上的盆地相对应，如四川盆地、江汉盆地、塔里木盆地等，这些地区的上地幔相对隆起。

　　图 4-44 是中国大陆莫霍面深度图，显示了我国地壳厚度从东向西逐渐增厚的趋势，块体的边界与重力梯度带位置重合。总体上，莫霍面的变化形态与布格重力异常十分吻合，说明全国布格重力异常图(图 4-43)表示的区域异常主要由莫霍面的变化引起。

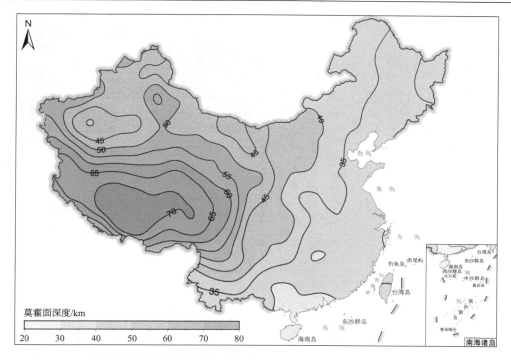

图 4-44   中国大陆莫霍面深度图（数据来源：https://igppweb.ucsd.edu/~gabi/crust1.html）

3. 在地质构造研究中的应用

重力异常资料常在地质构造研究中用于解决如下问题：①划分大地构造单元、圈定块体边界；②研究结晶基底面起伏与内部构造；③确定沉积盆地中基底面的起伏及内部构造；④确定断层位置、分布与规模；⑤圈定火成岩体等。

黄骅拗陷是在华北古老褶皱基底上发育的盆地，位于沧县隆起与埕宁隆起之间，沧东断裂为黄骅拗陷的西部边界断裂，断裂切割基底并控制了拗陷的构造演化。在布格重力异常[图 4-45(a)]中，沧东断裂表现为一条北东向延伸的曲折的重力梯度带；梯度带西侧为狭窄的重力高值带；而梯度带东侧的黄骅拗陷表现为较宽缓的重力低异常。由地震剖面[图 4-45(b)]可见，沧东断裂对拗陷的沉降起控制作用，断裂西侧的重力高与沧县隆起处的老地层（高密度）有关，断裂东侧宽缓的重力低对应于较厚的新生代沉积（低密度）。

4. 在矿产资源勘查中的应用

1）石油天然气勘探

重力测量在石油与天然气的普查和开发阶段具有重要作用。针对油气普查、勘探与开发的不同阶段，重力测量有相应的不同研究内容：在研究区域地质构造、划

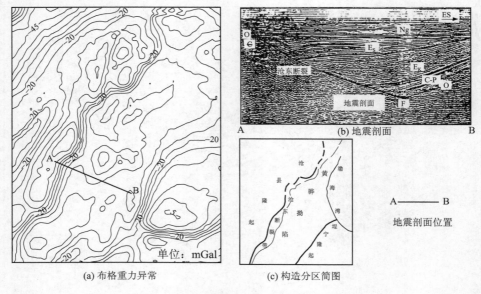

(a) 布格重力异常　　　(c) 构造分区简图

图 4-45　黄骅拗陷及邻区布格重力异常

分构造单元、圈定沉积盆地范围、预测油气远景区时常利用小比例尺（1∶100 万~
1∶50 万）重力异常图；在划分盆地内次一级构造、寻找局部构造（如古潜山、地层
尖灭、断层封闭等有利于油气藏储存的地带等）时，利用中等比例尺（1∶20 万~
1∶10 万）的重力异常图。

图 4-46 是利用重力测量寻找油气构造的例子。古潜山构造是老地层隆起形成的，
当它周围沉积巨厚的生油岩系时，石油会向古潜山地层上翘或隆起部位运移、聚集，
在一定条件下可形成古潜山油田[图 4-46(a)]。断层封闭构造产生的断块凸起在具

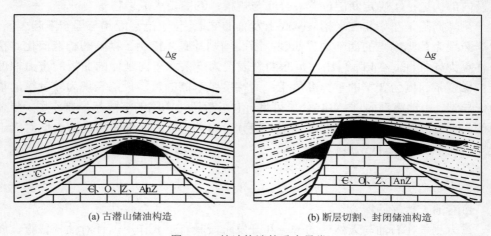

(a) 古潜山储油构造　　　(b) 断层切割、封闭储油构造

图 4-46　储油构造的重力异常

备良好的生、储油条件下也可形成储油构造[图 4-46(b)]。相比周围沉积层，由于古潜山或断块凸起的年代老、密度大，引起正的重力异常。通过数据处理，可分离和提取出这种与油气构造相关的局部重力异常。

这里也可看到，重力研究提取的是高密度构造的信息，是否为储油构造还要看它的生、储条件，因此需要多学科的综合分析。

2) 寻找金属矿产

应用重力探测金属矿床的主要途径有：①在有利条件下直接寻找矿体；②研究金属矿床赋存的岩体或构造，推断矿体的位置。

图 4-47 是利用重力探测成功发现含铜硫铁矿的实例。在研究区已经发现小型夕卡岩磁铁矿，为了扩大矿区范围，在原有地面航磁工作基础上进行了 1∶2500 的重力探测工作。在布格重力异常图[图 4-47(a)]中，局部异常因受到区域异常的影响，形态和特征不清楚。为突出局部异常，计算了剩余重力异常[图 4-47(b)]，局部异常有两个异常中心，其中，西北部的异常高与已知的铁矿位置一致，并与磁异常相符；在东南部只有重力异常高，几乎没有磁异常[图 4-47(c)]，为查明原因布设了验证钻

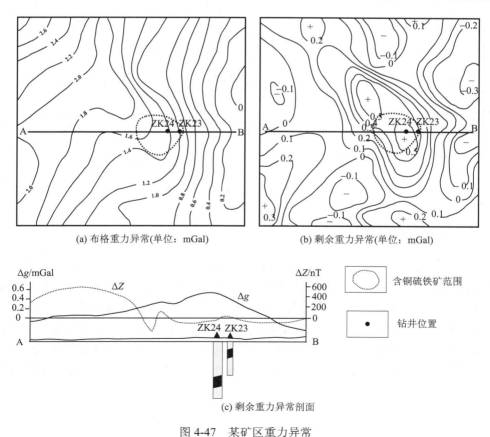

(a) 布格重力异常(单位：mGal)　　　　　(b) 剩余重力异常(单位：mGal)

(c) 剩余重力异常剖面

图 4-47　某矿区重力异常

孔 ZK23，在十几米深处有 2~3 m 厚的磁铁矿及黄铁矿化的夕卡岩，利用钻孔信息进行重力正演计算，结果只有实测异常的 1/3 左右，显然深部还有高密度体；进而又在重力异常的中心设计了钻孔 ZK24，结果在 167 m 深处见到了含铜硫铁矿，矿体厚度为 40 m，矿石密度为 4.50~4.95 g/cm³，且磁化率很低。后来由多个钻孔控制进行重力正演计算，与实测异常吻合。

3）盐矿探测

岩盐是一种沉积矿床，一般岩盐的密度比围岩低，存在负的剩余密度，因而引起局部的重力负异常。因此当盐矿具有一定规模时，应用重力探测的效果很好。图 4-48 为滇南某盐矿的重力探测实例。该盐矿产于上白垩统，其密度比下伏侏罗系、白垩系密度低(0.42~0.52 g/cm³)。矿区布格重力异常呈近等轴状的重力低，幅度约达 –7 mGal，北侧梯度大，异常外围向西南和东南方向凸出[图 4-48(a)]；推测北侧含盐盆地较深，矿体向四周减薄，北侧较陡，南侧较缓。根据钻井揭示的矿层厚度及含盐盆地形态进行理论计算[图 4-48(b)]，理论曲线与实测曲线大体吻合。

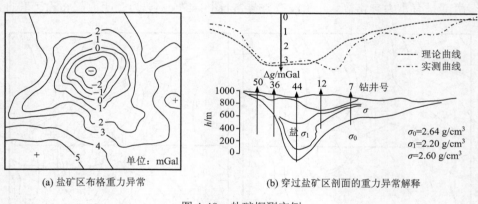

(a) 盐矿区布格重力异常　　　　　(b) 穿过盐矿区剖面的重力异常解释

图 4-48　盐矿探测实例

5. 在水文地质与工程勘探中的应用

在水文地质方面，重力测量方法应用于寻找古河道、地下隐伏河道，可能的地下水储存构造等。图 4-49 显示了重力测量在水文地质调查中确定潜在含水层的几何形状的实例。图 4-49(a) 显示了某地区的布格重力异常图。该地区极其干旱，地下水的供应和储存受深层地质特征控制，重力等值线图显示的重力极小值可能代表了覆盖在花岗闪长岩基岩之上的冲积层谷地。图 4-49(b) 显示了其中 AB 剖面的观测重力异常和理论计算重力异常，图 4-49(c) 为剖面的重力解释图，基岩形态由折射地震结果控制。

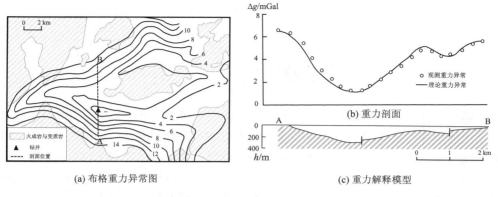

(a) 布格重力异常图   (c) 重力解释模型

图 4-49　水文工程中的应用

　　重力测量也应用于大型建筑物、水电站等重要工程的基础地质、岩层的勘查，探测隐伏断层构造、破碎带和溶洞等危险因素，探测基岩面起伏等重要信息，探测公路铁路路基、大桥桥基等。

　　对于小尺度的重力探测需要高精度的微重力测量，设计重力测量的点距要小。

第 5 章 地 磁 学

地磁学是地球物理学中的一门经典学科，主要研究地球磁场的空间结构和随时间变化的规律。地球磁场的主要部分起源于地核，携带了地球内部的重要信息，为研究地核状态与动力学提供了直接的依据，也给人类认识地球深部提供了途径；地磁场随时间的长期变化，是古地磁学研究的基础，古地磁研究为板块构造理论提供了关键证据；地磁场的另一部分由岩石磁化产生，使人类有了有力的探矿手段。另外，地球周围空间的电流体系也影响着地磁场，所以地磁场也是地球空间环境探测的重要内容。

本章的主要内容包括：地磁场的基本特征和构成；地磁场的空间分布，以及随时间变化的基本规律；磁异常的计算与分析方法；地磁场研究在地球科学中的应用。

5.1 地球的磁场

5.1.1 地球磁场的基本性质

地球磁场是多种磁场叠加的结果，包括分布在地球内部与外部的电流体系产生的磁场、地壳中磁性岩石磁化产生的磁场，磁场起源不同，其空间分布与时间变化规律不同。根据不同时期的卫星磁测资料，建立了综合地磁场模型(图 5-1)，分为地核磁场、地壳(岩石圈)磁场、电离层磁场和磁层磁场，其中地核磁场是地磁场的主要部分。

按场源又可分为内源场和外源场，内源场包括起源于地球内部电流体系的地核主磁场和地壳中岩石被磁化形成的地壳磁场；外源场包括起源于地球外部空间(如电离层、磁层)电流体系的磁场。

1. 地磁场基本特征

地磁场包含了许多磁场成分，它们随时间和空间发生变化，主要的基本特征如下。

(1)地磁场的一级近似相当于一个置于地心的磁偶极子的磁场，偶极子的磁轴与地球自转轴有一个斜交的角度($\theta \approx 11.5°$)；图 5-2 是地心偶极子场的磁力线分布示意图，偶极子磁轴与地面的交点称为地磁北极(N_m)和地磁南极(S_m)。

(2)地磁场是一个弱磁场，地表最大磁感应强度约为 6×10^{-5} T(特斯拉)，而一个 2 cm 长的标定磁针的磁感应强度就可以达到 0.1 T，因此在地磁学中习惯用更小的单位 nT(纳特)：$1 \, nT = 10^{-9} \, T$。

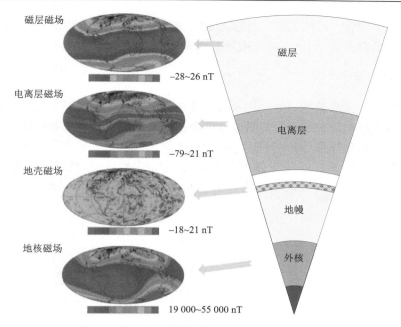

图 5-1 综合地磁场模型(据徐文耀，2009 修改)

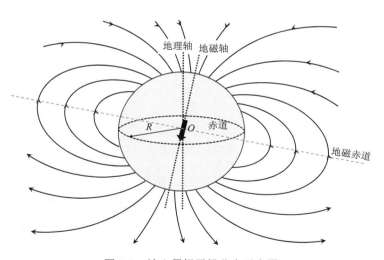

图 5-2 地心偶极子场分布示意图

（3）地磁场基本上是个稳定场。地磁场由各种不同来源的磁场叠加构成，主要由源于固体地球内部的稳定磁场（$\boldsymbol{B}_T^0$）和源于地球外部的变化磁场（$\delta\boldsymbol{B}_T$）组成，即总磁场（$\boldsymbol{B}_T$）为

$$\boldsymbol{B}_T = \boldsymbol{B}_T^0 + \delta\boldsymbol{B}_T \tag{5-1}$$

从全球平均看，地核主磁场占总磁场的 95%以上，地壳磁场约占 4%，变化磁场只占总磁场约 1%。因此，稳定磁场是地磁场的主要部分。

2. 地磁要素

地磁场是一个矢量场，随空间与时间变化。为了描述地磁场的时空变化，可以采用不同的坐标系，通过相应的坐标分量来描述地球上任意点的地磁场。

在地表直角坐标系(图 5-3)中，坐标原点 O 为观测点，分别取地理北方向、地理东方向和垂直向下为 x、y、z 轴的正方向。在这个坐标系中，地磁场磁感应强度 $\boldsymbol{B}_T$ 的三个分量(X,Y,Z)分别称为北向分量、东向分量和垂直分量，$\boldsymbol{B}_T$ 的数值 B_T 称为地磁场的总强度。

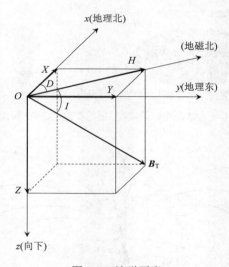

图 5-3　地磁要素

$\boldsymbol{B}_T$ 在水平面上的投影称为水平分量 H，所指方向为地磁北；水平分量 H 与地理北方向的夹角 D 称为磁偏角，规定磁偏角向东偏为正，向西偏为负；$\boldsymbol{B}_T$ 偏离水平面的角度 I 称为磁倾角，规定总磁场 $\boldsymbol{B}_T$ 下倾时磁倾角 I 为正。其中，H、D、Z 是 $\boldsymbol{B}_T$ 在相应的柱坐标系中的三个坐标分量，而 B_T、I、D 是 $\boldsymbol{B}_T$ 在相应球坐标系下的表示。它们之间有如下关系：

$$\begin{cases} X = H\cos D \quad Y = H\sin D \quad H^2 = X^2 + Y^2 \\ \qquad \tan I = \dfrac{Z}{H} \qquad \tan D = \dfrac{Y}{X} \\ B_T^2 = H^2 + Z^2 \quad B_T = H\sec I \quad B_T = Z\csc I \end{cases} \tag{5-2}$$

X、Y、Z、H、D、I、B_T 七个物理量称为地磁要素，是分析和描述地磁场的基本物理量。在七个地磁要素中只有三个是相互独立的(即不同坐标系中的三个分量)，其余地磁要素可由三个独立的要素求出。要完全描述地磁场的强度与方向，至少需要三个独立的地磁要素，这样的三个独立要素称地磁三要素。

目前只有 I、D、H、Z、B_T 的绝对值是能够直接测量的。如何选择三个独立要素，需要视具体情况来定。例如，世界上大多数地磁台的记录使用 H、D、Z 三个要素组合，在理论计算时常用 X、Y、Z 三个要素组合。

3. 地磁图

地磁场的空间分布可以用不同的方式表现，地磁图用地磁要素等值线来表示地磁场分布，它可以清晰、直观地表示地磁场的空间分布。世界地磁图(图 5-4)显示了地磁场空间分布特征。

在磁偏角 D 的等偏线图[图 5-4(a)]中，有两条零偏线($D=0°$)把磁偏角图分成正负两个区域；由北极和南极视角的等偏线图[图 5-4(b)和(c)]可见，等偏线在南、北半球汇聚于四个点，其中两个是地磁极，两个是地理极，表明地磁轴与地理轴不重合。

磁倾角 I 的等倾线图[图 5-4(d)]显示大致沿纬度分布的一系列近平行曲线，在赤道附近为零，北半球为正值，南半球为负值，随纬度升高数值增大，在北极和南极附近分别达到 90° 和 –90°。从图中可见零值等倾线指示的磁赤道与地理赤道并不重合，也表明磁偶极子轴与地理轴不重合。

地磁场总强度、水平分量和垂直分量的等值线图[图 5-4(e)~(g)]也都显示了与纬度相关排列的曲线簇。总强度 B_T 在赤道附近达到极小值，随纬度升高数值逐渐增大；水平分量 H 的等值线从北极到南极，数值由零逐渐增大，在赤道附近的巽他群岛达到最大，约 4×10^4 nT，再向南极逐渐减小；垂直分量 Z 的等值线在南北两极数值最大，为 $(6 \sim 7) \times 10^4$ nT，北半球为正，南半球为负，而在赤道附近数值为零。这些特点与地心偶极子磁场很相似。

由世界地磁图(图 5-4)可见，地磁场分布中地心偶极子场成分占绝对优势，但分布不是绝对均匀的，在某些区域形成封闭的曲线，说明了非偶极子磁场的存在。

由于地磁场随时间变化，按年求变化的平均值作为地磁要素在某年代中的年变化率，可由年变化率等值线图表示，用于分析地磁场随时间的长期变化。图 5-5 显示了世界地磁场各地磁要素的年变化率。

地磁要素是随时间变化的，因而必须把观测数值归算到某一特定时间，这个步骤称为通化。世界地磁图通常每 5 年公布一次，选在某年的 1 月 1 日，称为某年零年地磁图，也有选在某年 7 月 1 日的，称某年(或某年代)地磁图。图 5-4 和图 5-5 是归算到 2005 年 1 月 1 日的零年地磁图，标注为(2005.0)。

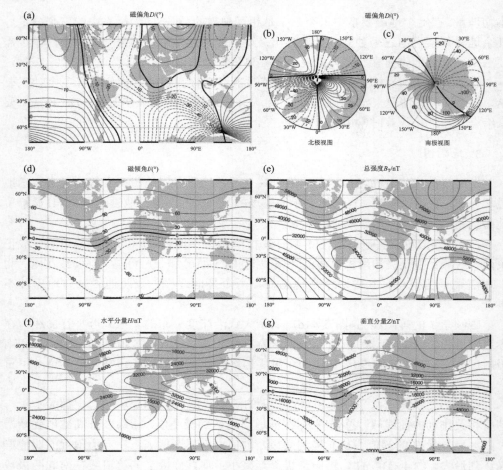

图 5-4　世界地磁图 (2005.0)(数据来源：https://www.ngdc.noaa.gov/geomag/geomag.shtml)
(a)、(b)、(c)磁偏角 D 的等偏线图；(d)磁倾角 I 的等倾线图；(e)地磁场总强度 B_T 等值线图；
(f)水平分量 H 等值线图；(g)垂直分量 Z 等值线图

5.1.2　地球基本磁场

　　地球磁场是由地球内部和外部电流体系产生的磁场，以及地壳中磁性岩石磁化产生的磁场等多种磁场成分叠加而成的。由于不同成分的磁场起源不同，它们的空间分布与时间变化特征不同。其中，外源场占比较小，内源场部分构成地磁场的主体，称地球基本磁场。

1. 地球磁场的高斯理论

　　1839 年，高斯创立了地磁场的球谐分析方法，用于地磁学的理论分析。这里简单介绍高斯发展起来的地磁场基本理论。

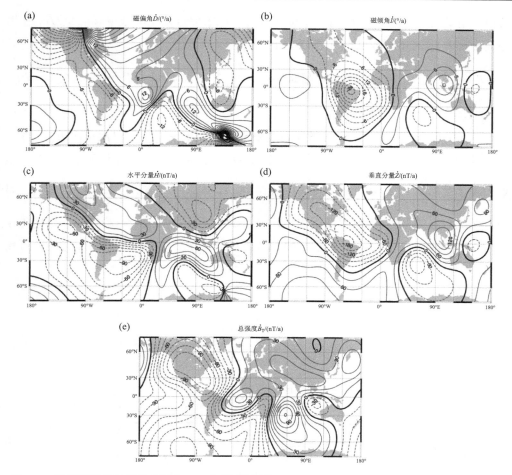

图 5-5 世界地磁场年变化率图（2005.0）（数据来源：https://www.ngdc.noaa.gov/geomag/geomag.
shtml）

(a)磁偏角年变率 $\dot{D}$ 等值线图；(b)磁倾角年变率 $\dot{I}$ 等值线图；(c)水平分量年变率 $\dot{H}$ 等值线图；(d)垂直分量年变率
$\dot{Z}$ 等值线图；(e)地磁场总强度年变率 $\dot{B}_{\mathrm{T}}$ 等值线图

地磁场本质上是电磁场，遵从电磁场的基本定律，满足麦克斯韦方程。在近地
空间的电磁场近似条件下，可以引进标量磁位 U，磁场强度 $\boldsymbol{H}$ 等于磁位的负梯度，
写作

$$\boldsymbol{H} = -\nabla U \tag{5-3}$$

且磁位满足拉普拉斯方程，可表示为

$$\nabla^2 U = 0 \tag{5-4}$$

地磁场的磁感应强度 $\boldsymbol{B}$ 为

$$\boldsymbol{B} = \mu\boldsymbol{H} = -\mu\nabla U \tag{5-5}$$

其中，μ 为介质磁导率。利用拉普拉斯方程，可求解近地空间地磁场磁位 U，在地心球坐标系（图 5-6）下，拉普拉斯方程的基本解表示为

$$U = R\sum_{n=0}^{\infty}\sum_{m=0}^{\infty}\left\{\left[\left(\frac{R}{r}\right)^{n+1}(g_n^m\cos m\lambda + h_n^m\sin m\lambda) + \left(\frac{r}{R}\right)^n(j_n^m\cos m\lambda + k_n^m\sin m\lambda)\right]P_n^m(\cos\theta)\right\}$$
$$= U_i + U_e \tag{5-6}$$

其中，R 为地球半径；(r,θ,λ) 为地心球坐标系下的坐标，分别对应观测点的矢径、余纬度和经度；$P_n^m(\cos\theta)$ 为缔合勒让德函数。式（5-6）可分成两大部分，一部分是求和式中与 $\left(\frac{R}{r}\right)^{n+1}$ 有关的项，对应内源场（U_i）；另一部分为与 $\left(\frac{r}{R}\right)^n$ 有关的项，对应外源场（U_e），表示了地磁场由内源场与外源场两部分构成。一般情况下，地磁场 99% 以上是内源场，外源场很小。由于内源场远大于外源场，所以主要讨论内源场（U_i）部分。

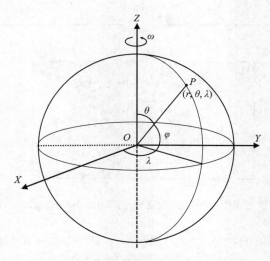

图 5-6　地心球坐标系

在内源场的磁位表达式中，$n=0$ 的项表示点磁荷的磁场，由于自然界中没有单一的磁荷，所以不考虑该项，因此有

$$U_i = R\sum_{n=1}^{\infty}\sum_{m=0}^{\infty}\left\{\left[\left(\frac{R}{r}\right)^{n+1}(g_n^m\cos m\lambda + h_n^m\sin m\lambda)\right]P_n^m(\cos\theta)\right\} \tag{5-7}$$

其中，g_n^m、h_n^m 为高斯系数。高斯理论将地磁场的观测与理论分析相联系，由地磁场观测的磁感应强度 $\boldsymbol{B}$ 通过式（5-5）计算获得高斯系数，利用不同阶次高斯系数可以分析不同成分内源场的时空变化。

由高斯理论分析得出：$n=1$ 项表示偶极子磁场，因此划分出地球的内源磁场包含地心偶极子磁场和非偶极子磁场部分；地磁场的主要成分约在 $n \leqslant 13$ 阶的部分；内源场的高斯系数随时间变化缓慢，变化较快的是外源场。

地球磁场的国际标准称为国际参考地磁场（international geomagnetic reference field，IGRF）。国际参考地磁场（IGRF）提供了地磁场高斯理论分析得到的高斯系数、相应的世界地磁图（图 5-4 和图 5-5），以及地磁北极、地磁南极等数据，通常每 5 年发布一次。随着观测数据等的增加和更新，国际参考地磁场（IGRF）的数据不断丰富和精确化。

2. 地心偶极子磁场

偶极子磁场（$n=1$ 项）占总磁场的大部分，它占总磁场强度的 80%～85% 以上，代表了地磁场最基本的特征，是地核主磁场的主要成分，表示为

$$U = \frac{R^3}{r^2}(g_1^0 \cos\theta + g_1^1 \cos\lambda \sin\theta + h_1^1 \sin\lambda \cos\theta) \tag{5-8}$$

如图 5-7 所示，N_m 是地磁北极，地理坐标为 (φ_0, λ_0)，地心偶极子在 P 点 (φ, λ) 的磁位也可表示为

$$U = -\frac{m}{4\pi r^2}\cos\theta_m \tag{5-9}$$

其中，m 为地心偶极子磁矩的模量；θ_m 为磁余纬度（图 5-7）。考虑球面三角 $\triangle NPN_m$，由边的余弦定律得到

$$\cos\theta_m = \sin\varphi\sin\varphi_0 + \cos\varphi\cos\varphi_0\cos(\lambda - \lambda_0)$$

代入式（5-9）可得

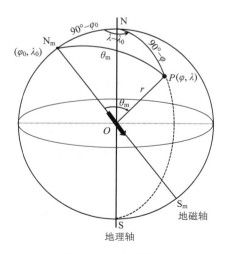

图 5-7　地心偶极子

$$U = -\frac{m}{4\pi r^2}\left[\sin\varphi\sin\varphi_0 + \cos\varphi\cos\varphi_0\cos(\lambda - \lambda_0)\right] \tag{5-10}$$

对比式(5-8)和式(5-10)，得到

$$\begin{cases} g_1^0 = -\dfrac{\mu_0 m}{4\pi R^3}\sin\varphi_0 \\[2mm] g_1^1 = -\dfrac{\mu_0 m}{4\pi R^3}\cos\varphi_0\cos\lambda_0 \\[2mm] h_1^1 = -\dfrac{\mu_0 m}{4\pi R^3}\cos\varphi_0\sin\lambda_0 \end{cases} \tag{5-11}$$

其中，μ_0 为真空磁导率，在近地表 $\mu \approx \mu_0$。将式(5-11)代入式(5-10)，又可表示为

$$U = -\frac{R^3}{\mu_0 r^2}\left[g_1^0\sin\varphi + (g_1^1\cos\lambda + h_1^1\sin\lambda)\cos\varphi\right] \tag{5-12}$$

利用式(5-5)对磁位 U 求导，取 r 等于地球半径 R，可得到磁感应强度在地表观测点直角坐标系下的三个分量，表示为

$$\begin{cases} X = -\dfrac{\mu_0\partial U}{r\partial\varphi} = -g_1^0\cos\varphi + (g_1^1\cos\lambda + h_1^1\sin\lambda)\sin\varphi \\[2mm] Y = -\dfrac{\mu_0\partial U}{r\cos\varphi\,\partial\lambda} = g_1^1\sin\lambda - h_1^1\cos\lambda \\[2mm] Z = \dfrac{\mu_0\partial U}{\partial r} = -2\left[g_1^0\sin\varphi + (g_1^1\cos\lambda + h_1^1\sin\lambda)\sin\varphi\right] \end{cases} \tag{5-13}$$

如果简化问题，假设地磁轴与地理轴重合，即 $\varphi_0 = 90°$，此时 $g_1^1 = h_1^1 = 0$，$g_1^0 = -\dfrac{\mu_0 m}{4\pi R^3}$，那么式(5-13)变为

$$\begin{cases} X = \dfrac{\mu_0 m}{4\pi R^3}\cos\varphi \\[2mm] Y = 0 \\[2mm] Z = \dfrac{\mu_0 m}{2\pi R^3}\sin\varphi \end{cases} \tag{5-14}$$

由于东向分量 $Y = 0$，故北向分量(即水平分量)为

$$H = X = \frac{\mu_0 m}{4\pi R^3}\cos\varphi$$

总强度为

$$B_{\mathrm{T}} = \sqrt{H^2 + Z^2} = \frac{\mu_0 m}{4\pi R^3}(1 + 3\sin^2\varphi) \tag{5-15}$$

由式(5-14)还可以得出

$$\tan I = 2\tan\varphi \tag{5-16}$$

式 (5-16) 将地磁倾角与地理纬度联系起来,是偶极子磁场的重要公式,它是古地磁研究中的基本公式,可由测得的古地磁倾角计算古纬度。

3. 地球的磁矩

式 (5-11) 中的 g_1^0, g_1^1, h_1^1 称为一阶高斯系数,利用一阶高斯系数可求得地球磁矩:

$$m = \frac{4\pi R^3}{\mu_0}\sqrt{(g_1^0)^2 + (g_1^1)^2 + (h_1^1)^2} \tag{5-17}$$

地球磁极 (地磁北极) 的坐标为

$$\tan\lambda_0 = \frac{h_1^1}{g_1^1}, \quad \tan\varphi_0 = -\frac{g_1^0}{\sqrt{(g_1^1)^2 + (h_1^1)^2}} \tag{5-18}$$

例如,以 2010 年为例:

$$\begin{cases} g_1^0 = -29\,496.6\ \text{nT} \\ g_1^1 = -1586.4\ \text{nT} \\ h_1^1 = 4944.3\ \text{nT} \end{cases}$$

地心偶极子磁矩的大小与地磁极的位置分别为

$$m = 7.73\times10^{22}\ \text{A}\cdot\text{m}^2$$

$$\varphi_0 = 80.0°\text{N}, \quad \lambda_0 = -72.0°\text{W}$$

值得注意的是,偶极子磁场只是地磁场中的一部分,所以实际观测的地磁极与偶极子磁场的极并不重合,实际观测地磁极称为北磁极、南磁极,区别于偶极子场的地磁北极、地磁南极。

4. 地球非偶极子磁场

在地球磁场高斯理论分析结果中,$n > 1$ 的部分总体称非偶极子磁场,占总强度的 10%~20%,与偶极子磁场比较,非偶极子磁场变化较快。图 5-8 是 1995 年非偶极子磁场垂直强度分布图,可见非偶极子磁场有几个大尺度的正、负的异常区,主要的正磁异常区位于南大西洋、欧亚大陆和北美地区,主要的负磁异常区在大洋洲、非洲地区,异常中心的强度各不相同。一般认为,非偶极子磁场起源于地球的深部。

5.1.3 地磁场的长期变化

地球的基本磁场存在长期的缓慢变化,称作长期变化,主要表现为偶极子磁场和非偶极子磁场的长期变化。一般认为这个变化来源于地核内部或核幔边界 (CMB) 区域,研究这种变化的时空分布规律,有助于了解地球内部物质的性质和运动。

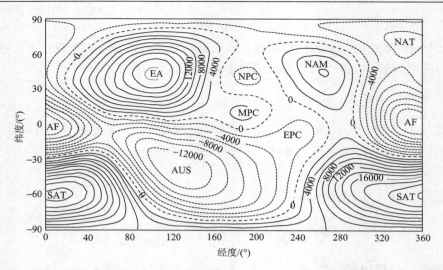

图 5-8　1995.0 年非偶极子磁场垂直强度(Z)分布图(单位：nT)(据安振昌和王月华，1999 修改)

SAT：南大西洋正磁异常；EA：东亚正磁异常；NAM：北美洲正磁异常；MPC：中太平洋正磁异常；AF：非洲负磁异常；AUS：大洋洲负磁异常；NAT：北大西洋负磁异常；EPC：东南太平洋负磁异常；NPC：北太平洋负磁异常

1. 偶极子磁场的变化

图 5-9 显示了地心偶极子磁场的长期变化，偶极子磁场表现出强度和方向上的长期变化。在公元 1550~1900 年，偶极子磁矩的强度呈近线性衰减，在 20 世纪初，衰减变得更快[图 5-9(a)]。但古地磁研究表明，地球磁矩可能具有周期性变化，不是单调衰减的，现今的变化可能只是长期波动的一部分。

偶极子轴位置也有长期变化。图 5-9(b)表示了偶极子轴与地球旋转轴之间夹角的变化。16~19 世纪，倾斜角逐渐增大。在近 200 多年里，偶极子轴几乎一直保持着相对地球旋转轴倾斜 11°~12°。图 5-9(c)显示了在过去 400 多年里，地磁极的经度一直稳定地向西漂移。19 世纪以前，磁北极向西移动的速率约为 0.14(°)/a；19 世纪早期以来，磁极向西运动的速度变慢，平均速率约为 0.044(°)/a。

2. 非偶极子磁场的变化

非偶极子磁场长期变化的最显著特征是缓慢地向西漂移。非偶极子磁场的漂移速率可通过在不同时期非偶极子磁场(图 5-10)中选定某特征(如异常区中心点)估计其在经度上的变化。地磁场西向漂移的平均速率约为 0.2(°)/a。

西向漂移在地磁场起源研究中起重要作用。它被认为是地球外核相对于下地幔旋转存在差异的表现，外核可能比固体地幔旋转慢，使产生于外核的磁场具有向西漂移的特点。

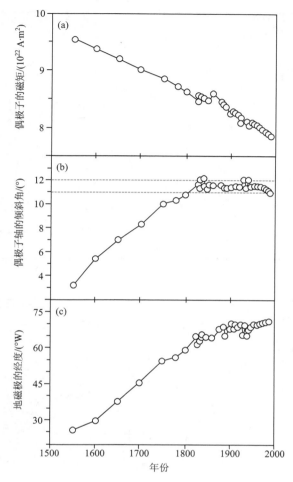

图 5-9　地心偶极子磁场的长期变化(Lowrie，2007)

(a)偶极子磁矩的变化；(b)偶极子轴倾斜角的变化；(c)地磁极经度的变化

5.1.4　地球变化磁场

地球变化磁场主要来源于地球外部空间的电流体系，故称外源场。观测和研究表明，变化磁场与太阳、行星际空间、磁层、电离层及低空大气层中的复杂现象有关；产生地球变化磁场的空间电流主要分布在电离层和磁层中。变化磁场的时空变化特征与稳定磁场有显著的不同，其变化过程快速且复杂，但它在地磁场总场中占比很小。根据磁场变化的形态、成因等，变化磁场可分为平静变化和干扰变化(表 5-1)。

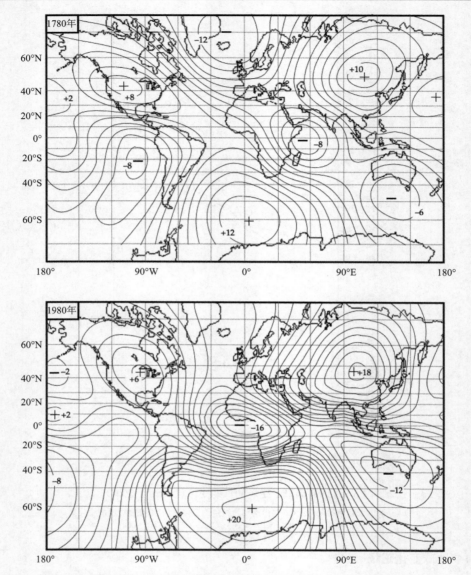

图 5-10　1780 年和 1980 年非偶极子磁场垂直分量（单位：nT）（Lowrie，2007）

1. 太阳静日变化 S_q

太阳静日变化是以太阳日 24 h 为周期的变化，记作 S_q，简称日变。图 5-11 给出了太阳静日变化的地磁分量（X,Y,Z）变化记录，有以下规律：

（1）变化周期为一个太阳日，变化幅度依赖于地方太阳时，白天强，夜间弱；

（2）S_q 的时空分布规律随纬度变化，同一纬度不同地点日变形态相同；

表 5-1　变化磁场的分类

类型	名称	特点	
平静变化	太阳静日变化 S_q	主要受太阳影响	
	太阴日变化 L	主要受月亮影响	
干扰变化	太阳扰日变化 S_D		
	磁暴 D	暴时变化 D_{st}	
		暴时扰日变化 D_s	
		极区亚暴 D_P	
	钩扰 D_r		
	地磁脉动 P	连续性脉动 Pc	
		不规则脉动 Pi	

（3）S_q 变化幅度与季节有关，夏季大，冬季小；

（4）有 11 年的周期变化，太阳活动强变化强，太阳活动弱变化弱。

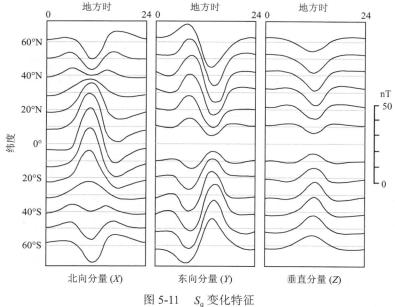

图 5-11　S_q 变化特征

日变起源于电离层中的涡旋电流体系。太阳的紫外线辐射使高度约 50 km 以上的地球大气发生电离，形成了电离层，在太阳直射的地方电子和离子浓度大，而夜间浓度小。在日、月潮汐力的作用下，电离层中的带电粒子在地球磁场中运动，产生感生电流，形成了引起日变 S_q 的电流体系。

日变 S_q 幅度相比地面的磁异常较大，如 B_T、Z 的变化幅度可达数十纳特，因此在磁法勘探中需要对野外观测结果进行校正，排除日变对磁测结果的影响，这项工作称为日变校正。

2. 干扰变化

与平静变化相比，干扰变化的特点是出现的时间不规则、变化形态复杂、缺少长期连续性。干扰变化分很多类型（表 5-1），主要有磁暴和地磁脉动等。

磁暴是一种全球性的强烈的地磁扰动现象，重要的特征是几乎可以同时在世界各地被记录到，用 D 表示。磁暴是太阳喷发的高强度、高速度的等离子流（太阳风）与地磁场相互作用的结果。磁暴期间地磁场发生明显的强烈扰动，在地磁记录中，磁暴的形态是复杂多样的，不仅不同磁暴不同，而且在不同纬度不同。

磁暴期间水平分量 H 变化最大，最能代表磁暴过程的特点，在中低纬度地区表现得最为突出（图 5-12）。磁暴形态分为初相、主相和恢复相；磁暴开始后，H 分量保持在高于磁暴前值起伏变化，称为"初相"，之后 H 值迅速大幅度下降，并伴有剧烈的起伏变化，这一阶段称为"主相"，主相之后磁场逐渐向磁暴前恢复，虽有起伏变化，但扰动的强度逐渐减小，这一阶段即"恢复相"。

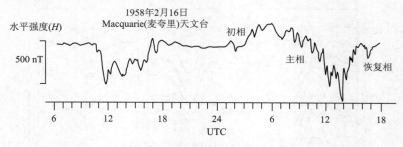

图 5-12　磁暴期间的水平分量记录图

磁暴发生时地磁场的变化强烈又无规律，因此，在磁法勘探的野外观测中，只能停止观测，等磁暴结束后再工作。但磁暴可以作为大地电磁测深方法的场源。

地磁脉动 P 是由磁层中的磁流体波产生的，地磁脉动具有准周期性的特点，频带很宽，周期一般为 0.2~1000 s，振幅为几十分之一至几十纳特，持续时间为几分钟至几小时。按形态的规则性和连续性可将脉动分为两大类，一类具有准正弦波形且能稳定持续一段时间，称为"连续性脉动"（记作 Pc）；另一类波形不太规则，持续时间较短，称为"不规则脉动"（记作 Pi）。

图 5-13 表示了地磁脉动周期范围与平均振幅的关系。Pc 有较宽的周期范围，按周期增加的顺序，又分为六类（Pc1～Pc6）。

干扰变化磁场主要起源于磁层的电流体系。这些地球外部的电磁场又可引起地球内部的感应电磁场，通过测量地球的感应电磁场分布，可以研究地下介质的电性

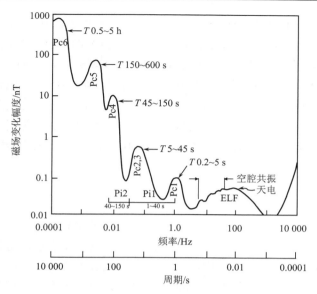

图 5-13　地磁脉动的周期范围与平均振幅

ELF 指 extremely low frequency，即极低频

特征。不同的变化磁场含有不同的周期成分，其在地球内部的穿透深度除了与地球内部电导率等性质有关，还与变化磁场不同成分的周期有关，周期越长，穿透越深。

3. 磁层结构

离地面 1000 km 以上的大气层处于完全电离状态，但等离子体密度非常小，带电粒子的碰撞频率极小，它们的运动状态主要受地磁场控制，这个区域称磁层。太阳风与地球磁场的作用形成了磁层独特的形态，图 5-14 给出了地球磁层结构的示意

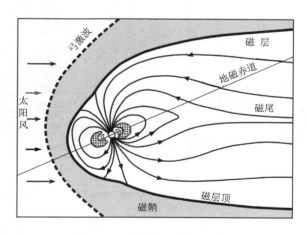

图 5-14　地球磁层结构示意图

图。太阳风通过行星际空间磁场与地磁场作用，在磁层上部达到平衡处形成磁层的外边界——磁层顶。当太阳风受到磁层阻挡时，在磁层顶上部形成相对磁层顶静止的弓形驻激波，称为弓激波，并在行星际空间磁场与磁层间形成过渡区——磁鞘。

太阳风与地磁场相互作用极大地改变了地球外部磁场形态，地磁场不再是简单的偶极子磁场，在磁层顶向太阳的一侧形似半椭球面，而在背向太阳一侧形成圆筒形的磁尾，磁力线被拉伸为长长的尾状。在平静的太阳风中，磁层顶向日面距地心约 10 R_E（R_E 为地球半径），磁尾长度超过 1000 R_E；当太阳风剧烈时，磁层顶向日面可被压缩到 6 R_E ~7 R_E。

4. 地球变化磁场与太阳活动

电离层是地球高空大气在太阳辐射下发生电离形成的，磁层是太阳风与地球磁场相互作用的结果，它们产生相应的电流体系，形成变化磁场，可以说变化磁场的根本来源是太阳。在观测与研究中，人们注意到地磁场扰动与太阳活动性都具有相似的 11 年的周期性，由图 5-15 可见磁暴数目与太阳黑子数目有相关性，证明了磁暴是太阳风和地磁场相互作用的结果。人们还注意到地磁活动和太阳自转都有 27 天的周期性。随着空间探测和地面观测技术的发展，发现了关于太阳风、行星际磁场、日冕物质抛射等与地磁场变化相联系的大量证据，确认太阳活动是变化磁场的重要源。

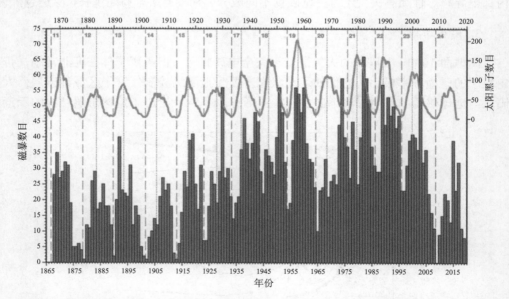

图 5-15　磁暴数目与太阳黑子数目对比(http://www.geomag.bgs.ac.uk/education/earthmag.html)

对变化磁场的研究一直是近地空间环境(电离层、磁层)监测研究的重要内容。

随着人类进入空间时代，获得了更多的空间磁场的信息，对进一步的研究有了更丰富的数据支撑。

5.2 磁异常场的计算与分析

5.2.1 磁异常场与相关的物理量

1. 磁异常场

在地磁场中，如果将地核主磁场看作正常磁场，那么由全球地磁场中减去地核主磁场就得到异常地磁场。由于地球内部温度随深度增加而升高，在部分下地壳和大部分地幔处的温度高于岩石磁性矿物的居里温度(附 5.1)，处于无磁性状态，因此认为异常地磁场是由地壳中的磁性岩石磁化引起的，即地壳磁场，又称磁异常场。

因此，磁异常场是地磁场观测结果在去除各种干扰之后，与正常地磁场的差值，即

$$B_a = B_T - B_n \tag{5-19}$$

其中，B_T 为观测的总磁场磁感应强度；B_n 为正常地磁场的磁感应强度，可利用国际参考地磁场计算得到；B_a 为磁异常场的磁感应强度。

附 5.1 岩石磁性

岩石的磁学特征主要取决于岩石中矿物的磁性，而矿物磁性取决于组成矿物的基本物质的性质与结构。

物质按磁学性质可分为抗磁性物质、顺磁性物质和铁磁性物质三类，地壳磁场主要来自岩(矿)石中的铁磁性物质，岩石中铁磁性矿物的含量和分布形态决定了岩石的磁性。

自然界中的铁磁性物质主要由铁、钴、镍组成，地壳中的铁磁性矿物主要是铁、钴、镍的氧化物。铁磁性物质的磁化率很大，比顺磁性物质和抗磁性物质的磁化率大很多。在外磁场中，铁磁性物质被磁化，获得的感应磁化强度与外磁场强度并不是简单的正比关系，当外磁场增大到一定程度时，磁化强度会达到饱和；之后，当磁场减小时，磁化强度减小的规律与增大时不同，当磁场减小到零时，磁化强度并不为零，即有剩余磁化强度(图 B5-1)。因此，岩石的磁化强度包含现今地磁场的感应磁化与岩石形成时的剩余磁化两部分，由于岩石形成后经历了很长的历史，以及复杂的构造变动，剩余磁化部分比较复杂；由于两者相比，一般剩余磁化强度要远小于感应磁化强度，在分析磁异常场时，忽略了剩余磁化部分，仅考虑感应磁化；古地磁研究则针对剩余磁化部分。

铁磁性物质的一个重要性质是居里温度(居里点)。铁磁性物质的磁化率随温度升高而增大，其变化规律为

$$\kappa = \frac{C}{T - T_c} \tag{B5-1}$$

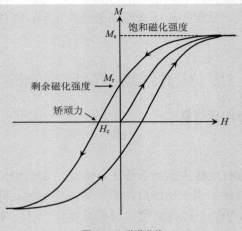

图 B5-1　磁滞曲线

其中，C 为居里常数；T_c 为居里温度。当温度超过居里点之后，物质的铁磁性将变成顺磁性，不再遵从式(B5-1)，磁化率急剧减小。

　　岩石中磁性矿物越多，岩石磁化率越大。但岩石的磁性还与矿物的颗粒大小和形状分布有关，并且受温度、压力和化学作用等多因素的影响。一般来说，火成岩磁性较强，变质岩次之，沉积岩磁性最弱。

2. 引起磁异常的原因

　　引起磁异常场的主要原因是地壳中岩石的磁化。一般来说，岩石中磁性矿物越多，岩石磁性越强，岩石的磁性由岩石的磁化率 κ 表示。磁性地质体的形状、大小、产状、磁化率，以及磁化强度的大小和方向决定了地面磁异常的分布形态。因此，对磁异常场的研究在地球科学领域有广泛的应用，也是矿产资源探查的重要手段。

　　地质体能否引起磁异常，以及磁异常如何分布主要与地质体的磁化强度矢量 M 有关。严格来说，磁化强度矢量 M 包含感应磁化与剩余磁化两部分。一般情况下，由于岩石的剩余磁化强度较小，所以讨论磁异常场时仅考虑由现今地磁场引起的感应磁化强度，为

$$M = \kappa H \tag{5-20}$$

其中，H 为现今地磁场的磁场强度；κ 为岩石的磁化率，表示了岩石磁性的强弱。

　　由式(5-20)可见，磁化强度 M 不仅与岩石的磁性有关，还与现今地磁场的大小与方向有关；如在不同纬度处，性质与形状相同的岩体由于地磁场大小、方向不同，磁化强度 M 不同，产生的磁异常场不同。磁异常场的强度与分布特征，不仅与磁化强度矢量的强度有关，还与它的方向有关。

3. 表示磁异常场的物理量

表示磁异常场的磁感应强度 $\boldsymbol{B}_a$ 是矢量，研究中常用它的垂直分量 Z_a 和水平分量 H_a（或 H_{ax} 和 H_{ay}）表示[图 5-16(a)]。其中，垂直分量 Z_a 是磁异常分析中最常用的物理量；在地面磁测的相对测量中，垂直分量 Z_a 也是主要的观测量。

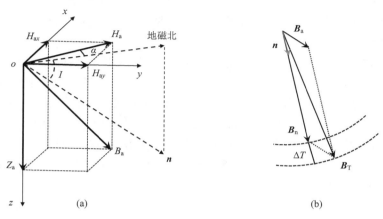

图 5-16　表示磁异常的物理量及它们的关系

图中 $\boldsymbol{n}$ 表示正常场的方向

目前广泛应用的磁力仪（如质子磁力仪、光泵磁力仪等）可直接测量地磁场磁感应强度 $\boldsymbol{B}_T$ 的大小 $\left|\boldsymbol{B}_T\right|$，因此将地磁场的总强度异常 ΔT 定义为

$$\Delta T = \left|\boldsymbol{B}_T\right| - \left|\boldsymbol{B}_n\right| \tag{5-21}$$

即地磁场的总磁感应强度（$\boldsymbol{B}_T$）与正常地磁场（$\boldsymbol{B}_n$）的模量之差。式(5-21)可展开为

$$\Delta T = \sqrt{(\boldsymbol{B}_n + \boldsymbol{B}_a) \cdot (\boldsymbol{B}_n + \boldsymbol{B}_a)} - \left|\boldsymbol{B}_n\right|$$

$$= \sqrt{\left|\boldsymbol{B}_n\right|^2 + 2\boldsymbol{B}_n \cdot \boldsymbol{B}_a + \left|\boldsymbol{B}_a\right|^2} - \left|\boldsymbol{B}_n\right|$$

$$\approx \left|\boldsymbol{B}_n\right| \sqrt{1 + \frac{2\boldsymbol{B}_n \cdot \boldsymbol{B}_a}{\left|\boldsymbol{B}_n\right|^2}} - \left|\boldsymbol{B}_n\right|$$

即总强度异常可近似为

$$\Delta T \approx \frac{\boldsymbol{B}_n \cdot \boldsymbol{B}_a}{\left|\boldsymbol{B}_n\right|} = \boldsymbol{n} \cdot \boldsymbol{B}_a \tag{5-22}$$

其中，$\boldsymbol{n}$ 为正常磁场 $\boldsymbol{B}_n$ 方向的单位矢量。可见，总强度异常 ΔT 的物理意义可近似认为是异常场 $\boldsymbol{B}_a$ 在正常场 $\boldsymbol{B}_n$ 方向上的投影[图 5-16(b)]。

总强度异常 ΔT 与 Z_a、H_a 的关系为

$$\Delta T = Z_a \sin I + H_a \cos I \cos \alpha \tag{5-23}$$

可见，ΔT 的变化特征要比 Z_a、H_a 复杂。

4. 有效磁化强度矢量

磁性地质体引起的磁异常场分布特征与其磁化强度 M 有关，当忽略了剩余磁化时，由式(5-20)可见磁化强度矢量 M 的方向与地磁场的方向一致，在不同纬度处 M 的方向随地磁场方向发生变化。在实际勘探中，为了分析方便，在坐标系选取时，常以观测剖面或垂直于磁性体走向的方向为 x 轴方向，并引入有效磁化强度和有效磁化倾角的概念。

如图 5-17 所示，M 为总磁化强度矢量，M_H 为水平磁化强度，M_z 为垂直磁化强度，I 为磁化倾角(即磁化强度矢量 M 的倾角，在假设仅考虑现今地磁场感应磁化的情况下，与地磁倾角一致)；随选取坐标的 Oxy 方向变化，磁化强度分量 M_x、M_y 随之变化。在实际问题中常针对剖面进行分析，如取 Oxz 为观测剖面(y 轴垂直于 Oxz 面)，发现磁异常沿剖面的变化仅与磁化强度 M 在 Oxz 面内的投影 M_s 和 i_s 有关，分别称作有效磁化强度(M_s)和有效磁化倾角(i_s)，有效磁化强度和有效磁化倾角随坐标方向的选择而变化。

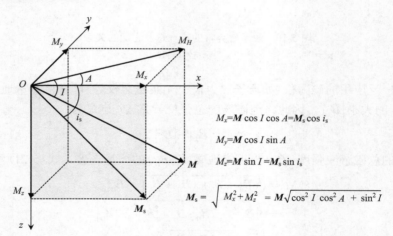

$$M_x = M \cos I \cos A = M_s \cos i_s$$
$$M_y = M \cos I \sin A$$
$$M_z = M \sin I = M_s \sin i_s$$
$$M_s = \sqrt{M_x^2 + M_z^2} = M\sqrt{\cos^2 I \cos^2 A + \sin^2 I}$$

图 5-17　磁化强度矢量的空间关系

附 5.2 地磁场的观测

地磁场的观测包括固定台站观测和流动观测。固定地磁台站的连续记录是编绘国家地磁图的基础，也是建立全球主磁场模型的基本资料来源(图 B5-2)。磁异常场主要由流动观测获得，可以通过地面磁测、海洋磁测、航空磁测和卫星磁测等方法获得磁异常场观测资料。

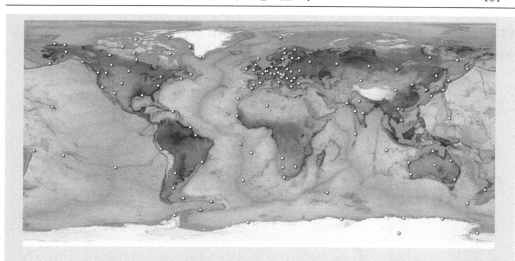

图 B5-2　全球地面地磁观测台站分布(2019)(Thomson and Flower, 2021)

地面磁异常测量精度高，可针对异常源进行近距离的网格测量，得到目标源的详细磁异常资料，但其原始观测数据需要进行日变校正等多项校正工作，造成测量工作量大、速度慢，并且在高山和荒漠地区难以开展工作。航空磁测和海洋磁测几乎不受地形等限制，测量速度快，适合大面积的测量，获取大范围的磁异常资料，但很难进行三分量的观测。

卫星磁测提供了全球磁场的高精度快速测量，通过卫星磁测，可以在很短的时间内获得全球磁场的资料，不仅可以建立地球主磁场的模型，还可以用于研究全球范围的磁异常分布特征，而且卫星磁测促进了空间电磁环境的测量和研究。但地壳磁场随高度衰减，且短波长的局部异常衰减更快，因此与近地面的磁测结果相比，卫星磁测的磁异常强度小、空间尺度大、结构简单。

有多种不同原理的仪器可用于测量地磁场，如机械式磁力仪、质子旋进磁力仪、光泵磁力仪和磁通门磁力仪等。磁测仪器和观测手段的发展推动了现代地磁学进展，如质子磁力仪、光泵磁力仪等实现了对地磁场总强度绝对值的快速测量。

5.2.2　磁性体的磁场

在讨论磁性体的磁场时，为了简化问题，常假设磁性体为规则几何体且均匀磁化，磁性体孤立存在，观测面(地面)是水平面，等等。当磁性体均匀磁化时，磁性体内无体磁荷分布，只在磁性体表面存在面磁荷。下面讨论几种简单形状磁性体的磁场分布特征。

1. 柱体的磁场

这里仅讨论顺轴磁化柱体的磁场，即磁化方向与柱体轴线方向一致的情况(图 5-18)，此时仅在柱体的顶面和底面分别形成负、正磁极；当柱体向下无限延伸时，其底面正磁极在地表产生的磁场可以忽略不计；若顶部截面比埋深小得多，可近似为负的点磁极的磁场。

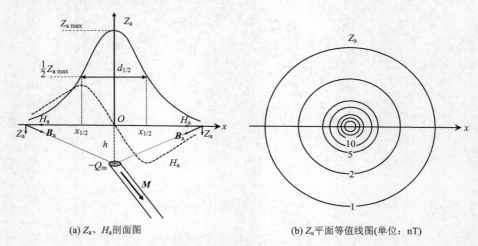

(a) Z_a、H_a剖面图   (b) Z_a平面等值线图(单位：nT)

图 5-18   负点磁极在地面产生的垂直磁异常(Z_a)和水平磁异常(H_a)

取负点磁极在地面的投影点 O 为坐标原点，柱体顶面埋深为 h，磁极的磁量为 Q_m，地表任意点 $P(x, y)$ 的磁感应强度为

$$\boldsymbol{B}_a = \frac{1}{4\pi} \cdot \frac{Q_m}{r^2} = \frac{1}{4\pi} \cdot \frac{Q_m}{x^2 + y^2 + h^2}$$

若异常场磁感应强度 $\boldsymbol{B}_a$ 与垂直方向的夹角为 θ，异常场的垂直分量 Z_a 和水平分量 H_a 分别为

$$\begin{cases} Z_a = \boldsymbol{B}_a \cos\theta = \dfrac{Q_m h}{4\pi(x^2 + y^2 + h^2)^{3/2}} \\[3mm] H_a = \boldsymbol{B}_a \sin\theta = \dfrac{-Q_m\sqrt{x^2 + y^2}}{4\pi(x^2 + y^2 + h^2)^{3/2}} \end{cases} \qquad (5\text{-}24)$$

如果将测线选作 x 轴($y=0$)，则有

$$\begin{cases} Z_a = \dfrac{Q_m h}{4\pi(x^2 + h^2)^{3/2}} \\[3mm] H_a = \dfrac{-Q_m x}{4\pi(x^2 + h^2)^{3/2}} \end{cases} \qquad (5\text{-}25)$$

图 5-18(a)绘出了相应的 Z_a 和 H_a 曲线，Z_a 为对称曲线(关于 x 的偶函数)，当 $x = 0$ 时，Z_a 有极大值：

$$Z_{a\,max} = \frac{Q_m}{4\pi h^2} \qquad (5\text{-}26)$$

Z_a 曲线的半值点坐标 $x_{1/2}$ 为

$$x_{1/2} = \pm 0.766h \tag{5-27}$$

H_a 为反对称曲线（关于 x 的奇函数）；负点磁极的 Z_a 平面等值线图是以原点为中心的疏密不等的同心圆［图 5-18(b)］。

　　有限埋深的顺轴磁化柱体，可看作顶面为负、底面为正的双磁极，双磁极的磁场等于这两个磁极分别产生的磁场的叠加（图 5-19）。取双磁极连线中点在地表的投影点 o 为坐标原点，双磁极连线所在的面为 oxz 坐标面，由式（5-25）得 x 剖面的 Z_a 表达式：

$$Z_a = Z_a(-) + Z_a(+)$$

$$= \frac{Q_m}{4\pi} \left\{ \frac{h - l\sin\alpha}{\left[(x + l\cos\alpha)^2 + (h - l\sin\alpha)^2\right]^{3/2}} + \frac{h + l\sin\alpha}{\left[(x - l\cos\alpha)^2 + (h + l\sin\alpha)^2\right]^{3/2}} \right\} \tag{5-28}$$

其中，l 为双磁极连线的一半；α 为双磁极连线的倾角；h 为双磁极连线中点的埋深，$Z_a(-)$ 为负磁极产生的磁场，$Z_a(+)$ 为正磁极产生的磁场。可见，总磁场 Z_a 曲线失去了对称性，在柱体倾斜的一侧出现负值。

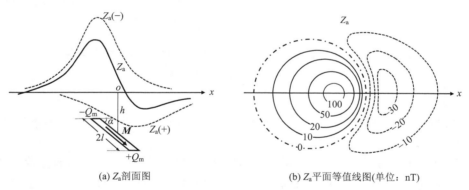

(a) Z_a剖面图　　　　　　　　　　　(b) Z_a平面等值线图(单位：nT)

图 5-19　双磁极的磁场

2. 球体的磁场

　　许多三度磁性体（如囊状、巢状）产生的磁场可近似为球体的磁场。取球心在地表的投影点为坐标原点，考虑通过原点的 oxz 剖面，均匀磁化球体磁场的磁感应强度的垂直分量 Z_a 和水平分量 H_a 分别为

$$\begin{cases} Z_a = \dfrac{\mu_0 M_s V}{4\pi(x^2 + h^2)^{5/2}} \left[(2h^2 - x^2)\sin i_s - 3xh\cos i_s \right] \\[3mm] H_a = \dfrac{\mu_0 M_s V}{4\pi(x^2 + h^2)^{5/2}} \left[(2x^2 - h^2)\cos i_s - 3xh\sin i_s \right] \end{cases} \tag{5-29}$$

其中，$\boldsymbol{M}_\mathrm{s}$、$i_\mathrm{s}$ 分别为在 oxz 剖面的有效磁化强度和有效磁化倾角；V 为球体的体积；h 为球体的中心埋深（图 5-20）。若取东西剖面（即 x 指向东，则 $A = 90°$），此时有效磁化倾角 $i_\mathrm{s} = 90°$，$M_\mathrm{s} = M_z$，式（5-29）为

$$\begin{cases} Z_\mathrm{a} = \dfrac{\mu_0 M_z V (2h^2 - x^2)}{4\pi (x^2 + h^2)^{5/2}} \\[4mm] H_\mathrm{a} = \dfrac{\mu_0 M_z V (-3xh)}{4\pi (x^2 + h^2)^{5/2}} \end{cases} \tag{5-30}$$

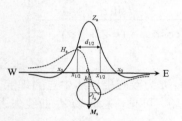

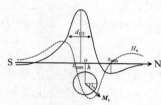

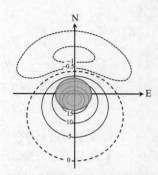

(a) 垂直磁化情况下 Z_a 和 H_a 曲线　　(b) 斜磁化情况下 Z_a 和 H_a 曲线　　(c) Z_a 平面等值线图（单位：nT）

图 5-20　球体的 Z_a 磁场

可见 Z_a 曲线关于 z 轴对称[图 5-20(a)]，当 $x = 0$ 时，Z_a 有极大值：

$$Z_{\mathrm{a\,max}} = \frac{\mu_0 M_z V}{2\pi h^3}$$

Z_a 曲线的零值点（$Z_\mathrm{a} = 0$）的坐标 $x_0 = \pm\sqrt{2}h$。而 H_a 曲线为反对称（是关于 x 的奇函数）曲线。

我国地处中纬度地区，受地磁场倾斜磁化影响，球体磁场的 Z_a 既有正值，又有负值，负值一般出现在正值的北部，构成一个整体，球心位于极大值和极小值之间的某个位置[图 5-20(b) 和 (c)]。由图 5-20(c) 可见，取任意方向剖面，Z_a 曲线一般是不对称的，并且两端为负值，在 $\boldsymbol{M}_\mathrm{s}$ 所指方位出现负极小值；只有在东西向剖面上曲线才呈现对称。

表 5-2 列出了在不同有效磁化倾角 i_s 下，半值点 $x_{1/2}$ 之间的距离 $d_{1/2}$ 与球体中心埋深 h 的关系，以及垂直分量极小值 $|Z_{\mathrm{a\,min}}|$ 和极大值 $|Z_{\mathrm{a\,max}}|$ 的比值。可见，$d_{1/2}$ 随 i_s 变化很小，基本上等于 h，即埋深越大异常曲线越宽；而有效磁化倾角 i_s 对 Z_a 曲线的对称性影响较大。因此，可以利用实测曲线的 $|Z_{\mathrm{a\,min}}|$ 和 $|Z_{\mathrm{a\,max}}|$ 比值估算 i_s 值。

表 5-2 磁化球体在不同 i_s 时的 $d_{1/2}$ 值和 $|Z_{a\,min}|/|Z_{a\,max}|$ 值

$i_s/(°)$	0	15	30	45	60	75	90
$d_{1/2}$	0.98h	0.98h	0.98h	0.99h	0.99h	1.00h	1.00h
$\|Z_{a\,min}\|/\|Z_{a\,max}\|$	1.00	0.53	0.29	0.15	0.08	0.04	0.02

3. 水平圆柱体的磁场

自然界中延伸和宽度都比较小的二度磁性体可以视为水平圆柱体。若取水平圆柱体的延伸方向为 y 轴，与 y 轴垂直的水平方向为 x 轴，在地表沿 x 剖面的 Z_a 和 H_a 曲线的表达式为

$$\begin{cases} Z_a = \dfrac{\mu_0 M_s S}{2\pi(x^2+h^2)^2}\Big[(h^2-x^2)\sin i_s - 2xh\cos i_s\Big] \\ H_a = \dfrac{\mu_0 M_s S}{2\pi(x^2+h^2)^2}\Big[(x^2-h^2)\cos i_s - 2xh\sin i_s\Big] \end{cases} \quad (5\text{-}31)$$

其中，M_s 为沿圆柱体横截面的有效磁化强度；S 为圆柱体的横截面面积；h 为圆柱体中心线的埋深。图 5-21 显示了水平圆柱体的异常曲线。当水平圆柱体为南北走向、剖面为东西方向时，磁化强度 M 的方向近似在子午面内，此时有效磁化倾角 $i_s=90°$，$M_s=M_z$，由式(5-31)得

$$\begin{cases} Z_a = \dfrac{\mu_0 M_z S}{2\pi(x^2+h^2)^2}(h^2-x^2) \\ H_a = \dfrac{-\mu_0 M_z S}{2\pi(x^2+h^2)^2}(2xh) \end{cases} \quad (5\text{-}32)$$

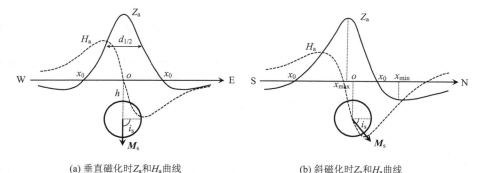

(a) 垂直磁化时 Z_a 和 H_a 曲线　　　　　　(b) 斜磁化时 Z_a 和 H_a 曲线

图 5-21 水平圆柱体的 Z_a 磁场

可见，Z_a 是 x 的偶函数，是对称曲线；H_a 是 x 的奇函数，是反对称曲线 [图 5-21(a)]。当 $x=0$ 时，Z_a 有最大值：

$$Z_{a\,max} = \frac{\mu_0 M_z S}{2\pi h^2}$$

令 $Z_a = 0$ ，可求得 Z_a 曲线的零值点坐标 x_0 为

$$x_0 = \pm h$$

表 5-3 给出了不同有效磁化倾角 i_s 下，对应的半值点 $x_{1/2}$ 之间的距离 $d_{1/2}$ 与圆柱体中心线埋深 h 的关系，以及 Z_a 曲线极小值和极大值的比值 $|Z_{a\,min}|/|Z_{a\,max}|$ 。可见，多数情况下 $d_{1/2} \approx h$ ，表明埋深越大异常曲线越宽；而 Z_a 曲线的对称性受有效磁化倾角 i_s 影响较大，并可以利用实测曲线的 $|Z_{a\,min}|$ 和 $|Z_{a\,max}|$ 比值估算 i_s 值。

表 5-3　水平圆柱体在不同 i_s 时的 $d_{1/2}$ 值和 $|Z_{a\,min}|/|Z_{a\,max}|$ 值

i_s	0	15	30	45	60	75	90
$d_{1/2}$	1.20h	1.13h	1.07h	1.03h	0.99h	0.97h	0.97h
$|Z_{a\,min}|/|Z_{a\,max}|$	1.00	0.73	0.54	0.39	0.28	0.19	0.13

4. 板状体的磁场

板状体是一类很重要的二度模型体，许多地质体都可以简化为板状体，如岩墙、岩脉、有磁性的矿脉等，只要它们在走向上延伸较大，都可近似为厚度和产状不同的板状体。当板状体的顶面埋深大于板顶面的宽度，称为薄板；当埋深与板宽度相当或小于板宽度，称为厚板。依据板的延伸长度，又可分为有限延伸与无限延伸。当板状体面与磁化方向平行时，称为顺层磁化；当磁化方向与板状体面斜交时，称为斜交磁化。

斜交磁化无限延伸薄板在地表产生的 Z_a 表达式为

$$Z_a = \frac{\mu_0 b M_s \sin\alpha}{\pi(x^2 + h^2)} \left[h\cos(\alpha - i) - x\sin(\alpha - i) \right] \tag{5-33}$$

其中，b 为板宽度的一半；h 为板上顶面的埋深；α 为板的倾角。坐标原点选在薄板上顶面中心在地面的投影线上。

当顺层磁化时，磁场 Z_a 表达式为

$$Z_a = \frac{\mu_0 b h M_s \sin\alpha}{\pi(x^2 + h^2)} \tag{5-34}$$

图 5-22 为顺层磁化和斜交磁化板状体的 Z_a 曲线示意图。当顺层磁化时，Z_a 曲线呈对称状，顶面上方有极大值，向两侧逐渐减小并趋于零，不出现负值[图 5-22(a)]；斜交磁化呈现不对称状，当 $\alpha < i_s$ 时，Z_a 极大值向右移，左侧出现负值[图 5-22(b)]；当 $\alpha > i_s$ 时，Z_a 极大值向左移，右侧出现负值[图 5-22(c)]。

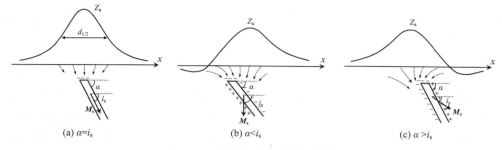

(a) $\alpha = i_s$ 　　　　　　　　(b) $\alpha < i_s$ 　　　　　　　　(c) $\alpha > i_s$

图 5-22　板状体的 Z_a 磁场示意图

当异常体为厚板状时，异常可考虑为多个薄板产生场的叠加，板厚度越大，Z_a 曲线越宽。当板有限延伸且顺层磁化时，可认为是两个宽度和倾角相同但埋深不同的无限延伸板状体磁场相减之后的部分，Z_a 曲线两侧出现负值，斜交磁化时呈不对称状。

5.2.3　影响磁异常分布特征的主要因素

地壳内磁性地质体引起的磁异常分布受到异常体磁化强度的大小和方向、异常体形状和产状埋深等因素的影响。

1. 磁化方向对磁异常分布的影响

异常体的磁化强度不仅取决于岩石的磁性(如磁化率)，还取决于感应磁场(现今地磁场)的强度与方向。地磁场随经纬度变化，同样的磁性地质体在地球不同位置时，它们的感应磁化强度大小和方向随之变化，因而它们所产生的磁场分布也不相同[图 5-23 (a)~(c)]；磁异常值与磁化强度值成正比。

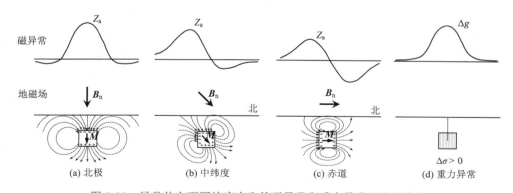

(a) 北极 　　　　　(b) 中纬度 　　　　　(c) 赤道 　　　　　(d) 重力异常

图 5-23　异常体在不同纬度产生的磁异常和重力异常对比示意图

磁异常与重力异常相比要复杂得多。地质体的密度是标量，没有方向性，在不同纬度，相同的地质体引起的重力异常分布特征基本不变[图 5-23 (d)]；而地质体的磁化强度是矢量，在不同纬度处感应磁场大小、方向不同，地质体的磁异常特征随之变化[图 5-23(a)~(c)]。

2. 磁性体延伸对磁异常分布的影响

无限延伸的磁性地质体(如无限延伸板状体、柱体)，当顺层(顺轴)磁化时，Z_a 异常曲线不出现负值[图 5-24(a)、(d)，图 5-22(a)]，具对称性，极大值对应原点；当斜交磁化时，Z_a 曲线一侧出现负值，曲线不对称，原点在极大值和极小值之间，负值位于磁化方向 $\boldsymbol{M}_s$ 指向板面的一侧[图 5-22(b)和(c)]。

有限延伸的磁性地质体(如板状体、水平圆柱体和球体等)，Z_a 异常在正值周围出现负值，在剖面图上两侧出现负值[图 5-20，图 5-21，图 5-24(e)、(f)]。在有限延伸磁性体截面具有对称性(如球体、水平圆柱体和直立板等)，且垂直磁化的情况下，当 Z_a 曲线呈对称状时，高值位于磁性体的正上方[图 5-24(b)和(e)]；当斜交磁化时，Z_a 曲线呈不对称状，极大值相对于磁性体有偏移，一般磁性体位于极大值和极小值之间的位置[图 5-24(c)和(f)]。

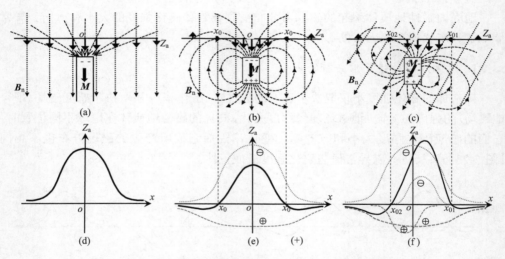

图 5-24　磁性异常体延伸对异常形态影响的示意图

(a)顺层磁化无限延伸板状体；(b)顺层磁化有限延伸板状体；(c)斜交磁化有限延伸板状体；
(d)、(e)、(f)分别为对应(a)、(b)、(c)不同情况下的 z_a 曲线

3. 磁性体走向对磁异常平面分布的影响

无明显走向的磁性体(如球体和直立柱体)，Z_a 等值线也无明显走向，为等轴状异常；具有明显走向的二度体(如水平圆柱体、板状体)，Z_a 等值线沿走向呈平行线。

4. 磁性体埋深对磁异常形态的影响

磁性地质体的埋深加大，异常值变小，Z_a 异常曲线的宽度变大，曲线的梯度变小。

可见，磁异常的分布不仅与磁性异常体的形状和磁化率有关，还取决于感应磁化的方向，以及磁化方向与异常体形状（如延伸、倾角等）的关系。

5.2.4　磁异常场的分析

了解不同规则形状磁性异常体在不同磁化方向条件下引起的磁异常特征，为利用实际观测磁异常推断解释磁性体的埋藏位置、形状和性质奠定了基础。对磁异常的解释可分为定性分析和定量分析。

1. 磁异常的定性分析

从磁异常等值线图可以得到许多定性的信息，通过磁异常展布特征和变化趋势，可以得到相关地质性质和结构的重要线索，并将其用于判断引起磁异常的地质原因，以及磁异常体的形状、分布范围和产状等。例如，磁异常位于成矿有利地段，且该处矿体的磁性强，磁异常可能由矿体引起；在沉积物覆盖较厚的地区，磁异常相对平滑，这反映了基底的结构；岩浆岩地区磁异常较复杂，表现为短波长异常，并与深部地质特征所反映的长波长异常叠加在一起；狭长的磁异常对应了具有明显走向的地质体（如岩墙、岩脉等）。

磁异常定性分析通常采用数据处理，提取所需信息，并与地质相关资料结合的方法来解释。随着数字图像处理技术的发展，磁异常定性分析也将得到助益。

2. 磁异常的定量分析

1）特征点法

定量分析建立在磁异常正演的基础之上，特征点法利用磁异常曲线的某些特征点（如极大值、极小值、半极值、零值及它们的坐标和坐标之间的距离等）（图 5-25）来求解磁性体的位置、产状等参数。

如水平圆柱体，由式（5-32）和表 5-3 分别可求得

$$h = |x_0| \quad (i_s = 90°)$$

$$h \approx d_{1/2}$$

2）切线法

切线法指利用异常曲线上一些特征点（如极值点、拐点）的切线，求取切线间交点的坐标和坐标点之间的关系，计算磁性体产状要素的方法。例如，过 Z_a 曲线的极大值两侧拐点分别作切线，它们与过极值点的切线（若无极小值时，用 x 轴替代）有 4 个交点（图 5-26），坐标分别为 x_1、x_2、x_3、x_4，则求埋深的经验公式为

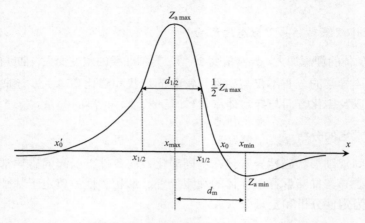

图 5-25 Z_a 曲线的特征点

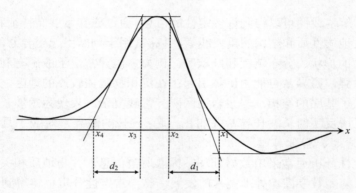

图 5-26 切线法图示

$$h = \frac{1}{4}[(x_1 - x_2) + (x_3 - x_4)] = \frac{1}{4}(d_1 + d_2)$$

定量分析常通过对模型计算的迭代调整，使观测异常与模型计算异常匹配，从而获得较准确的最终模型。由于磁异常的复杂性会造成计算的困难，较复杂磁性体的磁异常也可采用分成多个简单磁性体来模拟近似的方式计算。

3. 综合分析

与重力异常一样，磁异常的反演问题也存在多解性，而且磁异常的影响因素较多，这使解释更加复杂。为减少磁异常解释的多解性，充分利用地质及其他地球物理资料综合分析解释是常用的有效方法。

图 5-27 是某矿区的重力异常和磁异常对比剖面。在该矿区有一个东西向延伸的高磁异常带，将经过高磁异常带的磁异常剖面与重力异常剖面对比，发现在相应剖面上磁异常和重力异常显示出一致的高异常。在这些高异常上的钻井显示，在浅层

存在磁铁矿体，铁含量约为 30%。

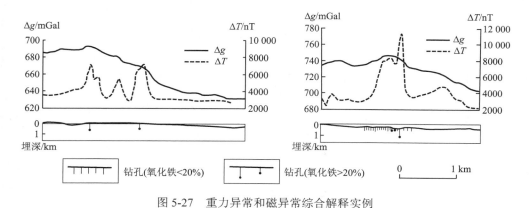

图 5-27 重力异常和磁异常综合解释实例

5.3 磁异常场变换处理与应用

5.3.1 磁异常场的常见处理方法

在磁异常场的处理中，与重力场处理类似的有解析延拓、导数变换（垂向导数、水平方向导数）；另外，还有磁异常场的分量转换（由实测异常进行 ΔT、Z_a、H_a 之间的分量换算）和化极处理（将不同磁化方向换算到垂直磁化）等。下面主要介绍这些处理方法的作用与应用。

1. 磁异常场的向上延拓

磁异常场的向上延拓是将原观测面的磁异常换算到空中某一高度的磁异常场值，在数学上属于求解偏微分方程的边值问题。磁异常场的向上延拓公式与重力场 [式 (4-67) 和式 (4-68)] 类似，可表示为

$$T(0,0,-h) = \frac{h}{2\pi} \int_{-\infty}^{\infty} \int_{-\infty}^{\infty} \frac{T(\xi,\eta,0)}{(\xi^2 + \eta^2 + h^2)^{3/2}} \mathrm{d}\xi \mathrm{d}\eta \tag{5-35}$$

其中，T 为磁异常量（如 ΔT、Z_a 等）；$T(\xi,\eta,0)$ 表示已知观测平面（$z=0$）上的磁异常；$T(0,0,-h)$ 表示上延 h 高度（图 5-28）的磁异常值。

向上延拓是一种在重磁场处理中常用的方法，它的主要作用是压制局部异常的干扰，反映出深部异常。图 5-29 是一个上延处理的实例，该地区浅部覆盖了一层不厚的玄武岩，磁异常场表现为强烈的波动。向上延拓 500 m 后，磁异常显示高频干扰明显得到抑制。因此，向上延拓方法常用于消除浅部磁性体的影响，进而研究深部磁性基底构造。

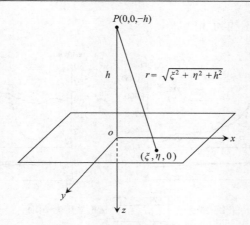

图 5-28　延拓前后的坐标关系

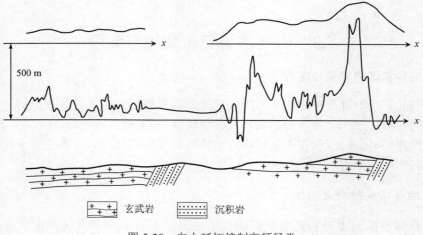

图 5-29　向上延拓抑制高频异常

2. 磁异常场的导数

常用的磁异常场导数处理包括水平方向导数、垂向一阶导数和垂向二阶导数。下面以一阶导数为例,讨论它们的物理意义与处理的效果。在实际工作中,导数常可用差分近似,如 Z_a 的一阶导数可表示为

$$
\begin{cases}
\dfrac{\partial Z_a}{\partial x} = \dfrac{Z_a(x+\Delta x)-Z_a(x)}{\Delta x} \\[3mm]
\dfrac{\partial Z_a}{\partial z} = \dfrac{Z_a(z+\Delta z)-Z_a(z)}{\Delta z}
\end{cases}
\tag{5-36}
$$

计算 $\partial Z_a / \partial x$ 时,只需选择适当的 Δx,沿观测曲线逐点用前一点的值 $Z_a(x+\Delta x)$ 减去后一点的值 $Z_a(x)$,再除以 Δx,得到在 x 处单位距离的 Z_a 变化量,即 Z_a 沿 x

方向的水平梯度；同理，$\partial Z_a / \partial z$ 可理解为 Z_a 在 z 方向的变化率。

图 5-30 示意了磁异常场一阶导数的意义。图 5-30(a)为厚板模型，可将 $Z_a(x+\Delta x) - Z_a(x)$ 看作一个向下垂直磁化的厚板产生的场与另一个向上磁化厚板产生的场的叠加，由于位置相差 Δx，模型相当于两个厚度为 Δx 的薄板，磁化方向相反。同理，图 5-30(b)显示了上下位置相差 Δz、磁化方向相反的两个薄板产生的场的叠加，表示为 $Z_a(z+\Delta z) - Z_a(z)$。可以看到导数异常更加突出了异常体的边界。

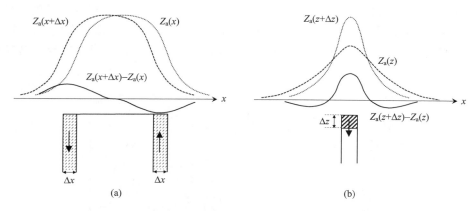

图 5-30 磁异常场一阶导数的意义

磁异常场的导数可以突出浅而小的磁性体的磁异常特征，抑制区域性深部因素的影响；而且磁异常场导数具有较高的分辨力，可以用来区分相邻磁性体产生的磁异常，且导数的次数越高，分辨力越强。

3. 磁异常场分量转换处理

在磁异常场的测量(特别是航磁测量)中，主要测定 ΔT 异常，但 ΔT 的变化特征较 Z_a 复杂，因此在应用中常将 ΔT 转换为 Z_a。另外，利用多个分量进行多参数解释，是在磁异常解释研究中常用的方法，因此常需要进行磁异常场分量间的转换。由磁场和磁位的关系可以得到磁异常场各分量(ΔT、Z_a、H_{ax}、H_{ay})之间的关系：

$$\begin{cases} \dfrac{\partial \Delta T}{\partial x} = \dfrac{\partial H_{ax}}{\partial t_0} \\[2mm] \dfrac{\partial \Delta T}{\partial y} = \dfrac{\partial H_{ay}}{\partial t_0} \\[2mm] \dfrac{\partial \Delta T}{\partial z} = \dfrac{\partial Z_a}{\partial t_0} \end{cases} \tag{5-37}$$

其中，t_0 为地磁场方向的单位矢量。最常用的是将 ΔT 转换为 Z_a [如由图 5-32(a)转换为图 5-32(c)]。

4. 磁异常场化极处理

化极处理方法是将斜交磁化的磁场（如 Z_a）换算到垂直磁化（$Z_{a\perp}$），又称为化到地磁极，即通过对磁异常处理，计算磁化强度为垂直情况下的磁异常。化极处理能减弱（或消除）磁异常的不对称性，从而可以更好地确定异常体的位置。图 5-31 显示了化极处理对斜交磁化棱柱体磁异常的影响，图 5-31（a）是斜交磁化的棱柱体的磁异常，分布有极大值区和极小值区，极小值区在极大值区北部；化极处理后的磁异常较简单，异常区主要为极大值区 [图 5-31（b）]，可以对棱柱体中心位置有更好的约束。在对实测 ΔT 异常进行分量转换时，常常同时进行化极处理（如将 ΔT 异常转换为 $Z_{a\perp}$ 异常）。

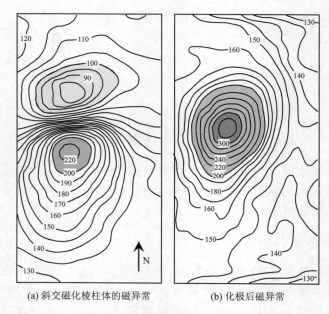

(a) 斜交磁化棱柱体的磁异常　　　　　(b) 化极后磁异常

图 5-31　化极处理的作用（单位：nT）

5. 不同处理方法的结果对比

磁异常的处理方法可以大致归纳为磁异常的空间转换（如解析延拓）、分量变化（如 ΔT、Z_a、H_a 分量之间的转换）、导数换算（如计算垂向导数和水平导数等）、不同磁化方向之间的换算（如化极处理）等。图 5-32 显示了几种不同处理方法的对比。

图 5-32（a）是化极后的 ΔT 异常，显示出明显的 NE 向延伸的正异常，两侧有明显负异常区；图 5-32（b）是化极 ΔT 异常向上延拓处理结果，明显比原始 ΔT 异常 [图 5-32（a）] 平滑，显示了区域异常特征；图 5-32（c）是由化极 ΔT [图 5-32（a）] 转换的 $Z_{a\perp}$ 异常，可见 $Z_{a\perp}$ 异常分布较 ΔT 异常更具对称性；图 5-32（d）是由图 5-32（c）经

过垂向二阶导数计算的结果，可以看到一系列的局部异常分布。可见不同方法处理效果不同，为了不同的研究目的，可以选择不同的处理方法。

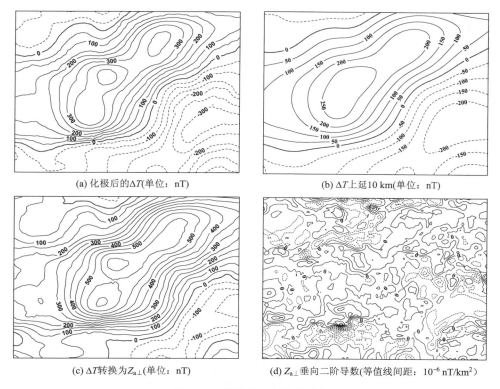

(a) 化极后的ΔT(单位：nT)   (b) ΔT上延10 km(单位：nT)

(c) ΔT转换为$Z_{a\perp}$(单位：nT)   (d) $Z_{a\perp}$垂向二阶导数(等值线间距：10^{-6} nT/km²)

图 5-32　不同处理方法的对比

由于计算机的发展与广泛应用，重磁异常处理的理论与方法得到了迅速发展，目前重磁异常处理可在空间域和频率域中分别处理。在频率域中处理方便、快捷，其最大的优点是：将在空间域中的褶积计算变为频率域中的乘积计算，使计算更为快捷；可以将不同处理方法的换算因子统一到通用的表达式中，简化了计算过程；同时还可以进行异常的频谱特征分析，判断处理方法的效果。

5.3.2　磁异常场研究对地质学的贡献及其应用

1. 海洋条带状磁异常与海底扩张

大规模的航空磁测表明海洋磁异常有明显的特征：①磁异常呈条带状分布，条带走向与洋脊平行；②正负异常相间，正负异常条带宽 20~30 km，长几百千米，异常幅度为几百纳特；③磁异常分布对称于洋脊。这种磁异常称为海洋条带状磁异常，它对板块构造理论的发展和海洋岩石圈形成的观点有着深远的影响。图 5-33(a) 显示了在冰岛附近跨大西洋中脊的航磁异常剖面。

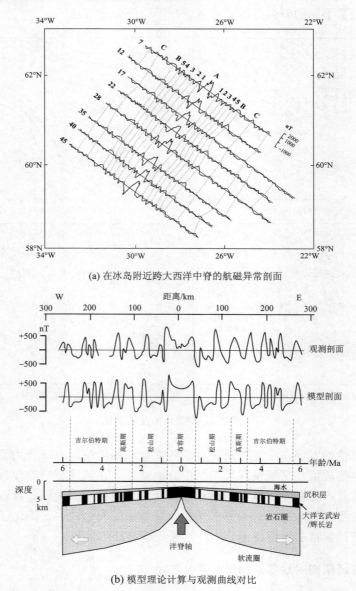

(a) 在冰岛附近跨大西洋中脊的航磁异常剖面

(b) 模型理论计算与观测曲线对比

图 5-33　海洋条带状磁异常与解释(据 Heirtzler et al., 1966 和 Lowrie, 2007 修改)

1963 年,瓦因(Vine)和马修斯(Matthews)对海洋磁异常提出了很好的解释模型:洋中脊软流圈物质涌出,并向两边扩张形成海底地壳,在它一边扩张一边冷却的时候获得了磁性,其方向与当时地磁场方向一致。在漫长的地质时期中,地磁场发生多次极性倒转,使海底地壳携带了这种条带状的记录,就像一个巨大的磁带,形成了独特的海洋磁异常特征。图 5-33(b)是采用瓦因和马修斯模型计算的一个实例,计算的理论磁异常与观测磁异常吻合很好。根据海洋地壳中保存的磁极转换模式可以确定其年代,结合海洋磁异常条带的宽度,还可以确定海底扩张的速率。

2. 在区域地质与深部构造中的应用

地壳中磁性岩石的不均匀分布是引起磁异常的主要原因,磁性地质体的形状、规模、产状及磁化强度的大小和方向,决定了磁异常的强度与空间分布。因此磁异常分布与地质构造有密切的关系,根据磁异常特点可划分不同岩性区,在研究基底构造时划分构造单元,计算居里温度面研究岩石圈热状态等。

根据磁异常特点可划分不同岩性区和圈定岩体。从酸性火成岩到超基性火成岩,铁磁性矿物的含量逐渐增多,其磁性也由弱到强。通常侵入岩的磁场变化比较规律,而喷出岩的磁场变化较剧烈。沉积岩多数只有微弱的磁性,故磁场平静单调。变质岩磁性的变化范围较大,由沉积岩形成的变质岩一般磁性较弱,磁场平静;由火成岩形成的变质岩磁异常与中酸性岩的异常相近。

磁异常特征常用于推断断裂和破碎带。当断裂带伴有同期或后期的岩浆活动时,由于沿断裂有磁性岩脉(或岩体)填充,沿断裂方向会出现带状的高值磁异常(或线形磁异常带);若沿断裂带岩浆活动不均匀,磁异常带将表现为串珠状异常。当断裂带是两个不同构造单元的分界线时,断裂带两侧具有不同的构造特点,如基底性质差异造成断裂两侧磁异常强度和走向的明显差异。此外,如果断裂发生在同种磁性岩石中,当两盘的垂直断距很大时,磁异常表现为"台阶状"异常;另一种情况是,断裂破碎现象显著可引起磁性降低出现条带状的低磁异常。

磁异常经常用于研究基底构造,划分地质构造单元。一般情况下,前震旦系结晶基底由各种变质岩系构成,它们的磁性与原岩有关,还与变质过程中高温高压条件下矿物的重组和重结晶有关。由于变质岩磁性差异大,在进行基底构造研究时,不但要注意基底的起伏,还应考虑磁性不均匀等因素给解释带来的影响。

航空磁测是在一定飞行高度上的较大面积的测量,常用于划分大地构造单元、确定基底构造的形态、查明大型断裂构造等。例如,图 5-34(a)显示了青藏高原中西部及邻区的航磁异常,可见不同的地质构造区有不同的磁异常分布特征(如异常强度、分布范围、延伸方向等),与青藏高原中西部及邻区区域构造图[图 5-34(b)]对比时有很好的对应关系。例如,塔里木盆地南部磁异常延伸方向、异常宽度和强度都与青藏高原有明显不同,这反映了不同的基底特征。青藏高原基底具有弱磁性,而塔里木盆地的结晶基底具有较强磁性。在青藏高原南部有两条近东西向的线形强磁异常带,与雅鲁藏布江缝合带和班公-怒江缝合带有关,被认为是由强磁性的蛇绿岩带引起的。

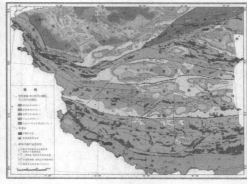

(a) 航磁 ΔT 平面等值线图　　　　　　　　　　(b) 区域构造图

图 5-34　青藏高原中西部及邻区航磁异常与区域构造图(熊盛青等，2001)

利用磁异常研究居里面是深部构造研究的重要内容。地球磁性岩石的居里温度约 600℃，而地球内部温度随深度的递增率约 30℃/km，因此地幔的大部分和部分下地壳的温度高于岩石磁性矿物的居里温度，将岩石圈内达到居里温度的深度面称为居里面。在居里面之上，温度低于居里温度，介质具有较强的磁性；在居里面之下，温度高于居里温度，介质的铁磁性变为顺磁性，磁性大大降低。利用区域的磁异常反演居里面有助于对岩石圈热状态及地球动力学的研究。

3. 在固体矿产勘探中的应用

磁异常往往与有经济价值的磁性矿物(如磁铁矿)分布有成因上的联系，在磁性矿物富集处，磁异常强度和分布与周围地区存在明显不同，所以磁异常测量与研究成为找矿有效的重要手段，也是最早使用的地球物理勘探方法。

磁铁矿、钛铁矿和磁黄铁矿都有很强的磁性，应用磁测技术寻找这些矿床是直接有效的方法；另有一些矿产与磁性矿物存在共生关系，或者与构造及基性、超基性岩有某种密切联系，利用磁测可通过某种共生关系间接寻找矿产。

图 5-35 显示了几个寻找矿产的例子。图 5-35(a)是某铜镍矿区的磁异常，此铜镍矿产于二辉橄榄岩、辉石橄榄岩的超基性岩中，矿石中含有大量磁黄铁矿，磁化率高出超基性岩 4 倍左右，存在两个高出 1000 nT 的磁异常，该矿已成为我国大型铜镍矿产地之一。图 5-35(b)是云南某地铬铁矿区的磁异常剖面，铬铁矿产于浅变质的硅质粉砂岩、泥质板岩、千枚岩中，铬铁矿具有较强磁性，而周围浅变质岩属弱磁性，因此在铬铁矿上方显示了明显的磁异常。图 5-35(c)是某地用航空磁测方法完成的野外垂直磁异常剖面，通过磁异常最终确定了块状硫化物矿床，阴影部分表示推断的矿体位置。图 5-35(d)是某石棉矿区的磁异常平剖图，石棉矿与基性、超基性岩有成因关联，因此利用磁异常圈定了岩体，进而确定了石棉矿的富存位置，经钻孔证实磁异常带是与石棉矿共生的辉绿岩引起的。

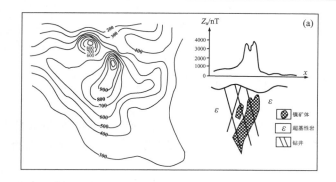
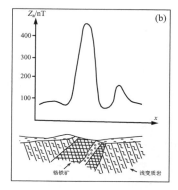
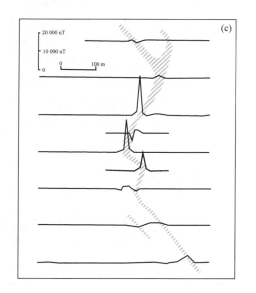
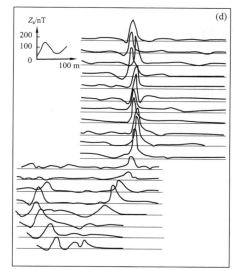

图 5-35 磁异常找矿实例

(a)某铜镍矿区的磁异常平面与剖面图；(b)某铬铁矿区的磁异常剖面图；

(c)某块状硫化物矿床的磁异常平剖图；(d)某石棉矿区磁异常平剖图

4. 在其他方面的应用

随着高精度磁测工作的开展，地磁测量也被应用于城市工程、地热调查、考古调查等工作中。

在城市工程调查中，磁力测量除了可以用于圈定基岩和断层带，还可用于辅助确定埋在地下的金属和人造物特征，如管道、电缆、旧矿井巷道和建筑物的位置。

古代遗存(如古遗址、古墓葬和古建筑)与周围地层和环境的磁性存在差异，如被烧制过的泥土制品、土壤和石块等因在加热过程中获得热剩磁而有较强的剩磁。这是磁测应用于考古调查的基础。

第6章 地 电 学

地电学方法是以地壳中岩、矿石的电磁性质差异为基础，通过观测与研究天然电磁场或人工建立的电磁场的时空分布和变化规律，进行地下介质电性结构研究的一类地球物理探测方法。

地电学方法中观测和研究的电磁场可以分为不同的类型，如根据场的来源可以分为天然场和人工场；根据场的时变特性可以分为稳定场和交变场，其中，交变场根据频率范围又可以分为缓变低频场和高频场等。不同类型的场具有不同的时空分布特点，在此基础上形成不同类型的地电探测方法，被广泛应用于构造地质研究、矿产资源勘查、水文工程地质调查、环境和地质灾害监测、人文考古等各个领域。由于地电学方法利用的场源类型、地电场性质、探测手段和应用领域的多样性，相较于其他地球物理勘探方法，地电勘探方法种类繁多，表 6-1 所列为本章选择介绍的部分地电学勘探方法。

表 6-1   部分地电学勘探方法及其常规应用列表

方法类别	场的性质	方法名称	应用
电阻率方法	稳定电流场（人工场）	电阻率测深法	划分近水平层位；确定含水层；探测基岩埋深、风化壳厚度等
		电阻率剖面法	确定基岩起伏；追踪岩矿脉、地层接触面、断层破碎带等；调查岩溶发育带等
		高密度电阻率方法	应用同电阻率测深法和电阻率剖面法
极化场方法	天然极化场（天然场）	自然电场法	地下水勘测；寻找金属硫化物矿床；地层填图；调查河床、水库渗漏等
	激发极化场（人工场）	直流激发极化方法	寻找金属硫化物矿床；地下水勘探；石油勘探等
		交流激发极化方法	应用同直流激发极化方法
电磁场方法	天然电磁场	大地电磁测深法	区域构造调查；油气勘探；地热勘探；地壳、上地幔研究等
	人工电磁场	瞬变电磁法	应用同电阻率方法，适用于中、大深度探测
		探地雷达法	地质勘查、工程监测、地质异常体查找等

本章将从介质的电磁性质和电磁场的特性出发，介绍地电学方法的基本原理和常规应用，包括以介质的导电性和稳定电流场分析为基础的电阻率方法，以介质的极化效应和极化电场分析为基础的极化场方法，以介质的电磁特性和电磁波场分析为基础的电磁场方法。

6.1　稳定电流场和电阻率方法

电阻率方法是以地壳中岩、矿石的导电性质差异为基础，通过观测人工建立的地下稳定电流场的时空分布规律，研究地下介质的电性结构，以解决地质问题的一组地电勘探方法。实践表明，电阻率方法无论是在矿产资源普查、地质构造研究方面，还是在水文、工程、环境地质调查等方面，都取得了良好的探测效果。

6.1.1　岩、矿石的导电性

介质的导电性通常用电阻率或者电导率来描述。物理实验表明，均匀导体的电阻 R 与长度 L 成正比，与横截面积 S 成反比，即

$$R = \rho \frac{L}{S} \tag{6-1}$$

其中，比例系数 ρ 为电阻率，是表征介质导电属性的物理量，单位为欧姆米，记作 $\Omega\cdot m$。

定义电导率：$\sigma=\rho^{-1}$，单位为西门子每米（S/m）。电导率和电阻率互为倒数，介质的导电性越好，电阻率越低，电导率越大。

自然状态下的岩、矿石由各种固体矿物组成，岩、矿石的导电性和组成矿物的电阻率密切相关。按照导电机制，固体矿物可以分为金属导体、半导体和固体电解质。各种天然金属，如自然金、自然铜等，均属于导体，电阻率一般小于 10^{-6} $\Omega\cdot m$。大多数金属矿物属于半导体，如金属硫化物、金属氧化物等，通常电阻率的变化范围在 $10^{-6}\sim10^{6}$ $\Omega\cdot m$。绝大多数造岩矿物属于固体电解质，如长石、石英、云母、方解石等，电阻率都很大，一般大于 10^{6} $\Omega\cdot m$，在干燥情况下可视为绝缘体。表 6-2 为一些常见矿物的电阻率值。

表 6-2　一些常见矿物的电阻率值

矿物名称	电阻率/($\Omega\cdot m$)	矿物名称	电阻率/($\Omega\cdot m$)	矿物名称	电阻率/($\Omega\cdot m$)
自然金		磁铁矿	$10^{-6}\sim10^{-3}$	铬铁矿	$10^{3}\sim10^{6}$
自然铜	$10^{-8}\sim10^{-7}$	斑铜矿	$10^{-6}\sim10^{-3}$	闪锌矿	$10^{3}\sim10^{6}$
自然铁		黄铁矿	$10^{-3}\sim10^{0}$	石英	
自然镍		方铅矿	$10^{-3}\sim10^{0}$	云母	$>10^{6}$
石墨	$\sim10^{-6}$	赤铁矿	$10^{-3}\sim10^{6}$	方解石	

由表 6-2 可见，矿物的电阻率值是在一定范围内变化的，同种矿物可有不同的电阻率值，不同矿物也可有相同的电阻率值。因此，自然界各种岩石的电阻率都是在一定范围内变化的，一般而言，火成岩和变质岩电阻率较高，通常在 $10^{2}\sim10^{5}$ $\Omega\cdot m$

范围内变化；沉积岩电阻率较低，通常在 $10^0 \sim 10^3$ $\Omega \cdot m$ 范围内变化。对于三大类岩石而言，其导电性主要取决于组成矿物的种类和含量，但在很大程度上，岩石的结构、构造、孔隙度及孔隙水的矿化度、温度、压力等也会影响岩石的导电性。

1. 岩、矿石结构和构造的影响

大多数岩、矿石可视为由矿物颗粒和胶结物组成的集合体，在导电矿物含量相同的情况下，其导电性主要取决于导电矿物颗粒和胶结物的形状与连通性。例如，图 6-1(a) 中左图为浸染状金属矿石，胶结物表现为彼此连通的状态，整体矿石表现为高阻特性；而图 6-1(a) 中右图为含片状或者细脉状金属的矿体，由于导电矿物彼此连通，整体矿石相对于浸染状矿石就表现为低阻。

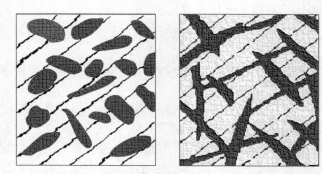

(a) 矿物和胶结物结构示意图(黑色部分代表导电矿物)

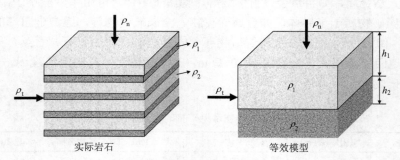

(b) 层状构造岩石电阻率各向异性示意图

图 6-1　影响岩、矿石电阻率的结构和构造因素

对于大多数的沉积岩和某些变质岩，沉积旋回和构造挤压作用往往使两种或多种不同电性的薄层交替成层，形成层状构造。一般情况下，层状岩石的电阻率具有明显的各向异性。某些层状岩石，如石墨化碳质页岩、泥质页岩等，在平行层理方向上具有较低的电阻率。

图 6-1(b) 为不同电阻率的岩层交替结构示意图，垂直层理方向和沿层理方向可分别视作电阻的串联和并联，ρ_n 和 ρ_t 分别称为横向电阻率和纵向电阻率。按照电阻

的串联和并联特性，层状介质的横向电阻率 ρ_n 总是高于纵向电阻率 ρ_t，岩层整体上表现出电阻率的各向异性。

2. 孔隙度和孔隙水的影响

几乎所有的天然岩石都或多或少地含有水分，这些岩层裂隙或者孔隙中的天然水电阻率一般比较低，通常小于 $100\ \Omega\cdot m$。一般而言，孔隙度较大、含水量较高的岩石电阻率较低，而孔隙度小或干燥的岩石电阻率较高。同时，孔隙中水的矿化度越高，导电性越好，岩石的电阻率就越低。

岩石的电阻率还与孔隙的结构有关。当岩石中的孔隙连通性较差时，岩石骨架对岩石的电阻率影响较大；当孔隙连通性较好时，其中的水分对岩石的电阻率影响较大。此外，节理和裂隙式孔隙往往具有方向性，会使岩石的电阻率具有各向异性。

3. 温度和压力的影响

实验表明，电子导电岩、矿石的电阻率随温度升高而上升，离子导电岩、矿石的电阻率随温度升高而降低。在地表常温带以下，地温随着深度的增加而升高。因此，在研究深部构造和地热资源时，必须考虑地温变化对岩石电阻率的影响。此外，当气温降至 0℃ 以下时，地表含水岩石和土壤的电阻率会明显增大，这主要是岩石孔隙中的水溶液结冰后导电性降低的结果。

压力对岩石电阻率的影响表现在对岩石孔隙含水的影响上。在岩石承压极限内，地层压力增大使孔隙闭合，孔隙水排出，则岩层电阻率增大；若压力超出岩石破坏极限，岩石破裂后孔隙度增大，孔隙含水量增加，则岩层电阻率减小。

综上所述，影响岩、矿石导电性的因素是多方面的，在不同勘探任务中要考虑的主要因素会有所差别。例如，在金属矿产普查和勘探中，岩、矿石中良导体矿物的含量及结构是主要影响因素；在水文地质、工程地质调查和沉积区构造普查中，岩石的孔隙度、含水饱和度及孔隙水的矿化度等成为决定性因素；而在地热研究、地震地质和深部构造研究中，温度和地应力变化是应考虑的主要因素。

6.1.2　稳定电流场基本特性

1. 稳定电流场的基本理论

电流在介质中流动，形成一定的电流空间分布，电流分布不随时间变化的场称为稳定电流场。引入矢量电流密度 J，其方向代表电流场中各点的电流方向，其数值等于通过该点单位垂直截面的电流大小。如图 6-2（a）所示，在稳定电流场中电流是连续的，对不含电源的任意闭合曲面上的电流密度 J 进行积分，结果为零，即

$$\oiint_s J \cdot \mathrm{d}s = 0 \tag{6-2}$$

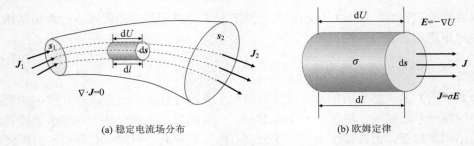

(a) 稳定电流场分布　　　　　　(b) 欧姆定律

图 6-2　导体中的稳定电流场

式(6-2)为**电荷守恒定律**，其微分形式为

$$\nabla \cdot \boldsymbol{J} = 0 \tag{6-3}$$

式(6-3)表明，在稳定电流场中，任何一点电流密度的散度恒等于零，即无自由电荷的积聚。稳定电流场中，任意一点的电流密度 $\boldsymbol{J}$ 与电场强度 $\boldsymbol{E}$ 的关系满足欧姆定律，其微分形式为

$$\boldsymbol{J} = \sigma \boldsymbol{E} \ \text{或} \ \boldsymbol{E} = \rho \boldsymbol{J} \tag{6-4}$$

其中，比例系数 σ 为该点处介质的电导率。式(6-4)适用于任何形状的不均匀导电介质和电流密度不均匀分布的稳定电流场[图 6-2(b)]。

从位场性质来看，稳定电流场是一个保守力场，场中任意一点的电位等于将单位正电荷从该点移动到无限远处电场力所做的功，电场强度 $\boldsymbol{E}$ 和电位 U 的关系为

$$\boldsymbol{E} = -\nabla U \tag{6-5}$$

由式(6-3)~式(6-5)，可以得到

$$\nabla \cdot \boldsymbol{J} = \nabla \cdot (\sigma \boldsymbol{E}) = \nabla \cdot (-\sigma \nabla U) = 0 \tag{6-6}$$

对于均匀导电介质，电导率 σ 为常数，式(6-6)变为

$$\nabla^2 U = 0 \tag{6-7}$$

式(6-7)即**拉普拉斯方程**，给定场源和边界条件，求解该方程可以得到均匀导电介质中稳定电流场的电位分布。

2. 均匀导电介质中的稳定电流场

电阻率方法是在地表用电极向地下供电，建立起稳定的电流场。下面以点电源供电建立的电流场为例，讨论均匀导电介质中稳定电流场的基本特征。设地面为无限大平面，由位于地表的电源通过两个接地电极 A 和 B 供电，供电电流为 $\boldsymbol{I}$，分析中常用到的边界条件包括：

（1）距离场源无限远处，电位趋于零；

（2）地表处，由于空气不导电，电流密度法线分量为零；

（3）不同导电性岩石分界面处，分界面两侧电位连续；

(4)不同导电性岩石分界面处，电流密度法线分量连续。

1)单个点电源供电

当供电电极 A 和 B 的距离远大于研究目标范围 $r(AB\gg r)$ 时，可忽略电极 B 产生的影响，视为由电极 A 单独建立的电场，即单个点电源供电的电流场。在地面平坦、地下介质导电性均匀的条件下，进入地下的电流将均匀地向各方向流动，扩散面为半球面，电流场的分布如图 6-3(a)所示。

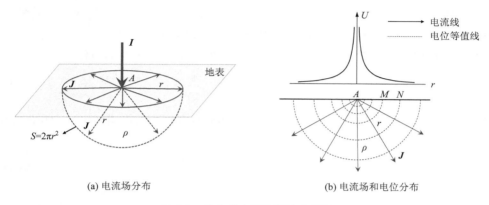

(a) 电流场分布　　　　　　　　　　　　　　(b) 电流场和电位分布

图 6-3　单个点电源的稳定电流场

在半无限均匀介质中，点电源电位分布具有球对称性，因此采用球坐标系，并取点 A 为原点。由于电位空间分布与方位角和极角无关，球坐标系下的拉普拉斯方程简化为

$$\frac{\partial}{\partial r}\left(r^2\frac{\partial U}{\partial r}\right)=0 \tag{6-8}$$

其中，r 为空间任一点到原点的距离。对方程两次积分，得

$$U=-\frac{C_1}{r}+C_2 \tag{6-9}$$

其中，C_1 和 C_2 为积分常数。由边界条件，距离场源无限远处稳定电流场电位趋于零，解得 $C_2=0$。利用电流连续性条件和地表电流密度边界条件，可以求得距离点源 A 为 r 处电流密度分布为

$$j=\frac{I}{2\pi r^2} \tag{6-10}$$

将电流密度代入式(6-4)，得到介质中的电场分布为

$$E=\frac{j}{\sigma}=j\cdot\rho=\frac{I\rho}{2\pi r^2} \tag{6-11}$$

根据电场强度和电位的关系式(6-5)，由式(6-9)得

$$E = -\frac{\mathrm{d}U}{\mathrm{d}r} = -\frac{C_1}{r^2} \tag{6-12}$$

联立式(6-11)和式(6-12)，可得 $C_1 = \dfrac{-I\rho}{2\pi}$，代入式(6-9)得到单个点电源电流场的电位分布为

$$U = \frac{I\rho}{2\pi r} \tag{6-13}$$

如图 6-3(b)所示，电流线是一系列从点电源出发向各方向呈辐射状分布的射线，等位面是一系列以点电源为中心、和电流线正交的半球面，电位分布与 r 成反比。

由式(6-13)可知，上述稳定电流场中任意两点 M 和 N 之间的电位差为

$$\Delta U_{MN} = \frac{I\rho}{2\pi}\left(\frac{1}{AM} - \frac{1}{AN}\right) \tag{6-14}$$

其中，AM 和 AN 为点电源至 M、N 的距离。由式(6-14)可求得均匀电性介质的电阻率为

$$\rho = \frac{2\pi}{\dfrac{1}{AM} - \dfrac{1}{AN}}\frac{\Delta U_{MN}}{I} = K\frac{\Delta U_{MN}}{I} \tag{6-15}$$

其中，K 是一个与电极的排列方式和电极距有关的常量，称为装置系数：

$$K = \frac{2\pi}{\dfrac{1}{AM} - \dfrac{1}{AN}} \tag{6-16}$$

对于均匀介质空间，M 和 N 为稳定电流场中任意两点，因此，可以在地表任意两点进行电位 ΔU_{MN} 的测量，通过式(6-16)的计算获得地下介质的电阻率。

2)两个异性点电源供电

如图 6-4(a)由位于地表的接地电极 A 和 B 向地下供电，电极 A、B 处电流分别为 $+I$ 和 $-I$，可视作由两个异性点电源建立的地下电流场。整个电流场可视为两个稳

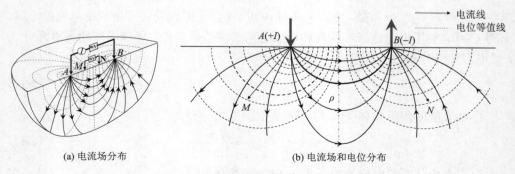

(a) 电流场分布　　　　　　　　　　(b) 电流场和电位分布

图 6-4　两个异性点电源建立的稳定电流场

定电流场的叠加，电流场分布如图 6-4(a)所示，图 6-4(b)中实线为电流线分布，虚线为等位线分布。

按照电场的叠加原理，电流场中任意两点 M 和 N 的电位为

$$\begin{cases} U_M = U_{AM} + U_{BM} = \dfrac{I\rho}{2\pi}\left(\dfrac{1}{AM} - \dfrac{1}{BM}\right) \\ U_N = U_{AN} + U_{BN} = \dfrac{I\rho}{2\pi}\left(\dfrac{1}{AN} - \dfrac{1}{BN}\right) \end{cases} \quad (6\text{-}17)$$

由此，得到上述电流场中任意两点 M 和 N 的电位差为

$$\Delta U_{MN} = \dfrac{I\rho}{2\pi}\left(\dfrac{1}{AM} - \dfrac{1}{AN} - \dfrac{1}{BM} + \dfrac{1}{BN}\right) \quad (6\text{-}18)$$

由式(6-18)同样可求得均匀电性介质的电阻率为

$$\rho = K \dfrac{\Delta U_{MN}}{I} \quad (6\text{-}19)$$

此时，式中的装置系数 K 为

$$K = \dfrac{2\pi}{\dfrac{1}{AM} - \dfrac{1}{AN} - \dfrac{1}{BM} + \dfrac{1}{BN}} \quad (6\text{-}20)$$

3. 非均匀介质中的稳定电流场

在自然界中，地下的介质结构是复杂的，不同电阻率的岩、矿石空间分布并不均匀。在电法勘探中，常把按电阻率划分的地质断面称为地电断面。图 6-5 为不同类型的典型地电断面，分别代表均匀岩层、围岩中赋存高阻岩体和围岩中赋存良导矿体三种不同的情形。

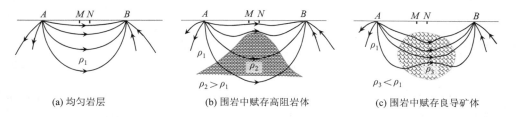

(a) 均匀岩层　　　　　　(b) 围岩中赋存高阻岩体　　　　　　(c) 围岩中赋存良导矿体

图 6-5　不同类型地电断面中的电流场分布

为了进行地电断面的研究，由位于地表的接地电极 A、B 供电，在地下建立稳定的电流场，在地表用测量电极 M、N 进行电位观测。根据欧姆定律，当电位差一定时，导体中的电流强度与电阻成反比，低阻体中电流大，高阻体中电流小，宏观上表现为低阻体吸引电流，高阻体排斥电流，从而形成不同的电流场分布，在地表可以观测到三种地电断面上不同的电位分布。

在实际的勘探中，依然按照均匀导电介质电阻率的计算公式(6-19)来计算电阻率，此时获得的电阻率称为视电阻率 ρ_s，可表示为

$$\rho_s = K \frac{\Delta U_{MN}}{I} \tag{6-21}$$

其中，K 为装置系数。视电阻率单位和真电阻率相同，为欧姆米，记作 $\Omega \cdot m$。

显然，由式(6-21)计算所得的视电阻率 ρ_s 不是某一种岩石的真电阻率，而是一个用来反映不均匀地电断面综合效应的参数，是在电流场分布范围内，各种岩、矿石电阻率综合影响的结果。根据稳定电流场的位场性质[式(6-5)]和欧姆定律[式(6-4)]，有

$$\rho_s = K \frac{\Delta U_{MN}}{I} = \frac{K}{I} \int_N^M E_{MN} \cdot \mathrm{d}l = \frac{K}{I} \int_N^M j_{MN} \cdot \rho_{MN} \mathrm{d}l \tag{6-22}$$

当测量极距 MN 很小时，可将 MN 范围内的电场强度和电流密度视为常量，式(6-22)可近似为

$$\rho_s \approx \frac{K \cdot MN}{I} j_{MN} \rho_{MN} \tag{6-23}$$

式(6-23)表明，视电阻率的测量值与测量电极 MN 处介质的真电阻率值 ρ_{MN} 及地表电流密度 j_{MN} 呈正比关系，而地表电流密度分布则受地下电性结构影响。下面利用式(6-23)对视电阻率曲线和地下电性结构的关系进行定性分析。

设地面水平，地下为均匀导电介质，电阻率为 ρ，则 $\rho_{MN} = \rho$，设地表电流密度 j_{MN} 为 j_0，则有

$$\rho_s = \frac{K \cdot MN}{I} j_0 \rho \tag{6-24}$$

显然，均匀介质的视电阻率 ρ_s 等于介质的真电阻率 ρ，可以推知以下关系：

$$\frac{K \cdot MN}{I} = \frac{1}{j_0} \tag{6-25}$$

将式(6-25)代入式(6-23)，可得视电阻率 ρ_s 的微分形式：

$$\rho_s = \frac{j_{MN}}{j_0} \rho_{MN} \tag{6-26}$$

由式(6-26)可见，视电阻率本质上反映了实测不均匀介质电流场分布 j_{MN} 相对于均匀介质电流场分布 j_0 的变化。如图 6-6 所示，在电阻率为 ρ_1 的均匀岩层中，存在一个电阻率为 ρ_2 的高阻体和一个电阻率为 ρ_3 的低阻体，利用电阻率测量装置在地表进行视电阻率测量，测量电极 MN 处 $\rho_{MN} = \rho_1$。

根据式(6-26)，当观测装置位于均匀地层段上方时，$j_{MN} = j_0$，$\rho_s = \rho_1$，即视电阻率等于围岩电阻率。当观测装置位于高阻体上方附近时，由于高阻体排斥电流，地表电流密度加大，在高阻体上方有 $j_{MN} > j_0$，此时 $\rho_s > \rho_1$，观测到视电阻率相对于围岩电阻率值的高异常值。反之，当观测装置位于低阻体上方附近，由于低阻体吸引

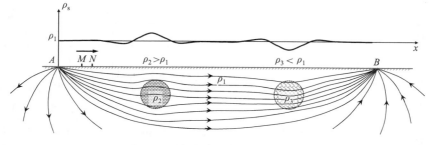

图 6-6　非均匀介质中的稳定电流场

电流，地面电流密度减小，在低阻体上方有 $j_{MN} < j_0$，此时 $\rho_s < \rho_1$，观测到视电阻率相对于围岩电阻率值的低异常值。

由上述分析可见，岩层中高阻体和低阻体相对于围岩电阻率的变化，通过对电流场分布的影响，反映在地表电流分布和视电阻率曲线上。电阻率方法正是通过测量和分析视电阻率的空间分布和变化规律来研究地下电性结构，解决相关的地质问题。

6.1.3　电阻率方法及常规应用

电阻率方法是用接地电极向地下供电，在地下介质中形成稳定的电流场，并通过地表电位观测和视电阻率测量分析，来研究各种非均匀地电断面的一组地电勘探方法。在实际应用中，根据不同的探测目的和测量方式，电阻率方法又可以分为电阻率测深法、电阻率剖面法，以及将两种方法相结合的高密度电阻率成像方法。

1. 电阻率方法的基本测量

1) 稳定电流场的建立和测量装置

在地表用一定的测量装置在地下介质中建立稳定电流场，是电阻率方法的探测基础。测量装置是指供电电极和测量电极的排列方式，表 6-3 所列为电阻率方法中几种常用的测量装置，包括基本的装置说明和相应的装置系数计算公式。除表中所

表 6-3　几种常用的电阻率方法测量装置说明表

装置名称	电极排列方式	装置说明	装置系数
三极装置		将供电电极 B 置于"无穷远"处，另一供电电极 A 和测量电极 M、N 构成三极装置，测点位于 MN 中点	$K = 2\pi \dfrac{AM \cdot AN}{MN}$
联合剖面装置		将两个对称的三极装置 AMN 和 BNM 组成联合剖面装置，MN 中点为测点，通过开关切换在同一个测点上完成两次测量	$K_A = 2\pi \dfrac{AM \cdot AN}{MN}$ $K_B = 2\pi \dfrac{BM \cdot BN}{MN}$

续表

装置名称	电极排列方式	装置说明	装置系数
对称四极装置		由两个对称分布的供电电极 A、B 和测量电极 M、N 构成，$AM=BN$，测点位于 MN 中点	$K=\pi\dfrac{AM \cdot AN}{MN}$ $AM=MN=NB=a$ 称为温纳装置 装置系数简化为 $K=2\pi a$
偶极装置		供电电极 A、B 和测量电极 M、N 均采用偶极并分开一定距离，测点位于 oo' 中点	$K=\dfrac{2\pi \cdot AM \cdot AN \cdot BM \cdot BN}{MN(AM \cdot AN - BM \cdot BN)}$
中间梯度装置		固定供电电极 A、B，选用较大的电极间距 AB，在 AB 中部的 $1/2\sim1/3$ 地段，采用较小的测量极距 MN 来进行测量，测点位于 MN 中点	$K=\dfrac{2\pi \cdot AM \cdot AN \cdot BM \cdot BN}{MN(AM \cdot AN + BM \cdot BN)}$

列常用装置外，还有将电极排列成许多其他形式的装置类型，实际工作中根据不同的观测对象和观测条件，可以选用不同的装置或者采用多种装置的组合进行测量。

　　2) 电流密度和勘探深度

　　电阻率方法是在地表进行电流场和视电阻率观测，因此，能否获取有效的地下电性结构信息，取决于流经地下电性结构的电流变化能否引起地表可观测到的电场效应和视电阻率变化。如图 6-7(a) 所示，地表电极 A 和 B 供电，电流在向地下扩散的过程中，随着深度的增加，电流密度逐渐减小。取 AB 中点 O 作中垂线，令 $AB/2=L$，观察中垂线剖面上电流密度随深度的变化。

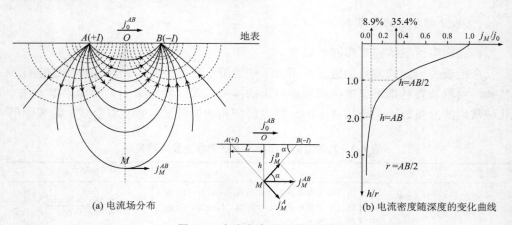

(a) 电流场分布　　　　　　　　　　　　　　(b) 电流密度随深度的变化曲线

图 6-7　电流密度和深度的关系

　　根据电流场的叠加原理，在地表 O 点处，由 A 和 B 两个点电源形成的电流密度为

$$j_0^{AB} = j_0^A + j_0^B = 2j_0^A = 2\frac{I}{2\pi L^2} = \frac{I}{\pi L^2} \tag{6-27}$$

在 AB 连线中垂线上深度 h 处的 M 点，电流密度为

$$j_M^{AB} = 2j_M^A \cos\alpha = 2\frac{I}{2\pi(L^2+h^2)} \cdot \frac{L}{(L^2+h^2)^{1/2}} = \frac{I}{\pi L^2}\cos^3\alpha \tag{6-28}$$

其中，α 为 M 点与供电电极连线和地面的夹角。通过观察中垂线剖面上深度 h 处电流密度和地表处电流密度比值的变化，分析电流密度随深度的变化，有

$$\frac{j_M^{AB}}{j_0^{AB}} = \cos^3\alpha = \frac{1}{\left[1+\left(\dfrac{h}{L}\right)^2\right]^{3/2}} \tag{6-29}$$

图 6-7(b) 为电流密度随深度的变化曲线，可以看出电流主要分布在靠近地表附近的范围内，随深度增加，电流密度急剧减小。当 $h=AB/2$ 时，M 点的电流密度为地表电流密度的 35.4%；当 $h=AB$ 时，电流密度衰减为地表电流密度的 8.9%。实践中，通常取 $L=AB/2$ 作为电阻率方法的影响深度，即能够在地表产生可靠观测异常的探测深度。

由上述分析可知，电阻率方法的探测深度正比于供电电极距，要想加大勘探深度，必须相应地增大供电电极距，此外还必须考虑加大电源功率和供电电流，以保证流经地下电性结构的电流分布在地表能引起可观测的视电阻率变化。

2. 电阻率测深法

电阻率测深法，简称电测深法，是在同一测点之上，通过逐步改变电极距来控制勘探深度，了解地下介质电阻率的垂向变化。电测深法的结果一般以测深曲线的形式表达，即测点下方地层视电阻率随深度变化的分布曲线。

1) 电测深曲线的测量

在电测深法的实际工作中，通常采用对称四极装置[图 6-8(a)]，供电电极 A、B 和测量电极 M、N 对称放置于测点 O 两侧，测量电极 MN 保持不动，逐步增大供电电极 AB 间距，逐次测量电位差 ΔU_{MN}，并利用式(6-30)计算测点 O 下方地层的视电阻率：

$$\rho_s = K\frac{\Delta U_{MN}}{I} \tag{6-30}$$

其中，K 为装置系数。以 $AB/2$ 为横坐标(单位：m)，ρ_s 为纵坐标(单位：$\Omega \cdot m$)，将同一个测点上测得的视电阻率值绘成一条电测深曲线[图 6-8(b)]，不同的 AB 极距，对应于不同探测深度范围内地层的视电阻率。

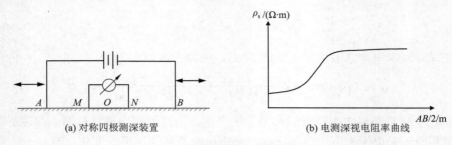

图 6-8　电测深曲线的测量

2）电测深曲线的类型和特征分析

电测深曲线特征取决于地电断面中电性层的数目和空间分布。图 6-9 为双层水平介质地电断面，上层介质电阻率为 ρ_1，下层介质电阻率为 ρ_2。

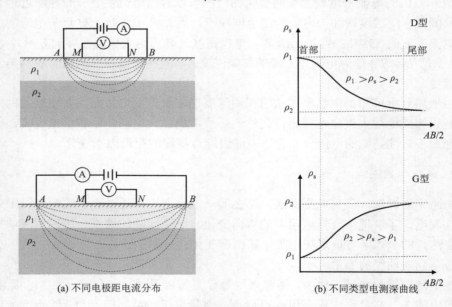

图 6-9　双层水平介质模型电测深曲线

图 6-9（a）为断面电流分布图，上图所示为在电极距 $AB/2$ 较小阶段，电流大部分流经近地表地层，此时对应于电测深曲线的首部，反映的是最上层介质的电阻率特征；下图所示为电极距 $AB/2$ 远大于上层总厚度阶段，电流大部分流经下伏地层，此时对应于电测深曲线的尾部，反映的是下层介质的电阻率特征。

图 6-9（b）中，可见电测深 ρ_s 曲线首部趋于水平并以上层介质的电阻率 ρ_1 为渐近值，ρ_s 曲线尾部趋于水平并以下层介质的电阻率 ρ_2 为渐近值。根据上下层电阻率的相对高低，将双层介质的电测深曲线分为两种类型：D 型，$\rho_1 > \rho_2$，基底为低阻；G 型，$\rho_1 < \rho_2$，基底为高阻。

图 6-10 为三层水平介质地电断面，根据各层介质电阻率的相对高低，电测深曲线分为四种类型：A 型，$\rho_1 < \rho_2 < \rho_3$，电阻率递增；Q 型，$\rho_1 > \rho_2 > \rho_3$，电阻率递减；H 型，$\rho_1 > \rho_2 < \rho_3$，中间低阻层；K 型，$\rho_1 < \rho_2 > \rho_3$，中间高阻层。

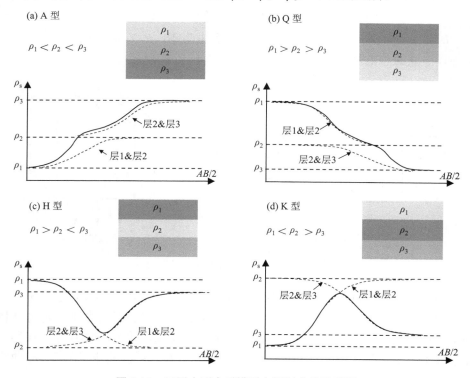

图 6-10　三层水平介质模型电测深曲线类型图

图中实线为三层介质测深曲线，虚线为相邻两层介质测深曲线

由图 6-10 可见，电测深曲线的首部和尾部分别反映顶层和底层介质的电阻率，曲线中段的起伏则反映出相邻各地层电阻率的相对高低变化。对于多层地电断面，电测深曲线类型可以用三层断面类型的组合表示。电测深曲线类型反映地电断面各层的电性情况，定性解释中常将测深曲线类型标注在测深点旁，绘制电测深曲线类型图。

3）电测深曲线的等值现象

一定的地电断面所对应的电测深曲线是唯一的，但在实际测量中，会遇到地电断面地层参数不同而测深曲线相同的现象，称为电测深曲线的等值现象。

对于多层介质而言，如果电流方向平行于地层，相当于多个层状导体并联，如图 6-11（a）所示，则整套地层的纵向电导为

$$G = G_1 + G_2 + \cdots + G_n = \frac{h_1}{\rho_1} + \frac{h_2}{\rho_2} + \cdots + \frac{h_n}{\rho_n} \tag{6-31}$$

其中，h_i 和 $\rho_i(i=1,2,\cdots,n)$ 分别为各层的厚度和电阻率；G 为纵向电导，等效于多个层状导体并联的总电导。当电流方向垂直于地层时，相当于多个电阻串联，如图 6-11(b) 所示，整套地层的横向总电阻为

$$R = R_1 + R_2 + \cdots + R_n = h_1\rho_1 + h_2\rho_2 + \cdots + h_n\rho_n \tag{6-32}$$

其中，h_i 和 $\rho_i(i=1,2,\cdots,n)$ 分别为各层的厚度和电阻率；R 为横向电阻，等效于多个层状导体串联的总电阻。

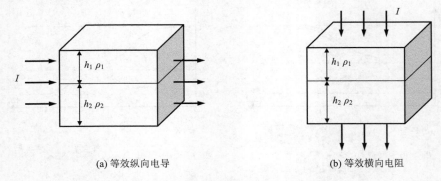

(a) 等效纵向电导　　　　　　　　　　　　　　(b) 等效横向电阻

图 6-11　　多层介质的等效导电模型

当地层中存在不同的电性层组合时，整套地层的视电阻率不仅仅取决于单个地层的电阻率或者地层厚度，还与各地层的相对电阻率高低及地层中的电流分布特征相关。以三层地电断面为例说明电测深曲线的等值现象，如图 6-12 所示，保持顶层和底层参数不变，改变中间层的电阻率 ρ_2 和地层厚度 h_2，观察视电阻率 ρ_s 曲线的变化。

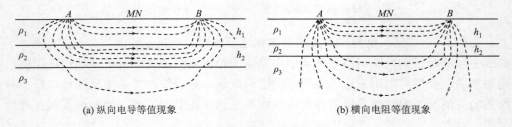

(a) 纵向电导等值现象　　　　　　　　　　　　　　(b) 横向电阻等值现象

图 6-12　　电测深曲线的等值现象

情况一[图 6-12(a)]：中间层为低阻层，$\rho_2 < \rho_3$，由于低阻层 2 对电流的"吸引"作用和高阻层 3 对电流的"排斥"作用，电流几乎平行于层面通过地层 2，此时该层影响电流场分布的参数是纵向电导。在地电断面中，其他层参数不变，若保持中间层的纵向电导 $G_2 = h_2/\rho_2$ 不变，在一定范围内同时改变 ρ_2 和 h_2，则地层中电流分布改变很小，地表观测到的 ρ_s 曲线形状基本保持不变，这时就出现了电测深曲线的等值现象。

情况二[图 6-12(b)]：中间层为高阻层，$\rho_2 > \rho_3$，由于地层 2 对电流的"排斥"作用及地层 1 和 3 对电流的"吸引"作用，电流几乎垂直于层面通过地层 2，此时该层影响电流场分布的参数是横向电阻。这时若保持中间层的横向电阻 $R_2 = h_2\rho_2$ 不变，在一定范围内同时改变 ρ_2 和 h_2，则同样也会出现电测深曲线的等值现象。

由于上述电测深曲线的等值现象，基于同一条电测深曲线可以得到多个不同的地电断面解释，这种测深曲线的多解性，在本章其他电测深方法(如大地电磁测深、瞬变电磁测深)中也都存在。因此，在多层介质测深曲线解释时，必须结合其他探测资料，增加先验信息约束，以获得接近真实电性结构的合理解。

4)电测深资料的解释和应用实例

电测深法主要用于探测水平或低角度倾斜地层的不同电性层的分布，所解决的问题包括了解基岩起伏和基岩风化壳发育深度，寻找层位稳定的煤层、含水层，确定其顶底埋深，研究具有明显电阻率差异的断层破碎带、岩性接触界线的产状(走向、倾向)等。对于复杂的地电断面，可以沿测线进行多点测量，获取多条测深曲线，在此基础上结合地质和钻井资料进行综合解释。电测深资料的解释一般可分为定性解释和定量解释两部分。

A. 电测深资料的定性解释

定性解释主要是确定电阻率测深曲线的类型，确定电性层分层，并建立电性层与实际地层的对应关系。各种定性解释图件的绘制是定性解释的基础，常用的图件有电测深曲线类型图、视电阻率断面等值线图和视电阻率平面等值线图。

电测深曲线类型图是用于粗略判断测区内地质断面变化情况的一种定性图件，是在图纸上按相应比例尺，在各测点位置绘出缩小的电测深曲线，并在曲线首尾标明其视电阻率值。电测深曲线的类型取决于地电断面的性质，曲线类型的变化可以反映地下岩层的变化，如岩层的缺失、新岩层的出现、地质构造变动导致的岩层层位变化等。图 6-13 是由河南邙山某测线上由多个测点获得的电测深曲线绘制的电测

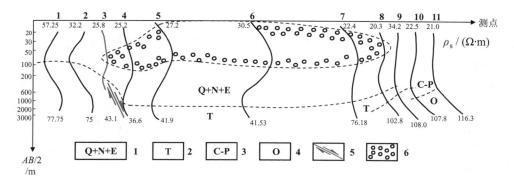

图 6-13　河南邙山某测线电测深曲线类型图(据雷宛等，2006 修改)

1-第四系、新近系、古近系；2-三叠系；3-石炭—二叠系煤层；4-奥陶系灰岩；5-断层；6-鹅卵石

深曲线类型图，由图中可见，电测深曲线类型的变化与地质断面中地层、岩性的变化及构造界线有着很好的对应关系。

　　视电阻率断面等值线图是电阻率测深定性解释中最重要的一种图件，用于反映一条测线中垂向断面的视电阻率变化。其绘制方法是以测点为横坐标，以 $AB/2$ 为纵坐标，在每个测点上将各极距对应的视电阻率值 ρ_s 标在相应的极距上，并勾勒出测线断面上的 ρ_s 等值线图。从视电阻率等值线断面图上可以看出基岩起伏、构造变化、不同深度电性层沿测线方向的变化等。图 6-14（a）是某温泉区电测深工作得到的视电阻率断面等值线，横轴代表测线测点，纵轴代表 $AB/2$ 电极距大小，较大的 $AB/2$ 对应较深的探测深度。图中由 ρ_s=20 Ω·m 和 18 Ω·m 勾勒出的低阻等值线圈，指示在 40号点和 20 号点之间，有一个电阻率较低的低阻层。验证结果证实，该低阻层即地下热水（≥40℃）的存储范围。

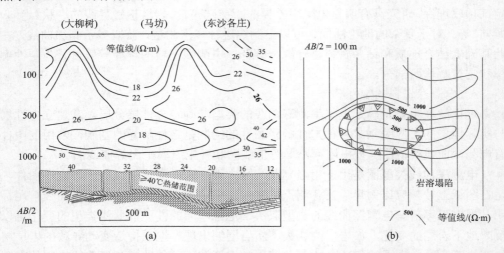

图 6-14　（a）某温泉区视电阻率断面等值线图（据李金铭，2005 修改）和（b）某岩溶区视电阻率平面等值线图（据雷宛等，2006 修改）

　　视电阻率平面等值线图的绘制方法是将测点位置投影在测区平面图上，选择各测点相同 $AB/2$ 极距的视电阻率值勾勒的平面等值线图，从而对应测区某一深度范围的视电阻率分布。利用视电阻率平面等值线图可以探查某一深度上电阻率沿水平方向的变化情况。图 6-14（b）为某岩溶区 $AB/2$=100 m 的视电阻率平面等值线图。由图中可见，地表的岩溶塌陷部分正好位于低阻等值线的圈闭范围内，据此可以推断，深部溶洞的发育范围较地表塌陷区大，而且深部溶洞的地表投影基本与视电阻率低阻等值线形状一致。

　　B. 电测深资料的定量解释

　　在对测区的电测深资料进行了充分的定性分析，掌握了测区内地层结构与曲线类型的对应关系后，对于地电结构简单，如水平层状地电断面而且电性层数有限的情况，可以对测深曲线进行定量解释。定量解释的目的是确定区内各电性层的埋深、厚度及电阻率等参数。

　　定量解释首先是根据定性解释获得的信息，建立地层电性结构的初始参数模型，包括电性分层厚度和电阻率参数等，再利用各种定量解释方法，如特征点法、曲线模板匹配法、数值模拟反演法等，最终获得对研究区电性结构的定量参数描述。图 6-15(a) 为电测深曲线的数值模拟反演计算流程示意图，反演计算的主要步骤如下。

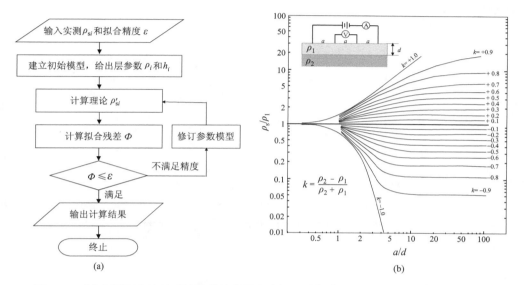

图 6-15　(a)电测深曲线的反演计算流程图和(b)双层模型的理论视电阻率曲线计算结果

　　(1)根据实测曲线的形态特征，结合地质和地球物理条件，大致推测各电性分层的几何参数(厚度 h_i)和物性参数(电阻率 ρ_i)，建立初始水平电性层参数模型；

　　(2)基于水平层状地层中电场分布和实际采用的装置，计算理论视电阻率曲线[图 6-15(b)]；

　　(3)将计算得到的理论测深曲线和实测曲线进行拟合，计算拟合误差，修正模型参数；

　　(4)重复上述过程，直到拟合误差达到设定的拟合精度。

　　此时，将最终获得的地层厚度和电阻率参数作为实测电测深曲线的定量解释结果。

　　3.　电阻率剖面法

　　电阻率剖面法简称电剖面法，一般采用固定的电极排列，将整个测量装置沿测线移动，以获得视电阻率剖面曲线，研究一定勘探深度范围内沿测线水平方向上电性结构的横向变化。

1) 视电阻率剖面曲线的测量

根据测量装置的不同，常用的电阻率剖面方法可分为联合剖面法、对称剖面法、中间梯度法等，在勘探工作中经常配合使用。下面以联合剖面法为例，介绍电阻率剖面法的基本测量原理。

如图 6-16 所示，假设在地下岩层中存在一个垂直的岩性接触面，界面两侧岩层的电阻率分别为 ρ_1 和 ρ_2，且有 $\rho_1 > \rho_2$，采用联合剖面装置（参见表 6-3）沿测线进行测量。

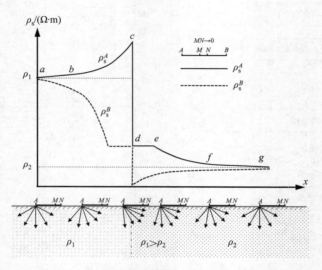

图 6-16　岩石垂直接触界面上的联合剖面 ρ_s 曲线

在沿测线移动装置的过程中，通过开关切换，联合剖面法在每个测点上可以获得两个测量值，最终得到两条视电阻率曲线 ρ_s^A 和 ρ_s^B，实线为电极 A 供电结果，虚线为电极 B 供电结果。利用 6.1.2 节中的视电阻率微分计算公式（6-26）

$$\rho_s^A = \frac{J_{MN}^A}{J_0^A}\rho_{MN}$$

来定性分析视电阻率曲线 ρ_s^A 的变化，其中，J_0 是地下为均匀介质时的电流密度，J_{MN} 和 ρ_{MN} 分别为测量电极 MN 所在近地表位置的电流密度和介质真实电阻率。

从图 6-16 中可以看到，在测量装置 AMN 自左向右逐步接近和逐步远离岩性接触界面的过程中，介质中的电流分布发生改变，地表观测视电阻率发生连续变化；在岩性接触界面的上方，视电阻率显示出明显的跃变。BNM 装置的测量曲线 ρ_s^B 的分析过程类似，在岩性接触界面的上方，两条视电阻率曲线都显示出明显的跃变，指示岩层分界面的空间位置和界面两侧介质电性的差别。根据 ρ_s^A 曲线的变化特征，将其分为 6 个阶段，地表电流密度和视电阻率的详细变化特征列于表 6-4 中。

表 6-4 岩石垂直接触界面上的联合剖面视电阻率 ρ_s^A 变化特征列表

曲线分段	装置和电极位置	电流密度变化	视电阻率变化
ab 段	AMN 位于界面左侧介质 1	MN 远离界面，电流密度分布均匀	$\rho_{MN}=\rho_1$，$\rho_s^A \to \rho_1$
bc 段	AMN 向右移动，逐渐接近分界面	电流被低阻介质吸引，地表电流密度增加，$J_{MN}>J_0$，MN 越接近界面，效应越明显	$\rho_s^A \uparrow$，在界面正上方时，$\rho_s^A \to \rho_{s\text{max}}^A$
cd 段	A 位于界面左侧介质 1，MN 进入界面右侧介质 2	界面电流密度法向分量连续，电流密度 J_{MN} 不变	ρ_{MN} 由 $\rho_1 \to \rho_2$，并且 $\rho_2 < \rho_1$，视电阻率显示向下跃变
de 段	AMN 向右移动，直至整个装置全部进入介质 2	界面电流密度法向分量连续，电流密度 J_{MN} 变化不大	ρ_s^A 基本不变
ef 段	AMN 继续向右，逐渐远离分界面	高阻介质对电流的排斥作用逐步减弱，地表电流密度下降，$J_{MN}\downarrow$，$J_{MN}>J_0$	$\rho_s^A \downarrow$
fg 段	整个装置远离分界面	MN 远离界面，电流密度分布均匀	$\rho_{MN}=\rho_2$，$\rho_s^A \to \rho_2$

2）常用装置视电阻率剖面曲线特征分析

电阻率剖面法可以采用不同的装置进行测量，参见表 6-3，其适应各种地电条件的能力较强，不仅能应用于寻找金属和非金属矿，还可以应用于地质普查和填图，解决地质构造问题，在水文和工程地质调查中也有着广泛的应用。下面以几种常用装置在简单几何形态地质体上的视电阻率理论曲线为例，说明如何利用视电阻率曲线来解决实际的地质问题。

A. 球体上方联合剖面法和对称四极法视电阻率曲线

在实际勘探工作中，常见的团块状矿体、溶洞均可以视作球体。图 6-17 为球体上方联合剖面法和对称四极法视电阻率理论曲线图，图 6-17（a）和图 6-17（b）分别对应于低阻球体和高阻球体的情况。

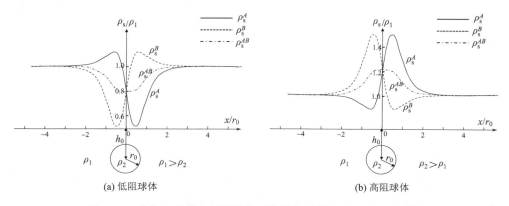

图 6-17 球体上方联合剖面法和对称四极法的视电阻率异常曲线

图中联合剖面法的曲线 ρ_s^A 和 ρ_s^B 在球心正上方均有一个交点，对于低阻球体，在交点左侧有 $\rho_s^A > \rho_s^B$，在交点右侧有 $\rho_s^A < \rho_s^B$，且交点处的 $\rho_s^{交点} < \rho_1$，通常将这种性质的交点称为"低阻正交点"；反之，在高阻球体上方的交点，交点处的 $\rho_s^{交点} > \rho_1$，则称为"高阻反交点"。因此，根据联合剖面两条曲线的交点坐标，可以确定球体中心在地面的投影位置，并可由交点的性质指明球体相对于围岩电阻率的高低。

图中对称四极剖面法的 ρ_s^{AB} 曲线，在低阻球心正上方有 $\rho_s^{AB} < \rho_1$ 的极小值异常，在高阻球心正上方有 $\rho_s^{AB} > \rho_1$ 的极大值异常。因此，根据对称四极曲线极大值或极小值点的位置，可以确定球体中心在地面的投影位置，并能指示球体是高阻体还是低阻体。

B. 脉状体上方联合剖面法和对称四极法视电阻率曲线

在实际勘探工作中，良导矿脉、断层、含水破碎带都可以视作低阻脉体，石英脉等可视为高阻脉体。图 6-18 为通过计算得到的不同倾角脉状体上方的联合剖面法和对称四极法视电阻率理论曲线图。

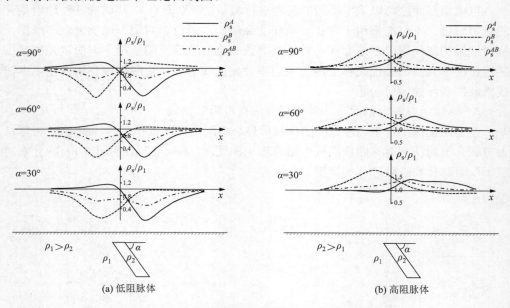

图 6-18　不同倾角脉体上方的视电阻率理论曲线图

图 6-18(a) 为不同倾角的低阻薄脉的情况。当脉体直立（$\alpha = 90°$）时，联合剖面法的 ρ_s^A 和 ρ_s^B 对称并相交呈"∞"字形，交点处视电阻率 $\rho_s^{交点} < \rho_1$，形成低阻"正交点"。对称四极剖面法的曲线，在低阻脉体的正上方是对称的，并有 $\rho_s^{AB} < \rho_1$ 的极大值异常。

图 6-18(b) 为不同倾角的高阻薄脉的情况。当脉体直立（$\alpha = 90°$）时，联合剖面

法的 ρ_s^A 和 ρ_s^B 对称于脉体,也相交呈"∞"字形,交点处视电阻率 $\rho_s^{交点} > \rho_1$,形成高阻"反交点"。对称四极剖面法的曲线,在高阻脉体正上方是对称的,并有 $\rho_s^{AB} > \rho_1$ 的极大值异常。

　　两种情形下,当矿体倾斜时,联合剖面法和对称四极法的视电阻率曲线均呈现不对称状态,倾角越小,不对称性越明显,实测中可以利用上述不对称性来判断矿体的倾斜方向。

　　对比两组图可知,不论高阻脉体的产状如何,联合剖面法两条曲线的分异性和异常幅度都不及低阻异常,说明联合剖面法反映高阻脉体能力较弱,因此,联合剖面法更适合用于探测产状陡倾的良导脉体,在寻找高阻脉体时一般不使用。

　　C. 不同产状板状体的中间梯度法剖面视电阻率曲线

　　中间梯度法也经常用于矿脉追踪,其视电阻率异常的量值大小,不仅与矿体的埋藏深度、矿体相对围岩的电阻率大小有关,还与脉状矿体的产状有关。图 6-19 分别给出了不同产状低阻铜板和高阻浸染石墨板上中间梯度法的视电阻率实验曲线。

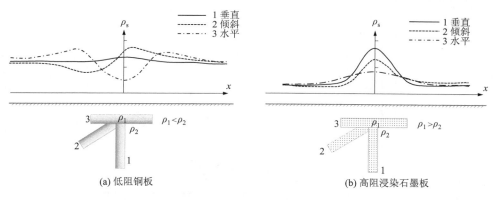

图 6-19　不同产状板状体中间梯度法视电阻率实验曲线

　　图 6-19(a)为不同产状铜板上的 ρ_s 实验曲线,对于直立铜板,在矿顶上方视电阻率变化不明显,因此用中间梯度法寻找直立良导薄矿脉是不利的。当矿体倾斜时,在倾斜方向上 ρ_s 明显降低,在反倾斜方向上 ρ_s 有所升高,曲线呈不对称状。根据 ρ_s 极小值的位置可指明矿体的倾向,并能说明矿体是低阻体。当矿体产状变为水平时,矿体上方出现了较宽的低阻异常,中心处有极小值,两侧有极大值,曲线对称。因此,用中间梯度法寻找水平或者缓倾斜的良导矿脉最有利。

　　图 6-19(b)为不同产状浸染石墨板上的 ρ_s 实验曲线,可见不论产状如何,均有大于背景值的高阻异常,但以直立高阻脉上异常最大。当矿体倾斜时,异常变小,曲线不对称,且在倾斜方向上 ρ_s 下降得较快。根据 ρ_s 极小值的位置可指明矿体的倾向,并能说明矿体是高阻体。矿体产状变为水平时,矿体上方视电阻率变化不明显。因此,用中间梯度法寻找直立的高阻矿脉最有利。

3) 电阻率剖面法应用实例

电阻率剖面法主要用于研究倾角较大的或者水平方向电性变化较大的地电断面，所解决的地质问题包括探测陡倾的层状或脉状的低阻或高阻地质体，寻找金属或非金属矿体，划分不同岩性的陡立接触带，为水文、地质工程工作解决含水断裂破碎带等。

联合剖面法对异常的分辨能力强，异常幅度明显，实践中主要用于探测产状陡倾的良导脉体(矿脉、断层、含水破碎带等)及良导球状矿体，对于划分岩石界面也具有明显的效果。图 6-20 为利用联合剖面法进行金伯利岩体圈定的实例。鲁西地区金伯利岩的展布形态主要受深部断裂构造控制，产状陡倾。金伯利岩管为低阻体，产出在高阻的花岗片麻岩中，顶部为松散沉积物。采用联合剖面装置，实测 ρ_s 曲线有明显的低阻"正交点"，交点附近的 ρ_s 在 50 Ω·m 左右。经物探验证，正交点位于岩管中心在地表投影点的附近，且 ρ_s 低阻带范围与岩管在地面的投影范围一致。在该地区多个已知金伯利岩管上的物探验证工作表明，联合剖面法视电阻率异常明显，是寻找金伯利岩体的有效方法。

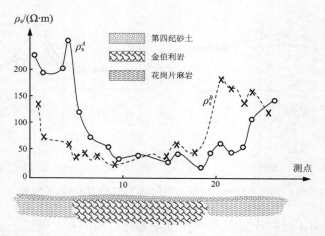

图 6-20　鲁西地区金伯利岩管上方联合剖面法 ρ_s 曲线(据田钢等，2005 修改)

对称四极剖面法分辨能力和异常幅度不及联合剖面法，但是工作效率比较高，主要用于地质普查，研究覆盖层下基岩的起伏，为水文、工程地质提供疏松层中电性不均匀体的分布和疏松层下的地质构造资料等。图 6-21 为利用对称四极法在某山谷边缘进行视电阻率探测，研究基岩起伏的实例。可见，地层分布主要有松散沉积物、砂岩、泥岩及石灰岩等。地层结构比较复杂，由于松散沉积物的电阻率高于泥岩电阻率，极距 AB=100 m 的对称四极测量结果主要反映了这两种岩性的接触关系。在松散沉积物变厚的地段，电阻率剖面曲线均出现了明显抬升。由此可见，在沉积物和基岩有明显的电阻率差异的情况下，对称四极剖面法对基底有很好的反映，在地质填图中可以取得很好的效果。

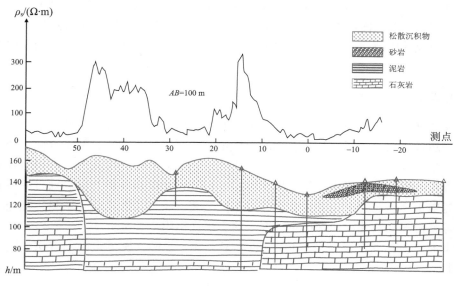

图 6-21 某山谷边缘对称四极法 ρ_s 剖面曲线（据田钢等，2005 修改）

由于许多热液型矿床与高阻岩脉在成因或空间上有密切关系，追索高阻岩脉具有直接的找矿意义。中间梯度法是用于追索陡立高阻脉状体（如石英脉、伟晶岩脉等）的有效方法。图 6-22 为中间梯度法追索含铅锌矿石英脉的实例。某地铅锌矿产于石

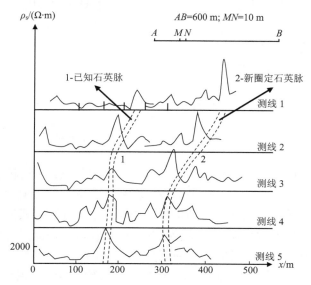

图 6-22 含铅锌矿石英脉上中间梯度法视电阻率剖面曲线（据李金铭，2005 修改）

英脉中，石英脉又穿插在中生代花岗岩内。由于二者抗风化能力不同，花岗岩风化后的疏松层含水时电阻率较低，而石英脉不易风化，产状近于直立，沿走向延伸数百米。图中为多条测线的中间梯度法测量结果，通过对比相邻测线的 ρ_s 异常，并参考已知石英脉的特点，追踪异常的走向，追索出数条有意义的异常带，如图中虚线所示。

4. 高密度电阻率方法

高密度电阻率方法的工作原理和电剖面法、电测深法相同，只是在测量过程中把上述两种方法进行了组合，能同时反映地下岩层沿水平和垂直两个方向上的电性变化，是一种高效的阵列勘探方法。高密度电阻率方法野外测量时，需同时在测线上布置几十至上百个电极，然后用电缆将它们连接到电极转换装置。通过开关自动切换对电极转换装置的控制，实现各种不同装置、不同极距的组合测量，从而一次布极可测得多种装置、多种极距情况下的多种视电阻率参数。

下面以对称四极温纳装置（参见表 6-3）为例，说明高密度电阻率方法的测量过程（图 6-23）。

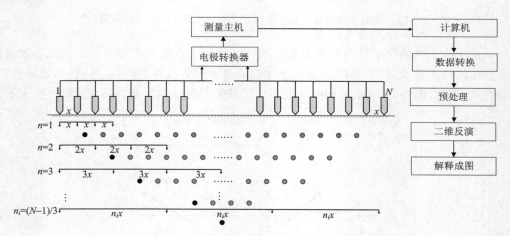

图 6-23　高密度电阻率方法的工作原理

首先，将 N 个电极一次性全部布设到测线相应的测点上，设相邻测点间距为 x。采用温纳装置，电极间距 $AM=MN=NB=a$，装置系数 $K=2\pi a$。测量时，由电极转换装置沿测线依次接通四个间隔为 a 的电极，相当于沿测线移动极距为 a 的对称四极装置，获得某一深度的视电阻率（ρ_s）剖面曲线（剖面法）。在测量过程中，逐次改变极距间隔 a 的取值，以获得不同深度的测量结果（测深法）。

取极距间隔 $a=nx(n=1, 2, 3, \cdots)$，n 称为隔离系数。当隔离系数（n）逐次增大时，电极距也逐次增大，从而获得不同深度范围地电断面的视电阻率（ρ_s）剖面曲线。由于沿测线布设的测点总数一定，当极距 a 扩大时，相应的测点数依次减少，最终整条测线总的结果可以表示成倒三角形或者倒梯形的二维工作剖面。

高密度电阻率方法可以采用多种电极排列方式，如温纳四极排列、联合三极排列、偶极排列等。这些电极排列既可联合使用，也可根据需要单独使用。测量极距的变化范围取决于地质对象的埋藏深度。一般地说，电极距越小分辨率越高，勘探深度越小。在野外工作中应根据目标体的规模、埋深灵活掌握。

高密度电阻率方法的数据处理和反演流程与电测深方法相似，其处理流程见图 6-23。先设置地层几何和电性结构参数，给出初始地电断面模型，计算断面的理论视电阻率 (ρ_s) 剖面，然后将理论 ρ_s 剖面与实测 ρ_s 剖面进行对比，通过反复修改地电断面模型参数，获得最佳拟合电阻率断面图。

图 6-24 是在某校园建筑附近开展的高密度电阻率方法管线调查教学实验结果，目的是验证观测剖面上电阻率异常和下方埋设物的空间对应关系。图 6-24(a) 为观测获得的初始视电阻率二维断面，表层总体为相对高阻，下层为低阻，推测与含水土层有关。图 6-24(b) 为经最小二乘反演得到的理论视电阻率剖面，拟合残差为 4.7%。图 6-24(c) 为反演得到的目标区真实电阻率剖面，表层有多个团块状高阻局部异常。经场地调查和地表观察，目标区有多个排污水泥管道，地表有窨井盖，它们和高阻异常在空间位置上有很好的对应。下伏为建筑垃圾填埋区，疏松多孔，为含水低阻层，在两个填埋区域之间是原始压实土层，电阻率相对较高。

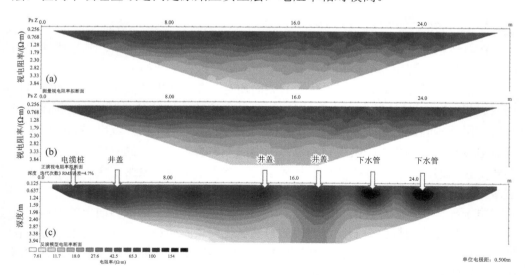

图 6-24　高密度电阻率方法反演成像实例

高密度电阻率成像反演结果的解释与其他地球物理方法的解释一样，需要结合多种资料进行综合解释，可以采用同一剖面两种或两种以上装置的图像进行对比解释，将图像与已知地质剖面、钻孔等数据进行对比，或者抽取少量几组符合测深条件的电测深数据进行反演解释等。

相对于常规电阻率方法，高密度电阻率方法具有观测效率高、获取地电断面信息丰富等优点，在工程地质病害调查、重大工程选址基底调查、矿山采空区及溶洞探测、垃圾填埋渗漏监测、考古挖掘等众多勘查领域得到了广泛应用。

6.2　极化电场方法

在自然条件下，地壳中的岩、矿石一般都是电中性的，即正、负电荷保持平衡，但在特定条件下，在局部区域会出现正负电荷偏离平衡状态，并在其周围形成附加电场的现象，通常称这种现象为岩、矿石的自然极化现象。同样，在人工外加电场作用下，岩石和周围的电解质溶液体系之间发生电化学反应，也会产生电荷聚集和附加的电场效应，称为激发极化效应。

上述自然形成或者由人工激发形成的附加电场，与地下岩、矿石的极化效应密切相关，称为极化电场。通过观测和研究地表极化电场的时空分布，可以获取地下介质的电性结构信息，解决相关地质问题，这一类地电勘探方法通称为极化电场方法。

6.2.1　岩、矿石的极化效应

1. 岩、矿石的自然极化效应

在自然条件下，由岩、矿石极化效应形成的电场称为自然电场，其形成通常和电子导体或者电解质与围岩孔隙溶液之间的电化学过程密切相关。

无论是电子导体还是离子导体，其表面均对正离子或者负离子有微弱的吸附作用。如图 6-25 所示，在围岩溶液中的固相颗粒同液体的接触界面上，紧贴固体表面吸附一层基本固定的离子，形成一个封闭和均匀的双电层结构，双电层间的电位差称为电极电位，又称为平衡电极电位，不形成外电场。与固定的双电层相邻，有一群较易移动的离子，构成扩散层。扩散层的异常离子浓度从紧密层向外以指数规律衰减。

电子导体和离子导体的自然极化，均与岩石颗粒和周围溶液界面上的双电层结构相关。目前认为极化机制比较明确的自然极化模式有两种：一种是与电子导体在地下氧化-还原溶液中的电化学效应相关的极化机制，另一种是与地下溶液运移和离子扩散过程相关的动电效应极化机制。

1) 电子导体的自然极化

自然赋存的电子导体周围产生稳定电流场的条件是：导体或外围溶液具有不均匀性，导致电荷分布的不均匀，并有某种外界作用保持这种不均匀性，使之不因极化放电而减弱。

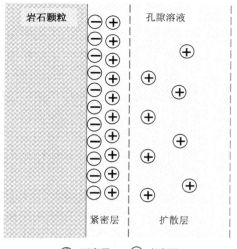

岩石颗粒　　孔隙溶液

紧密层　　扩散层

⊕ 正离子　　⊖ 负离子

图 6-25　固-液接触面上的双电层结构

例如，赋存于地下的电子导体矿体，当其被地下潜水面截过时，潜水面上、下部分处于性质不同的溶液中，往往会在周围形成稳定的自然电场，如图 6-26(a) 所示。潜水面以上渗透带，靠近地表而富含氧气，孔隙中水溶液氧化性较强，而潜水面以下的水溶液相对来说是还原性的。电子导体的上下两部分分别处于不同的溶液中，在导体和周围溶液的分界面上形成极性相反的双电层，这样就在导体上下部产生了电位差，从而形成在导体内部自上而下、在导体外部自下而上的稳定电流场，这种稳定的自然极化电场，通常也称为氧化-还原电场。从地面上看，自然电流从各个方向流向导体，离导体越近电位越低，在矿体正上方的电位最低，称为自然电位负中心。

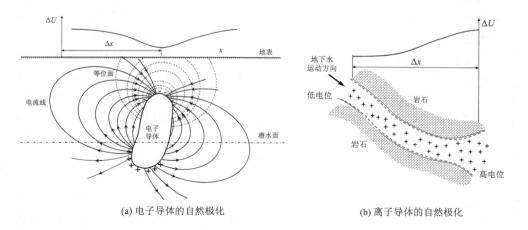

(a) 电子导体的自然极化　　　　　　(b) 离子导体的自然极化

图 6-26　岩、矿石的自然极化效应

2) 离子导体的自然极化

在自然界离子导电的岩石中观测到的极化电场，主要源自孔隙流体中离子运移引起的动电效应。如前所述，在岩石颗粒同液体的接触界面上会形成离子双电层结构，靠岩石颗粒一侧为阴离子，靠溶液一侧为阳离子，如图 6-26(b) 所示。当地下水溶液在岩石孔隙中流过时，将带走双电层位于溶液一侧扩散层中的部分阳离子，于是在水流的上游会留下多余的负电荷，而在下游有多余的正电荷，从而破坏了正负电荷的平衡，形成一个附加极化电场。在这种极化机制中，好似溶液流过岩石时岩石颗粒滤下了部分阴离子，因此在电法勘探中，形象地称由此形成的自然极化场为过滤电场。

此外，当岩石孔隙中存在不同浓度的离子溶液时，由于扩散作用也会形成相似的极化电场，称为扩散电场。扩散电场的强度与离子的迁移能力和速度相关，通常扩散电场和过滤电场往往同时产生，但是扩散电场强度很小，不易观测到。

2. 岩、矿石的激发极化效应

电阻率方法测量过程中，人们发现在向地下供入稳定电流时，测量电极间的电位差在通电瞬间跃升，之后随时间相对缓慢上升，经一段时间后才逐步趋于某一稳定值；在断开供电电流后，测量电极间的电位差在断电瞬间快速下降，而后随时间缓慢下降，经一段时间后逐渐接近于零。这种在充电和放电过程中产生的附加电场随时间缓慢变化的现象，称为激发极化效应。一般认为，激发极化效应与岩、矿石及其周围的水溶液在电流作用下所发生的电化学过程相关，根据极化机制可分为电子导体的激发极化和离子导体的激发极化。

1) 电子导体的激发极化

电子导体(包括大多数金属矿和石墨及其矿化岩石)的激发极化是电子导体与周围溶液在界面上发生电化学反应的结果。如图 6-27(a) 所示，在外加电场的作用下，电流流过电子导体-溶液系统，电子导体内部的自由电子反电流方向移向电流流入端，由于溶液中离子的移动速度远小于导体内部自由电子的移动速度，就会在导体两端形成阳离子和阴离子的堆积，形成附加极化电场。随着通电时间的延续，界面两侧堆积的异性电荷将逐渐增多，极化电位随之增大，电子和离子交换速度增加，直至流经界面的电流全部通过界面，不再堆积新电荷，这时极化电场便趋于某一个饱和值，不再继续增大，这是充电过程。当外电流断开后，堆积在电子导体界面的异性电荷将向周围溶液放电，极化电场随时间逐渐减小，直到最后消失。

2) 离子导体的激发极化

一般造岩矿物为固体电解质，属离子导体。关于离子导体的激发极化机制，所提出的假说存在较多争论，但大多认为与岩石颗粒和周围溶液界面上的双电层结构有关，其中有代表性的假说是双电层形变极化说[图 6-27(b)]。双电层形变极化是指在外电流作用下，岩石颗粒表面的双电层扩散层的阳离子发生偏移，形成双电层形变，在岩石颗粒两端形成电荷的堆积，从而在宏观上观测到附加的极化电场。当外电流断开后，堆积的离子放电，逐步恢复到平衡状态。

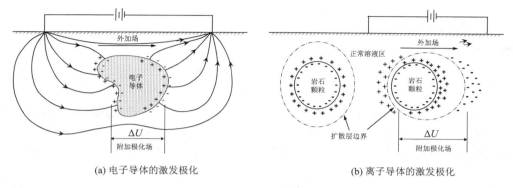

(a) 电子导体的激发极化   (b) 离子导体的激发极化

图 6-27 激发极化效应和极化电场

6.2.2 极化电场基本特性

1. 电子导体的自然极化电场

电子导体的自然极化电场源于矿体和外围溶液之间的氧化-还原反应。下面以均匀极化球体为例，分析电子导体矿体自然极化电场的基本特征。如图 6-28(a) 所示，设在均匀充满全空间的电阻率为 ρ_1 的介质里，有一个电阻率为 ρ_2、半径为 r_0 的球体。当球体被均匀极化时，可以视为一个位于球心、偶极矩大小为 M 的电偶极子的等效电场，电偶极子的方向和球体极化轴方向一致，球面双电层最大极化电位跃变值为 ΔU_0。

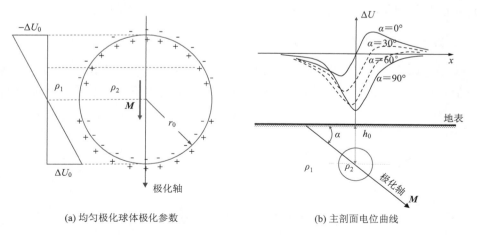

(a) 均匀极化球体极化参数   (b) 主剖面电位曲线

图 6-28 均匀极化球体的极化电场特征

当极化环境稳定时，偶极矩 M 是与围岩的电阻率 ρ_1、极化球的半径 r_0 和电阻率

ρ_2、极化电位 ΔU_0 相关的常量：

$$M = \frac{2\rho_1}{2\rho_2 + \rho_1} r_0{}^2 \Delta U_0 \tag{6-33}$$

如图 6-28(b)所示，设球心埋深为 h_0，极化轴与地面夹角为 $\alpha(0° < \alpha < 90°)$，沿 x 轴方向主剖面上的极化电场电位表达式为

$$U = M \frac{x\cos\alpha - h_0 \sin\alpha}{(h_0{}^2 + x^2)^{3/2}} \tag{6-34}$$

图 6-28(b)显示了极化球体以不同倾角极化时主剖面上的电位曲线，电位曲线总体以负值为主，在极化轴倾斜方向伴随有正值的不对称异常。当球体垂直极化（α=90°）时，电位曲线为全负值的对称曲线，负极值位于球心正上方（$x=0$)，此时有

$$U_0 = -\frac{M}{h_0{}^2} = -\frac{2\rho_1}{2\rho_2 + \rho_1} \cdot \Delta U_0 \cdot \left(\frac{r_0}{h_0}\right)^2 \tag{6-35}$$

由式(6-35)可知：

(1)异常幅值 U_0 与 ΔU_0 成正比，即球面上最大电位跃变值越大，电位异常值就越大。

(2)异常幅值 U_0 与 $(r_0/h_0)^2$ 成正比，即球体异常幅值取决于球半径与其埋深的相对大小。

(3)异常幅值 U_0 与球体和围岩的相对电阻率 ρ_2/ρ_1 成反比。对于良导电矿体（$\rho_2/\rho_1 \to 0$)，异常最大；而在高阻体（$\rho_2/\rho_1 \to \infty$)上，异常趋于零，故自然电场法对于寻找良导体有优势。

在自然界中，由于水文地质条件关系，一般极化轴近于垂直，故在金属矿体上方通常能观测到负电位，并且在矿体正上方观测到电位异常负中心。

2. 离子导体的自然极化电场

离子导体的自然极化电场往往与地下水的流动和渗滤作用密切相关。自然界中，地下的喀斯特洞穴、断层，或者其他岩石裂隙，常成为地下水的通道。图 6-29 为部

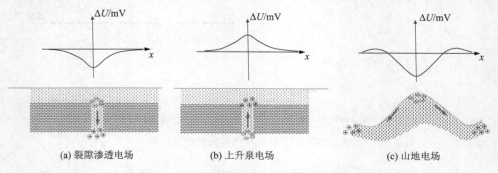

(a) 裂隙渗透电场   (b) 上升泉电场   (c) 山地电场

图 6-29　与地下水渗流作用相关的过滤电场

分常见的过滤电场及电位分布特征。当地下水向下渗漏时，上部岩石吸附负离子，下部岩石出现多余正离子，就形成裂隙渗漏电场[图 6-29(a)]；当地下水通过裂隙向上涌出形成上升泉时，就形成上升泉电场[图 6-29(b)]；雨水渗入多孔的山体岩石，由山顶向山脚流动形成山地电场[图 6-29(c)]。此外，由于河水和地下水之间的相互补给形成的过滤电场称为河流电场。

3. 激发极化场特性

激发极化场是在人工供电条件下由介质极化效应产生的附加电场。在激发极化方法的理论和实践中，将岩、矿石的极化分为两类：面极化和体极化。当极化单元较大，极化效应均发生在极化体与围岩溶液的接触界面上时，称为面极化，如致密的金属矿或石墨；当极化单元整体分布在整个极化体中时，称为体极化，如浸染状金属矿体、离子导电岩石的极化。应该指出，面极化和体极化的差别只具有相对意义，严格来说，所有的激发极化都是面极化，体极化中的每个极化单元的极化也都发生在固体颗粒与周围溶液的界面上。

下面以体极化为例分析激发极化场的基本特性，采用图 6-30(b)右上角所示的测量装置，观察岩石标本的激发极化效应。将待测极化标本材料置于装有水溶液的容器中，标本两侧溶液不相连通。在容器两端用铜片 A 和 B 作供电电极，分别供以稳定的直流和交流电，对岩石标本进行充电和放电，在标本两侧安置测量电极 M 和 N，测量两极间的电位差，分析激发极化场的变化特征。

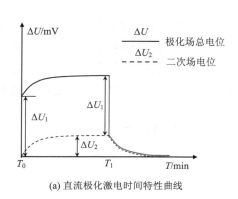

(a) 直流极化激电时间特性曲线

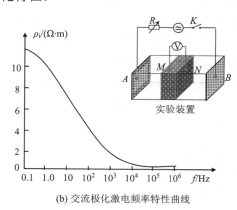

(b) 交流极化激电频率特性曲线

图 6-30　黄铁矿化岩石标本激发极化实验

1) 直流激发极化场的时间特性和测量参数

用上述装置向容器内供以直流电，对黄铁矿化岩石标本进行测量，T_0 时刻开始供电，T_1 时刻装置断电，由于岩石标本的激发极化效应，可以观测到如图 6-30(a)所示的电位差随时间变化的曲线。

图中，ΔU_1 称为一次场电位，为接通电流后的瞬间测量电极之间的电位差，此时尚未产生激发极化效应，ΔU_1 仅与材料的导电性有关。在稳定电流条件下，ΔU_1 不随时间变化。

图中 ΔU_2 称为二次场电位，是材料被激发极化后产生的极化场电位。ΔU_2 随着供电时间逐步增加，最后达到饱和值。断电后，二次电位差 ΔU_2 随着放电时间逐步减小，最后趋于零。

图中 ΔU 称为极化场总电位，是一次场电位和二次场电位的叠加。

在直流电流场下，激电效应产生的极化电场随时间发生变化（充电和放电过程），也称为时间域的激电效应。在直流激发极化勘探中，采用二次场饱和电位差和总场电位差的比值反映岩、矿石激发极化效应的相对强弱，定义极化率

$$\eta = \frac{\Delta U_2}{\Delta U_1 + \Delta U_2} \times 100\% = \frac{\Delta U_2}{\Delta U} \times 100\% \tag{6-36}$$

由于二次场 ΔU_2 和总场电位差 ΔU 都与供电电流成正比，所以极化率是与供电电流无关的常数。但 ΔU_2 和 ΔU 与测量时间有关，因此极化率与供电时间和放电时间有关，如不加说明，一般将式 (6-36) 中的极化率取断电瞬间测得 ΔU_2 和长时间供电后测得 ΔU 的比值称为极限极化率。

2) 激发极化场的频率特性和测量参数

激电效应也可以在交变电流激发下产生，此时可以观测到激发极化电场随频率的变化，也称为频率域的激电效应。在图 6-30 的装置中对黄铁矿化岩石标本供以强度不变的低频交变电流，改变供电电流的频率，测量标本两端 M、N 极电位差，获得黄铁矿岩石标本的激电频率特性曲线。

如图 6-30(b) 所示，横轴为交流电频率，纵轴为由交流电位差换算的复电阻率，可以观测到电位差的幅值随频率增大而减小，把这一现象称为频率分散性，简称频散特性。产生这种现象的原因是交流电供电提供极化体极化充电电流，不同频率的电流，充电时长不同，频率越低，单向充电时间越长，因而二次场和总场电位差就越高。

在交流激发极化勘探中使用的参数较多，频散率是最常使用的测量参数之一，表达式为

$$P(f_{\mathrm{D}}, f_{\mathrm{G}}) = \frac{\left|\Delta \widetilde{U}(f_{\mathrm{D}})\right| - \left|\Delta \widetilde{U}(f_{\mathrm{G}})\right|}{\left|\Delta \widetilde{U}(f_{\mathrm{G}})\right|} \times 100\% \tag{6-37}$$

其中，$\Delta U(f_{\mathrm{D}})$ 和 $\Delta U(f_{\mathrm{G}})$ 分别为在两个频率（低频 f_{D} 和高频 f_{G}）测得的总场电位差；频散率 $P(f_{\mathrm{D}}, f_{\mathrm{G}})$ 反映了电场幅值在两个频率间的相对变化。频散率通常值很小，常用百分数表示。

3) 影响岩、矿石极化率和频散率的因素

大量实测资料表明，岩、矿石的极化率主要取决于电子导电矿物成分的含量，一般说来，含量越大，极化效应越强。常见岩石的激电效应十分微弱，一般在 1%~2%，

有些岩石含黏土矿物较多，激电效应稍强，极化率可达 4%左右；而含有电子导电矿物的金属硫化物、石墨及含碳质岩石的激电效应很强，极化率可以达到 10%~50%。

岩、矿石的结构和构造是影响岩、矿石极化率的重要因素，主要表现在以下三个方面。首先是电子导电矿物的颗粒度。由于激发极化是发生在固体颗粒和溶液界面上的极化效应，所以岩石中电子导电矿物颗粒的含量越高，矿物颗粒越小，界面极化效应越强，极化率越大。其次是电子矿物的形状和排列方向。当导电矿物颗粒有一定延伸方向并呈定向排列时，则沿延伸方向的极化率大于其余方向的极化率。最后，矿化岩、矿石越致密，极化率越高。

岩、矿石的湿度、孔隙液成分和矿化度也会影响极化率，其中尤以湿度的影响最大。随着湿度从零变大，极化效应开始发生，极化率逐步增大，直到岩、矿石中的导电矿物颗粒被孔隙水润湿为止，极化率都是随湿度增加而增大。在此之后，随着湿度进一步加大，连通的孔隙水会对导体的极化起旁路作用，极化率反而会降低。

在交流极化电法勘探中，上述各种因素同样会直接或间接地影响频散率参数。

6.2.3 极化电场方法及常规应用

极化电场方法是通过对自然形成或者人工建立的极化场的观测和研究，进行地下电性结构探测的一组地电勘探方法。根据极化场的成因特征，可以分为自然电场方法和人工激发极化方法。

1. 自然电场方法及应用实例

自然电场法通过观测和研究自然极化电场的分布规律来进行地下电性结构探测。自然电场法所用仪器设备比较简单，利用测量电极、导线和电压计即可构成观测回路，进行极化场的电位分布测量。野外观测自然电场通常要布置测网，测网比例尺应视勘探对象的大小及工作详细程度而定。一般基线应平行于地质体的走向，而测线应垂直于地质体的走向。

自然电场法是进行硫化金属矿和石墨矿快速普查或详查的一种有效的电法勘探方法。在一些由化学活动性强的矿物组成的矿体(如硫化金属矿和磁铁矿体)上，可以测到几十到几百毫伏的负电位异常；在一些石墨或石墨化程度较高的岩层上，可以测到 800~900 mV 甚至更高的负电位异常。图 6-31 为青海某铜钴矿床的应用实例。矿体为层状或似层状以含铜黄铁矿为主的硫化矿，产于超基性岩中。矿体从地表向下延伸较大，约为 100 m。矿体导电性较好，电阻率比围岩低四个量级以上。区内地表水与地下水均较发育，为形成自然电场提供了良好的氧化-还原环境。该区利用自然电场法作为主要的普查手段，发现了多个自然电场异常，并经钻探验证见矿。图 6-31 中给出了其中两个典型的剖面曲线,矿体上方对应有明显的极化电位负异常。

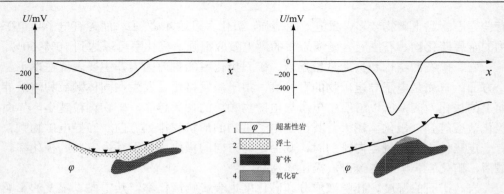

图 6-31　青海某地铜钴矿床自然电位综合剖面(据李金铭，2005 修改)

　　自然电场法在水文地质和工程地质调查中的应用也相当广泛，可用于确定地下水流向、查明地下水与河流的补给关系、检测水库及河床堤坝的渗漏点等。由于过滤电场的方向与地下水流的方向有关，野外观测方式常采用电位梯度环形测量法。如图 6-32(a) 所示，以测点为中心观测相同半径距离不同方位上的自然电位差，图中测量了 8 个方位上的电位差，然后将测量值按比例投影在对应方位上，再将观测结果绘成"极形图"。正常情况下，在地下水流方向上测得的电位差最大(图中方向 2 和 6)；而在与其垂直的方向上，电位差观测值应为零(图中方向 4 和 8)，故电位差极形图呈"8"字形。在自然条件下，由于地下水运动的不均匀性和其他干扰，实测极形图多呈椭圆形，其长轴方向为地下水运动的轴向；而水流方向由沿长轴所测电位差的极性确定，即水流方向由负电位指向正电位。

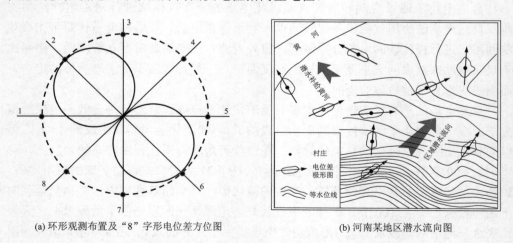

(a) 环形观测布置及"8"字形电位差方位图　　　　(b) 河南某地区潜水流向图

图 6-32　自然电场法确定地下水流方向实例(据李金铭，2005 修改)

　　图 6-32(b) 为我国黄河某段附近自然电场法的实测结果，等值线为根据水文地质资料绘出的地下水等水位线。整个区域上自然电位极形图的长轴方向为北东向，极

形图指示的地下水流向和水文地质资料反映的流向是一致的。在图的西北部，即在黄河附近，极形图反映的地下水流向为北西向，表明该地区地下水对黄河是补给关系，这和水文地质资料给出的地下水补给方向是一致的。

2. 人工激发极化方法及应用实例

人工激发极化方法(简称激电法)是通过观测和研究由人工建立的极化电场特征，进行地下电性结构探测的方法。激发极化方法可以分为直流(时间域)激发极化方法和交流(频率域)激发极化方法。

1) 激电异常的观测

在实际工作中，激发极化方法采用的测量装置和电阻率方法相似，常用的测量装置有中间梯度法、联合剖面法等(表 6-3)，观测目标为极化电场的电位分布，然后由仪器直接读出或者计算得到相应的激电参数，参见式(6-36)极化率 η 和式(6-37)频散率 P 的计算。需要指出的是，上述激电参数是在均匀激发极化假设前提下定义的，实际的地下电性结构是非均匀的，因此实际工作中观测和计算所得皆为视激电参数，如视极化率 η_s 和视频散率 P_s。

与电阻率方法类似，激发极化方法野外观测资料主要以各种图件的形式来表现，包括激电异常的各种剖面曲线图、测深曲线图、平面等值线图、拟断面等值线图等(参见 6.1.3 节)。在各种图件上，范围比较宽、数值比较稳定的激电参数可视为正常背景值，明显高于或低于背景值的变化，称为激电异常。在激电异常的识别和划分基础上，进行激电异常的定性和定量解释，可解决实际的地质问题。

2) 激电异常的定性解释

定性解释的任务是确定引起激电异常的地质原因。以寻找金属矿床为例，在一个测区内，除了目标金属矿床能引起激电异常外，往往还有石墨化或炭化地层、黄铁矿化地层，以及人工导体等都可能引起高激电异常。物探实践表明，野外获得的激电异常通常 80%以上为上述各种干扰因素引起的"非矿异常"。因此，排除干扰，识别"矿"与"非矿"异常成为激电异常定性解释工作中最重要的任务。一般是采用综合分析的方法来解决上述问题，主要方法步骤如下。

(1)通过地质和地球物理调查，了解测区内地层物性参数，包括电阻率和极化率，确定有哪些地质体可能产生干扰性激电异常；通过人文地质调查，了解测区内是否埋设有人工导体。

(2)了解测区及邻区的地质情况，根据已知矿体的产状、埋深、走向，以及与地层、构造的关系，与观测到的激电异常对应的极化体产状及地质环境进行对比，判断是否为"矿"异常。

(3)结合其他探测方法结果进行综合判断。例如，结合磁法，判断是否为有磁性的高极化体；结合电阻率方法，判断是高阻还是低阻高极化体；结合化探，判断是否为含有某种金属的高极化体等。

3) 激电异常的定量解释

定量解释的任务是在定性解释的基础上，确定极化体的位置、形态、产状和埋深参数。为了指导实际测量中激电异常曲线的解释，可以通过理论计算或者模型实验，获得不同装置配置下、不同基本形态极化体上的激电异常理论曲线，以了解和掌握激电异常曲线形态和特征。下面以球状极化体的激电异常理论曲线为例，简单了解激电异常的空间分布特征分析（图 6-33）。

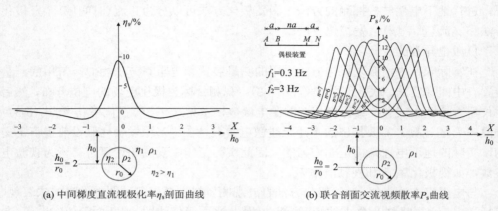

(a) 中间梯度直流视极化率 η_s 剖面曲线　　　　(b) 联合剖面交流视频散率 P_s 曲线

图 6-33　球状极化体激电异常的理论曲线示例（据李金铭，2005 修改）

图 6-33（a）是球形极化体上方的理论视极化率 η_s 曲线，采用的是中间梯度装置。激电异常 η_s 曲线特征和高阻体上的 ρ_s 曲线形状相似，在球心上方有 η_s 极大值，两侧异常对称地减小，最终逐步回升到零。图 6-33（b）是球形极化体上方不同极距的理论视频散率 P_s 剖面曲线，采用的是偶极装置。可见，当电极距不大时，偶极装置与中间梯度装置的 η_s 曲线特征相似，在球心上方有 P_s 极大值，两侧有较小的负异常，曲线相对球心呈对称状。随着极距加大，n 由 1 增大到 2，异常幅度变大，范围变宽。当极距进一步增大时，球顶上方的异常值减小，并在两侧出现双峰，呈现为两个孤立的异常。综上所述，为了取得明显的异常且使异常曲线简单，对于偶极装置来说选用合适的电极距是很重要的。

将野外实测视激电异常曲线和对应装置的各种理论视激电异常曲线进行曲线形态对比，大体确定极化体的空间形态和极化参数后，就可以通过数值拟合计算，反演极化体的形状、产状和埋深参数。其基本思路、流程和步骤可参见 6.1.3 节电阻率测深方法的定性解释和反演计算部分。

4) 激发极化方法的应用举例

激发极化方法是探测有色矿产资源的经典方法。对于部分无磁性或者弱磁性的金属矿，如赤铁矿、软锰矿等，磁法勘探效果不好；对于某些浸染状硫化矿和斑岩型矿，由于矿物颗粒分散在岩体之中，互不相连，不能形成明显的低阻，用电阻率方法勘探效果也不好。但是，这类矿床的矿物或者本身具有激电效应，或者与具有激电效应的矿物共生，可以产生较大的激电异常，因而可以用激发极化方法寻找。

图 6-34 为山东某含铜磁黄铁矿上的激电异常，该实例通过将横向中梯和纵向中梯装置相结合，成功解决了区分"矿"与"非矿"异常的问题。该矿区地层比较单一，由各类片麻岩、大理岩及斜长角闪岩组成，含铜磁黄铁矿赋存于透辉大理岩中。图中等值线圈是用纵向中梯装置圈定的 η_s 异常，长达 1000 m，在该异常范围内布置的钻孔 ZK$_{21}$，仅见到不够工业品位的矿体。于是，在纵向异常区范围内，又布置了横向中梯测量，局部异常范围大大缩小（图中的平面剖面图中阴影部分）。在局部异常的范围内布置的钻孔 ZK$_{22}$、ZK$_{23}$ 和 ZK$_{24}$，都见到了良导体的工业矿体，在局部异常的范围之外也布置了钻孔 ZK$_{13}$ 和 ZK$_{14}$，皆未见到工业矿体。

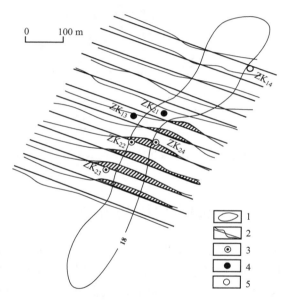

图 6-34　山东某含铜磁黄铁矿区激电异常测量结果图（据李金铭，2005 修改）

1-纵向中梯 18% 平面等值线；2-横向中梯平面剖面图；3-见矿钻孔；4-见矿化钻孔；5-未见矿钻孔

激发极化方法在寻找地下水资源及勘探石油天然气、地热方面也都有成功的应用。在岩溶区找水时，若存在低阻碳质夹层，其低阻异常特征和岩溶裂隙水或者基岩裂隙水引起的低阻异常特征类似，给区分水异常带来困难。由于碳质岩层不仅能引起低阻异常，还能引起高视极化率异常，借助激电法就可以识别碳质岩层对水异常的干扰。图 6-35 为广东某地利用电阻率方法和激发极化方法在灰岩地区找水的工作结果。在剖面的 77 号点附近，有一个 ρ_s^A 和 ρ_s^B 同步下降的"V"字形低阻异常；而视极化率 η_s 很小，由此可以判定这是一个低阻、低极化率异常，与碳质岩层无关，应为岩溶裂隙所引起。后经验证，在深度 27~75 m 处见地下水。

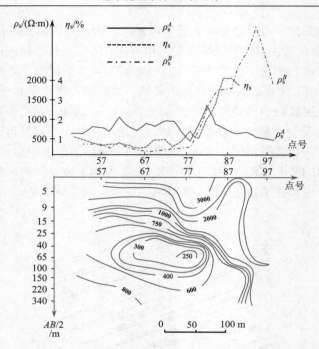

图 6-35　广东某地电阻率方法和激发极化方法找水实例(据雷宛等,2006 修改)

6.3　电磁场方法

　　电磁场方法是以岩、矿石的导电性、介电性和导磁性差异为基础,观测和研究天然或者人工场源形成的电磁场的时空分布规律,提取地下介质电性结构信息,解决地质问题的一类地电勘探方法。根据电磁波频段的不同,电磁场方法可以分为利用低频缓变电磁场的电磁感应方法和利用高频电磁波的直接探测法,其中电磁感应方法又可分为频率域电磁感应法和时间域电磁感应法。

　　电磁场方法由于场源种类多,测量装置和观测形式多样,在工作实践中形成了数十种方法。限于本书篇幅,本节将选择介绍天然场源的大地电磁法(频率域电磁感应法)、人工场源的瞬变电磁法(时间域电磁感应法)和探地雷达法(高频电磁波直接探测法)的基本原理和实际应用。

6.3.1　交变电磁场中介质的电磁特性

　　介质中的交变电磁场由麦克斯韦方程组加以描述:

$$
\begin{cases}
\nabla \times \boldsymbol{H} = \boldsymbol{J} + \dfrac{\partial \boldsymbol{D}}{\partial t} \\[2mm]
\nabla \times \boldsymbol{E} = -\dfrac{\partial \boldsymbol{B}}{\partial t} \\[2mm]
\nabla \cdot \boldsymbol{D} = q \\[2mm]
\nabla \cdot \boldsymbol{B} = 0
\end{cases}
\tag{6-38}
$$

其中，$\boldsymbol{H}$ 为磁场强度；$\boldsymbol{E}$ 为电场强度；$\boldsymbol{D}$ 为电位移；$\boldsymbol{B}$ 为磁感应强度；$\boldsymbol{J}$ 为传导电流密度；$\partial \boldsymbol{D}/\partial t$ 为位移电流密度；q 为自由电荷体密度。方程组中第一式为安培定律，描述了电流和变化的电场与其产生的磁场之间的关系；第二式为电磁感应定律，描述了变化的磁场与其产生的电场之间的关系；第三式表明电场是有源场，电力线起始于自由电荷；第四式表明磁场是无源场，磁力线是闭合曲线。

电磁场中的介质电磁特性由以下三个物质方程加以描述：

$$
\begin{cases}
\boldsymbol{D} = \varepsilon \boldsymbol{E} \\[1mm]
\boldsymbol{B} = \mu \boldsymbol{H} \\[1mm]
\boldsymbol{J} = \sigma \boldsymbol{E}
\end{cases}
\tag{6-39}
$$

其中，ε 为介质介电常数；μ 为介质磁导率；σ 为介质电导率。

介电常数 ε 表征的是介质在外加电场作用下的极化特性。在稳定电场中，介质的极化起到削弱外加电场的作用，不形成电流。在交变电磁场中，极性分子周期性的定向排列形成位移电流，这种定向排列滞后于外电场的变化。电磁场频率越高，这种滞后越明显，因此在交变电磁场中，介电常数成为频率的函数。但在频率低于 $10^5\,\mathrm{Hz}$ 的低频电磁场中，仍可将介电常数视为常数。

在地质勘探中，大多数岩、矿石都是弱磁性的，只有含铁磁性矿物较多的岩矿石才具有磁性，因此在大多数电磁法勘探中，认为介质是无磁性的，磁导率 μ 等于真空磁导率 μ_0。

电导率 σ 表征的是介质传导电流的能力。在交变电磁场中，介质的电导率和稳定电流场中基本相同。在电磁法工作中，一般认为电阻率是不随频率变化的。

在利用交变电场进行电法探测的情况下，介质中除了存在与电导率有关的传导电流 $\boldsymbol{J}_\rho$，还存在与介电常数有关的位移电流 $\boldsymbol{J}_D$，介质的电导率和介电常数分别决定传导电流和位移电流的大小。定义传导电流 $\boldsymbol{J}_\rho$ 和位移电流 $\boldsymbol{J}_D$ 大小的比值为介质的电磁系数 m，在谐变电磁场中有

$$
m = \frac{|\boldsymbol{J}_\rho|}{|\boldsymbol{J}_D|} = \left| \frac{\sigma E}{\mathrm{i}\omega \varepsilon E} \right| = \frac{1}{\omega \varepsilon_0 \varepsilon_\mathrm{r} \rho} \approx \frac{1.8}{f \varepsilon_\mathrm{r} \rho} \times 10^{10}
\tag{6-40}
$$

其中，ε_r 为相对介电常数；f 为交变电磁场频率；ρ 为介质电阻率。

在低频电磁感应方法中，采用的电磁场频率一般低于 $10^5\,\mathrm{Hz}$，大多数岩、矿石的电阻率低于 $10^4\,\Omega\cdot\mathrm{m}$，而相对介电常数 ε_r 一般为 $n \times 10$ 的量级，因此一般有 $m \gg 1$，

在这种情况下，可以忽略位移电流的影响，将介电常数视为常数。而在高频电磁波探测方法中，如探地雷达方法，所使用的电磁波频率在 10^6 Hz 以上，此时位移电流在总电流中占有较大的比例，甚至超过传导电流。电磁场能量在地下介质中的传播明显具有波动性质，这时应考虑介电常数变化对波场特性的影响。

6.3.2　交变电磁场基本特性

1. 导电介质中的交变电磁场

麦克斯韦方程组是电磁场的理论基础，天然电磁场及人工建立的电磁场均属于交变电磁场，其分布也遵循麦克斯韦方程组。在导电介质中，介质内部没有体电荷的积聚，自由电荷体密度 q 可视为 0，将介质物性方程(6-39)代入方程组(6-38)，得到导电介质中的电磁场分布：

$$\begin{cases} \nabla \times \boldsymbol{H} = \sigma \boldsymbol{E} + \varepsilon \dfrac{\partial \boldsymbol{E}}{\partial t} \\ \nabla \times \boldsymbol{E} = -\mu \dfrac{\partial \boldsymbol{H}}{\partial t} \\ \nabla \cdot \boldsymbol{E} = 0 \\ \nabla \cdot \boldsymbol{H} = 0 \end{cases} \tag{6-41}$$

对以上方程组第一式两边求旋度，并将第二式代入，可得

$$\nabla \times \nabla \times \boldsymbol{H} = \nabla \times \left(\sigma \boldsymbol{E} + \varepsilon \frac{\partial \boldsymbol{E}}{\partial t} \right) = -\mu \sigma \frac{\partial \boldsymbol{H}}{\partial t} - \mu \varepsilon \frac{\partial^2 \boldsymbol{H}}{\partial t^2} \tag{6-42}$$

利用矢量运算恒等式，并将方程组第四式代入，可得

$$\nabla \times \nabla \times \boldsymbol{H} = \nabla \cdot (\nabla \cdot \boldsymbol{H}) - \nabla^2 \boldsymbol{H} = -\nabla^2 \boldsymbol{H} \tag{6-43}$$

联立式(6-42)和式(6-43)可得

$$\nabla^2 \boldsymbol{H} = \sigma \mu \frac{\partial \boldsymbol{H}}{\partial t} + \varepsilon \mu \frac{\partial^2 \boldsymbol{H}}{\partial t^2} \tag{6-44}$$

同理，可推得

$$\nabla^2 \boldsymbol{E} = \sigma \mu \frac{\partial \boldsymbol{E}}{\partial t} + \varepsilon \mu \frac{\partial^2 \boldsymbol{E}}{\partial t^2} \tag{6-45}$$

式(6-44)和式(6-45)为电磁波波动方程，分别描述了导电介质中的磁场和电场随时间和空间的变化规律。交变电场和磁场在介质中互相感应和激励，以波的形式在介质中传播(图6-36)。

变化的电磁场一般是时间的复杂函数，根据信号分解原理，复杂信号可以分解为一系列不同频率的简谐信号的叠加，即把变化电磁场看作介质中一系列简谐变化场的叠加。考虑谐变电磁场的情况，取谐变场的表达式为

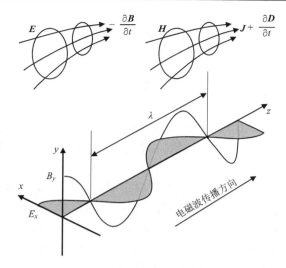

图 6-36　导电介质中电磁波的传播

$$\begin{cases} \boldsymbol{H} = \boldsymbol{H}_0 \mathrm{e}^{-\mathrm{i}\omega t} \\ \boldsymbol{E} = \boldsymbol{E}_0 \mathrm{e}^{-\mathrm{i}\omega t} \end{cases} \tag{6-46}$$

其中，$\mathrm{e}^{-\mathrm{i}\omega t}$ 为谐变场的时间因子，ω 为信号角频率，代入式 (6-44) 和式 (6-45)，得到

$$\begin{cases} \nabla^2 \boldsymbol{H} = -\mathrm{i}\omega\sigma\mu\boldsymbol{H} - \varepsilon\mu\omega^2 \boldsymbol{H} \\ \nabla^2 \boldsymbol{E} = -\mathrm{i}\omega\sigma\mu\boldsymbol{E} - \varepsilon\mu\omega^2 \boldsymbol{E} \end{cases} \tag{6-47}$$

也可写作：

$$\begin{cases} \nabla^2 \boldsymbol{H} + k^2 \boldsymbol{H} = 0 \\ \nabla^2 \boldsymbol{E} + k^2 \boldsymbol{E} = 0 \end{cases} \tag{6-48}$$

式 (6-48) 为描述导电介质中谐变电磁场的波动方程，也称亥姆霍兹 (Helmholtz) 方程。方程中的 k 为复波数，或称传播常数，是与介质电磁特性相关的一个常数，在导电介质中 k 为复数：

$$k = \sqrt{\mathrm{i}\sigma\mu\omega + \varepsilon\mu\omega^2} \tag{6-49}$$

设波数 k 实部为 α，虚部为 β，将上式中复数开根号化简，可得

$$\alpha = \omega\sqrt{\varepsilon\mu}\left\{\frac{1}{2}\left[\sqrt{1+\left(\frac{\sigma}{\omega\varepsilon}\right)^2}+1\right]\right\}^{1/2}, \quad \beta = \omega\sqrt{\varepsilon\mu}\left\{\frac{1}{2}\left[\sqrt{1+\left(\frac{\sigma}{\omega\varepsilon}\right)^2}-1\right]\right\}^{1/2} \tag{6-50}$$

在缓变低频电磁场中，可以忽略位移电流，略去方程组 (6-47) 右端第二项，波动方程仍然由方程组 (6-48) 描述，只是传播常数变为 $k = \sqrt{\mathrm{i}\omega\sigma\mu}$，此时有

$$\alpha = \beta = \sqrt{\frac{\omega\mu\sigma}{2}} \tag{6-51}$$

2. 均匀导电介质中的平面谐变电磁波场

均匀平面波是电磁波的一种理想情况，是指等相位面为无限大平面的电磁波，在等相位面上电场和磁场的方向和振幅都保持不变。均匀平面波分析方法简单，又可以表征电磁波的重要特性。电磁感应方法中，大地电磁场的激励场源位于高空，对地球而言可近似为垂直入射的平面电磁波，而高频电磁波方法的探测目标深度通常满足远场条件（$h \gg \lambda$），也可近似看作以平面波形式传播。因此，取平面电磁波作为入射波，研究均匀导电介质中电磁波的传播特征。

取直角坐标系 $oxyz$，xy 为水平面，z 轴垂直向下，取均匀平面电磁波垂直入射，电磁波是横波，因此无垂直分量，设电场极化方向为 x 方向，电场和磁场分量互相垂直，入射边界上电磁场的谐波形式可写作

$$E_x = E_{0x}e^{-i\omega t}, \quad H_y = H_{0y}e^{-i\omega t} \tag{6-52}$$

在等相位面上，均匀平面电磁波满足各分量对 x,y 的导数都为 0，有

$$\frac{\partial E_x}{\partial x} = \frac{\partial E_x}{\partial y} = 0, \quad \frac{\partial H_y}{\partial x} = \frac{\partial H_y}{\partial y} = 0, \quad \nabla^2 \boldsymbol{E} = \frac{\partial^2 E_x}{\partial z^2}, \quad \nabla^2 \boldsymbol{H} = \frac{\partial^2 H_y}{\partial z^2}$$

亥姆霍兹方程 (6-48) 简化为

$$\begin{cases} \dfrac{\partial^2 E_x}{\partial z^2} + k^2 E_x = 0 \\ \dfrac{\partial^2 H_y}{\partial z^2} + k^2 H_y = 0 \end{cases} \tag{6-53}$$

微分方程组 (6-53) 的通解为

$$\begin{cases} E_x = Ae^{ikz} + Be^{-ikz} \\ H_y = Ce^{ikz} + De^{-ikz} \end{cases} \tag{6-54}$$

其中，第一项为入射波；第二项为反射波。对于均匀半无限空间，没有反射界面，不存在第二项反射项，将入射条件 (6-52) 代入，式 (6-54) 化为

$$\begin{cases} E_x = E_{0x}e^{-i\omega t}e^{-\beta z + i\alpha z} = E_{0x}e^{-\beta z}e^{-i(\omega t - \alpha z)} \\ H_y = H_{0y}e^{-i\omega t}e^{-\beta z + i\alpha z} = H_{0y}e^{-\beta z}e^{-i(\omega t - \alpha z)} \end{cases} \tag{6-55}$$

其中，α 和 β 分别为式 (6-49) 所定义传播常数 k 的实部和虚部；$e^{-\beta z}$ 为波场的振幅变化，沿传播方向振幅呈指数衰减，β 为衰减系数；$e^{-i\omega t}$ 为波场随时间的谐变；$e^{i\alpha z}$ 为波场沿传播方向 z 的谐变，两个谐变项代表波场的相位变化，式 (6-55) 描述了均匀导电介质中平面谐变电磁波场的基本传播特性。

3. 导电介质中的二次感应电磁场

地球介质具有一定的导电性，地球内部或者外部的变化电磁场，会在地球内部激发感应电流和感应电磁场，称为二次感应电磁场。如图 6-37 所示，在发射线圈 T 中供以交变电流，在线圈周围产生一次交变磁场 H_1（图中实线）。在一次交变磁场作用下，在线圈周围产生涡旋电场（感生电动势），在地下良导体中形成感应电流，从而在空间产生感应二次磁场 H_2（图中虚线），在观测点处用接收线圈 R 进行二次场测量。感应电磁场不仅与场源的特性相关，还与地球内部介质的空间分布和电磁性质有关。因此，利用二次场的观测可以进行地下电性结构分析。

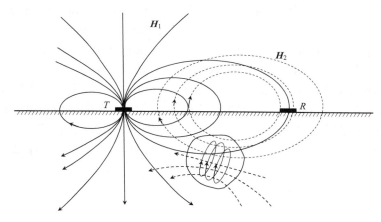

图 6-37　电磁感应原理示意图

实线表示一次场，虚线表示二次场

在频率域电磁法中常用的场源是谐变电磁场，谐变电磁场是矢量场，观测点处的场是两个场的叠加总场，其叠加遵循谐振动场叠加法则。在观测点处一次场和二次场频率相同，空间方向、幅度和相位不同，相移的出现与地下介质的电阻性和电感性相关。当一次场和二次场存在相位差时，合成的总场为椭圆极化的，即合成矢量端点随时间的变化轨迹是椭圆。磁场的椭圆极化现象是存在二次感应场的重要特征，反映了良导地质体的存在。

在时间域电磁法中经常使用脉冲电磁场作为激励场源，假定发射线圈中输入电流强度为 I 的方波电流，同样将地下良导体视为由电阻 R 和电感 L 组成的串联闭合回路，则导体线圈内产生的感应电流为

$$I(t) = \frac{M_{01}I}{L} e^{-\frac{t}{\tau}} \qquad (t \geqslant 0) \tag{6-56}$$

其中，$\tau = L/R$，为导体的时间常数；M_{01} 为发射线圈与地下导体间的互感系数。导体中的感应电流随时间按照指数规律衰减，衰减速度取决于 τ 的值，介质的导电性

越差，τ 越小，衰减越快。

导体内的感应电流将在其周围产生二次磁场，导电性良好的矿体，时间常数较大，断电后的感应电流及其产生的二次磁场衰减慢，在延迟较晚的时间仍能观测到。因此，通过研究二次场随时间的衰减规律便可达到探测地下良导体的目的。

6.3.3 频率域电磁感应法：大地电磁测深法

频率域电磁感应法是利用天然变化的电磁场或者人工发射的电磁场向地下穿透，并在地下介质中感生出受地下电性结构控制的大地电磁场，通过在地表测量不同频率电场分量和磁场分量，实现对不同深度范围电性结构探测的一组地电勘探方法。频率域电磁感应法包括利用天然场源的大地电磁法（magnetotelluric method, MT），利用人工场源的音频大地电磁法（audio-frequency magnetotellurics, AMT）、可控源音频大地电磁法（controlled-source audio-frequency magnetotellurics, CSAMT）及张量可控源大地电磁法（tensor controlled-source MT, TCSMT）。

大地电磁测深法利用区域性乃至全球性分布特征的天然交变电磁场作为场源，在地表观测由天然交变场感应出的大地电磁场。由于天然电磁场的强度和穿透深度大，在深达数千米乃至更大深度范围的区域构造调查、石油天然气勘探和地壳-上地幔研究中应用较为广泛。本节以大地电磁测深法（MT）为例，介绍频率域电磁感应法的基本工作原理和应用。

1. 大地电磁测深法的场源特征

大地电磁测深法利用的电磁场为来源于地球外部的变化磁场，一般认为源于太阳微粒辐射和地球磁场相互作用形成的地球磁层变化磁场，以及电离层在太阳辐射和潮汐作用下形成的各种变化电流体系（参见 5.1.4 节地球变化磁场），由此形成的天然变化的电场和磁场，统称为大地电磁场。

天然变化电磁场具有很宽的频率范围，图 6-38（a）给出了频率在 $10^{-4} \sim 10^4$ Hz 的大地电磁场振幅谱，它包括从磁湾扰到各类地磁脉动（Pc、Pi）及天电（ELF）等大地电磁现象所覆盖的频率范围。其中，地磁脉动具有准周期振动特征，其振动周期大致为 $0.2 \sim 1000$ s，是大地电磁测深最重要的场源。根据振动周期和波形特征将地磁脉动划分为两种类型：①Pc 型，具连续振动特征，呈似正弦型，并能延续较长时间；②Pi 型，具不规则振动特征，而且频谱变化较大[图 6-38（b）]。每一种又可分为若干小类，如表 6-5 所示。

表 6-5　地磁脉动分类

类型	Pc 型						Pi 型		
	Pc1	Pc2	Pc3	Pc4	Pc5	Pc6	Pi1	Pi2	Pi3
周期/s	0.2~5	5~10	10~45	45~150	150~600	>600	1~40	40~150	>150

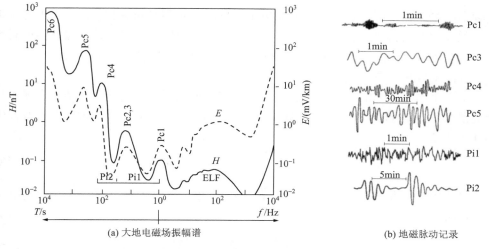

(a) 大地电磁场振幅谱　　　　　　　(b) 地磁脉动记录

图 6-38　大地电磁场源特征

从图 6-38 可以看出，在大地电磁场的频率范围内，电磁场在 1 Hz 附近振幅较小，在更低和更高的频率上振幅都增大。大地电磁方法主要采用位于低频段的地磁脉动作为主要场源。下面基于缓变低频电磁场，分析均匀介质中平面电磁波的波场特征。

2. 描述缓变电磁场特征的参数

1) 趋肤效应和穿透深度

根据 6.3.2 节均匀导电介质中平面谐变电磁波场的基本传播特性，式(6-55)中的 $e^{-\beta z}$ 项表示波场的振幅沿传播方向呈指数衰减，β 为衰减系数。电磁学上把这种电磁波进入导体后，能量趋向于分布在介质表面层的现象称为电磁波的趋肤效应。由 6.3.1 节交变电磁场中介质的电磁特性分析可知，在缓变低频电磁场中，可以忽略位移电流，$\alpha = \beta = \sqrt{\omega\mu\sigma/2}$ [见式(6-51)]。衰减系数 β 与电磁波的频率相关，频率越高，衰减系数 β 越大，高频电磁波沿深度方向衰减越快；反之，随着频率的降低，衰减系数 β 减小，电磁波穿透介质的深度增大。

把电磁波进入介质中后，振幅衰减到初始值 1/e 的深度定义为趋肤深度 δ，或称穿透深度。可以由平面电磁波的解(6-55)中任一式计算趋肤深度 δ，振幅衰减项取 $e^{-\beta\delta} = e^{-1}$，可得

$$\delta = \frac{1}{\beta} = \sqrt{\frac{2}{\omega\mu\sigma}} = \sqrt{\frac{\rho}{\pi f \mu}} = \frac{1}{2\pi}\sqrt{10^7 \frac{\rho}{f}} \approx 503.3\sqrt{\frac{\rho}{f}} \text{ (m)} \tag{6-57}$$

其中，ρ 为介质电阻率；f 为交变电磁场频率；介质磁导率取 $\mu = \mu_0 = 4\pi\times10^{-7}\text{H/m}$。

由式(6-57)可知，电磁波的穿透深度 δ 随介质电阻率 ρ 的增大而增大，随电磁

波频率 f 增大而降低。在目标区介质电阻率空间分布不变的情况下，利用不同频率的电磁波就可以获得不同深度范围内的介质电性结构信息，这种趋肤深度随电磁场频率的变化规律是大地电磁测深法的基础。

2) 波阻抗和介质视电阻率

引入平面电磁波的波阻抗概念，用以建立地表观测到的电磁场和地下介质电性参数的关联。将直角坐标系下入射界面上的简谐平面波表示式 (6-52) 代入方程组 (6-41) 可得

$$\nabla \times \boldsymbol{E} = -\mu \frac{\partial \boldsymbol{H}}{\partial t} \quad \Rightarrow \quad \frac{\partial E_x}{\partial z} = \mathrm{i}\omega\mu H_y \tag{6-58}$$

将均匀导电介质中平面电磁波的解 (6-55) 中第一式对 z 求导，并和式 (6-58) 联立取模，可得

$$\frac{\partial E_x}{\partial z} = \mathrm{i}k E_x \quad \Rightarrow \quad \left|\frac{E_x}{H_y}\right| = \left|\frac{\omega\mu}{k}\right| = \left|\frac{\omega\mu}{\sqrt{\mathrm{i}\omega\mu\sigma}}\right| = \sqrt{\omega\mu\rho} \tag{6-59}$$

由式 (6-59) 可知，垂直入射均匀介质的平面电磁波电场和磁场水平分量比值的模为 $\sqrt{\omega\mu\rho}$，是一个与介质电阻率相关的常量。可以证明，这一结论对于非垂直入射的平面电磁波也成立，则引入平面电磁波的阻抗概念，定义为

$$Z = \left|\frac{E}{H}\right| \quad 量纲：[Z] = \frac{[E]}{[H]} = \frac{\mathrm{V/m}}{\mathrm{A/m}} = \Omega \tag{6-60}$$

由式 (6-60) 可见，该比值具有阻抗的量纲，是平面电磁波在均匀导电介质中传播时遇到的波阻抗，其数值与测量轴无关，也称为标量阻抗。

式 (6-59) 和式 (6-60) 表明，当平面电磁波入射均匀大地时，只要测量地表相互正交的一对电场和磁场分量，就可以确定大地的电阻率，介质电阻率可以用波阻抗表示为

$$\rho = \frac{1}{\omega\mu}\left|\frac{E}{H}\right|^2 \tag{6-61}$$

式 (6-61) 是均匀大地电阻率的计算公式。在实际工作中对于非均匀大地，依然采用这一公式计算电阻率，此时求得的电阻率为视电阻率，是电磁波所达到的范围内所有介质电性结构的综合反映。根据电磁波的趋肤效应，选用不同频率的电磁波可以到达不同的探测深度，从而可以获得相应深度范围内地下介质的视电阻率。

3. 水平分层介质的表面波阻抗和视电阻率

如图 6-39 所示，将地球内部视作水平分层介质，各层的电阻率为 ρ_i，厚度为 H_i，$i=1,2,\cdots,n$，最后一层厚度 $h_n \to \infty$。引入 z 轴向下的直角坐标系，取 x-y 为地面上的一组正交测量轴。一维层状介质电性在水平方向上是均匀的，垂直入射平面电磁

波的场强在水平方向上也是均匀的。

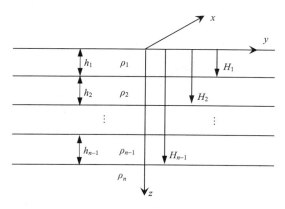

图 6-39 n 层水平层状介质模型

通过求解水平分层介质中的平面电磁波动方程，可以得到介质中和地表的电场及磁场分布函数，以计算介质的表面波阻抗，再将式(6-61)中的阻抗用非均匀介质的表面波阻抗代替，得到相应的视电阻率：

$$\rho_{\mathrm{T}} = \frac{1}{\omega\mu} \left| Z_{1,n} \right|^2 \tag{6-62}$$

其中，波阻抗 $Z_{1,n}$ 为非均匀介质的表面波阻抗，由下伏各层介质的波阻抗递推计算获得，$Z_{1,n}$ 第一个下标表示波阻抗所在层面位置的编号，第二个下标表示层状介质的总层数。根据电磁波的趋肤效应，选用不同频率的电磁波可以到达不同的探测深度，通过计算就可以获得水平层状介质视电阻率 ρ_{T} 随深度的变化曲线，即电磁测深曲线。

4. 水平层状大地视电阻率理论曲线

和电阻率测深曲线一样，大地电磁测深电阻率曲线的类型取决于地电断面的电性特征。图 6-40 为水平层状介质模型计算得到的理论视电阻率曲线，取双对数坐标，纵轴为视电阻率 ρ_{T} 和顶层介质电阻率 ρ_1 的比值取对数，横轴为电磁波波长 λ 和顶层介质厚度 h 的比值取对数，由于电磁波的波长 λ 和频率成反比，图 6-40 中横轴自左向右，波长逐渐增加，相应的电磁波频率逐渐降低，对应的介质穿透深度逐渐增大。

图 6-40(a)为双层断面模型电磁测深曲线，ρ_1 和 ρ_2 分别为顶层介质和下层介质的电阻率。$\mu_2 = \rho_2 / \rho_1$，反映上下层介质电阻率相对大小，$\rho_2 > \rho_1$ 称为 G 型，$\rho_2 < \rho_1$ 称为 D 型。

在曲线左端，当频率很高($\lambda / h \ll 1$)时，电磁场穿透深度远小于第一层厚度，相当于电阻率测深法中小极距的情况，地表观测到的电磁场主要反映第一层介质的电阻率。与电阻率方法的不同之处在于，ρ_{T} 是振荡逼近 ρ_1 的，这是电磁波在第一层上

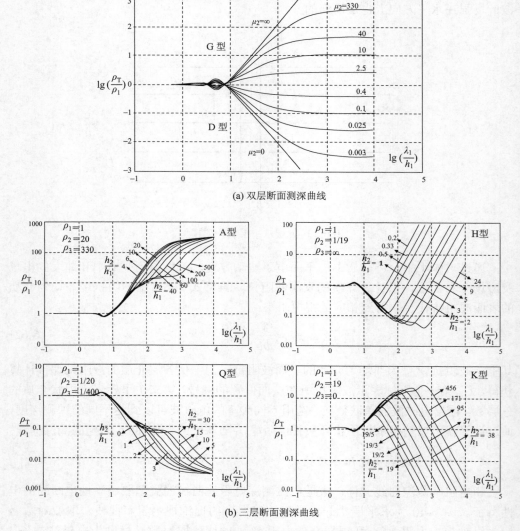

(a) 双层断面测深曲线

(b) 三层断面测深曲线

图 6-40　水平层状介质模型理论测深曲线

下两个界面之间来回反射形成干涉效应的结果。在曲线右端，当频率很低 $(\lambda/h \gg 1)$ 时，电磁场穿透深度远大于第一层厚度，相当于电阻率测深法中大极距的情况，地表观测到的电磁场主要反映下层介质的电阻率。如果 ρ_2 有限，$\rho_T \to \rho_2$；在双对数坐标下，如果 $\rho_2 \to \infty$，$\mu_2 = \infty$，曲线的尾部与横轴交角为 $+63°26'$，如果 $\rho_2 \to 0$，$\mu_2 = 0$，曲线的尾部与横轴交角为 $-63°26'$。

对双层介质电磁测深曲线的分析可以推广到多层介质测深曲线的分析，在双层断面情况下测深曲线有两种类型，在三层情况下有四种类型，……，对于 n 层地电

断面有 2^{n-1} 种类型。图 6-40(b) 为三层介质电磁测深曲线，根据各层电阻率之间的关系可分为四种类型：A 型，$\rho_1 < \rho_2 < \rho_3$，电阻率递增；Q 型，$\rho_1 > \rho_2 > \rho_3$，电阻率递减；H 型，$\rho_1 > \rho_2 < \rho_3$，中间低阻层；K 型，$\rho_1 < \rho_2 > \rho_3$，中间高阻层。

在高频时，曲线趋于第一层介质的电阻率；在中间频段上，从高频到低频视电阻率曲线的值依次反映从浅到深各地层的电阻率变化。曲线在不同频段的相对起伏反映了各层电阻率的相对变化，曲线中间段的展宽则反映了中间层的埋深和厚度。

5. 大地电磁测深的资料解释

大地电磁测深的目的在于探测地下不同深度上介质的电性结构，其工作过程包括数据采集、处理和反演解释。一般要测量两个相互正交的水平电场分量和两个水平磁场分量(图 6-41)。电磁场的测量是在时间域进行的，再用傅里叶变换转化为频率域信号。

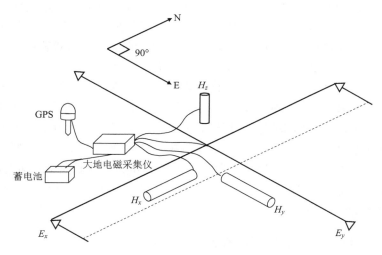

图 6-41　大地电磁测深点的布置图

经过傅里叶变换得到不同频率的电场和磁场分量，就可以计算波阻抗和视电阻率测深曲线了，在此基础上进行测深资料解释，和电阻率测深资料解释相似，遵循从已知到未知，从易到难，定性解释和定量解释相结合的原则。

定性解释的目的是在资料分析基础上，通过制作各种图件，如测深曲线类型图、视电阻率断面图、视电阻率平面图等，了解地电断面在空间上的变化情况，从而对测区的地质构造轮廓有一个初步的了解，以指导定量解释。定量解释是在定性解释的基础上，通过反演给出与实测资料对应的地电断面参数，提出目标区包括空间几何参数和物性参数的地球物理参数模型。其基本思路、流程和步骤，可参见 6.1 节电阻率测深方法的定性解释和反演计算部分。

6. 大地电磁测深的应用实例

大地电磁测深利用的电磁波周期可达 10^4 s，勘探深度可达上百千米，其探测能力可以穿透地壳到达上地幔，因此可以用来探查不同地质构造单元的接触关系，研究地壳、上地幔物质的导电性及岩石圈厚度。不同大陆构造单元，其岩石圈结构、物质组成、温压状态和构造变形特征等都存在差异，而这些特征的差异也将引起岩石圈电性结构特征的变化。在大地电磁测深剖面上，构造块体及其边界的深部电性特征可以表现得十分清楚，与区域地质构造有着很好的对应性。

青藏高原是现今构造运动最强烈的地区之一，前人在青藏高原东北缘至鄂尔多斯地块沿玛沁—兰州—靖边剖面开展了大地电磁测深工作。图 6-42 为利用测深资料反演解释得到的二维电性结构剖面图。剖面上，研究区电性结构整体上表现出垂向分层的特点，上地壳构造复杂，下地壳存在横向不连续的低阻层，地幔电性差异相对较小。同时，剖面也直观反映出电性结构的横向分块特征，构造块体及其边界在深部电性特征上表现得十分清楚。电性结构揭示出玛沁断裂带 F_1、兰州深部断裂带 F_3 和马家滩—大水坑隐伏断裂带 F_9 均为岩石圈断裂带，这三条断裂带的存在为构造块体的划分提供了深部电性结构依据。自西南向东北目标区划分为巴颜喀拉地块、秦祁地块、边界带和鄂尔多斯地块，四个电性区块表现出不同的特点：巴颜喀拉地块、秦祁地块和鄂尔多斯地块上地壳都为高阻，下地壳内发育低阻带，成层性较好，下地壳下部到上地幔电阻率随深度逐渐升高；而边界带的地壳内不再有大范围连续的电性水平层和连续的低阻层，地壳范围内电性结构复杂，显示为强烈的构造变形区。上述大地电磁测深工作为确定青藏高原东北缘和鄂尔多斯地块之间的深部边界、块体构造单元的划分，以及进一步研究这两个块体之间的相互作用和岩石圈变形过程提供了重要的深部约束。

6.3.4 时间域电磁感应法：瞬变电磁法

瞬变电磁法(transient electromagnetic method)也称时间域电磁法(time domain electromagnetic method，TEM)，该方法是利用不接地回线或接地电极向地下发射脉冲式一次电磁场，在脉冲信号间歇期间，观测由脉冲电磁场感应涡流产生的二次感应电磁场的时空分布，达到探测地下电性结构的目的。瞬变电磁法主要用于解决石油天然气、煤系地层及地热勘探中的地质问题，在勘查良导金属矿方面也有比较广泛的应用。本节着重介绍瞬变电磁法及相关的时间域处理分析方法。

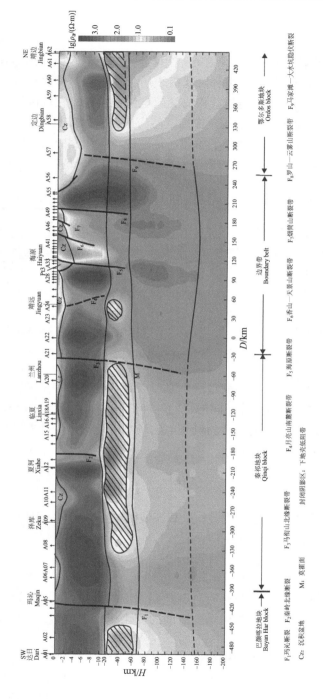

图6-42 青藏高原东北缘大地电磁测深结果 (据汤吉等，2005修改)

1. 瞬变电磁法的场源特征

在人工场源电磁法勘探中，常在地表用接地电极或者水平载流回线发射电磁场，分别称为水平电偶极子场源和垂直磁偶极子场源。图 6-43（a）表示水平接地电偶极子场源，为电性源，利用供电电极直接将交流电供入大地，在周围激发形成一次交变电场 E_1，交变电场激发交变磁场，在地下感应出二次涡旋电场 E_2。图 6-43（b）表示不接地水平线圈，为垂直磁偶极子场源，是磁性源，线圈中通以交变电流，在周围激发出交变磁场 H_1，进一步在地下感应出二次涡旋电场 E_2。

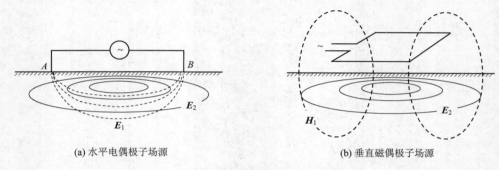

(a) 水平电偶极子场源　　　　　　　　　　　(b) 垂直磁偶极子场源

图 6-43　瞬变电磁法场源

在实际工作中，瞬变电磁测深法主要使用垂直磁偶极子场源，场源信号可以使用方波、半正弦波、三角波等不同形式的脉冲信号，其中，使用较多的是方波脉冲。地下良导介质在脉冲信号关断后的瞬变电磁场响应，可以看作对阶跃脉冲电磁信号的响应。阶跃信号可以表示为

$$M(t) = \begin{cases} M & t < 0 \\ 0 & t \geqslant 0 \end{cases} \tag{6-63}$$

其中，M 为磁偶极子的磁矩强度。如果载流线圈的匝数为 n，面积为 S，电流强度为 I，则其磁矩强度为 $M=nIS$。

2. 瞬变过程分析

6.3.2 节已分析了地下良导体对外部电磁波场的感应二次场在时间域和频率域的特性，下面进一步分析瞬变电磁场随时间的变化规律，建立二次电磁场和介质电性结构的联系。

在地表发射线圈中供以稳定电流，在电流断开之前，发射电流线圈在回线周围空间建立起一个稳定的磁场，称为一次磁场。在 $t=0$ 时刻，将发射回线中的电流断开，一次磁场也随即消失。一次磁场的这一剧烈变化传至周围大地，在大地介质中激励出感应电流，并形成二次感应磁场，使得空间磁场不会立即消失。由于介质的

欧姆损耗，感应电流迅速衰减，由它产生的磁场也迅速衰减，衰减变化的电磁场又会在周围介质中感应出新的涡流和电磁场，这一过程继续下去，直至磁场能量消耗殆尽。这一过程从产生到结束的时间是短暂的，称为瞬变电磁过程，相应的电磁场，称为"瞬变"电磁场。

图 6-44(a)显示了不同时刻穿过发射线圈 Tx 中心的横断面内感应电流密度的等值线图。从图中可以看到，在瞬变过程的早期阶段，涡旋电流主要分布在场源附近的地表，在晚期阶段，大地中的涡旋电流中心相对于场源向下向外扩散移动，分布在更大深度范围的介质中。

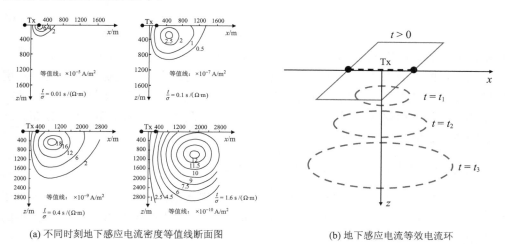

(a) 不同时刻地下感应电流密度等值线断面图　　　　(b) 地下感应电流等效电流环

图 6-44　瞬变电磁过程示意图

在瞬变过程中，任意时刻的地下涡旋电流可以等效为一个水平环状电流，将地表观测到的二次场视为水平环状电流的磁场。图 6-44(b)为发射线圈电流关断后，三个不同时刻地下感应电流等效电流环的分布示意图。在发射电流关断瞬间，该环状电流紧挨发射回线，和发射回线具有相似的形状，随着时间推移，该电流环向下向外扩散，逐步变形为圆形电流环。

等效涡旋电流环这种向下向外扩散的过程，被人们形象地称为"烟圈效应"，"烟圈"的半径 r 和深度 d 的表达式分别为

$$r = \sqrt{\frac{8c\rho t}{\mu_0} + a^2}, \quad 式中\ c = 8/\pi - 2$$

$$d = \sqrt{\frac{16\rho t}{\pi\mu_0}}$$

$$(6\text{-}64)$$

其中，a 为发射线圈半径；ρ 为介质电阻率；t 为扩散时间；μ_0 为介质磁导率。

当发射线圈半径 a 相对于烟圈半径 r 很小时，有 $\mathrm{tg}\,\theta = d/r \approx 1.07$，$\theta \approx 47°$，可知

"烟圈"将沿着 47°倾斜锥面向下扩散，向下传播的速度为

$$v = \frac{\partial d}{\partial t} = 2\sqrt{\frac{\rho}{\pi\mu_0 t}} \tag{6-65}$$

从式（6-65）中可以看到，地下感应涡流向下扩散的速度与大地电阻率相关，导电性越好，扩散速度越慢，意味着在导电性较好的区域，可以在更长的延时后观测到大地瞬变电磁场。引入瞬变场扩散系数 τ 描述瞬变场与时间及介质导电性之间的关系，在低频电磁波场忽略位移电流时有

$$\tau = 2\pi\sqrt{\frac{2\rho t}{\mu}} \tag{6-66}$$

其中，ρ 为介质电阻率；t 为扩散时间；μ 为介质磁导率。

从"烟圈效应"的观点看，早期瞬变电磁场由近地表感应电流产生，反映浅层电性分布；晚期瞬变电磁场主要由深部感应电流产生，反映深层电性分布。因此，观测和研究瞬变电磁场随时间变化的规律，即可探测大地电性结构的垂向分布，这就是瞬变电磁测深法的原理。

3. 水平层状大地的瞬变电磁测深理论曲线

从时间域瞬变电磁场的特性分析可知，瞬变电磁场的各分量均直接和大地电阻率相关，因此可以利用电磁场的不同分量来确定均匀大地的电阻率或不均匀大地的视电阻率（以 ρ_τ 表示）。

与直流电阻率方法相似，瞬变电磁法中计算视电阻率（ρ_τ）的依据仍然是均匀半空间上的瞬变电磁场表达式，但瞬变电磁场和大地电阻率之间的关系比较复杂，无法给出简单的关系式，因此在实际工作中，利用瞬变电磁场的时间特性，给出极限条件下的视电阻率简化计算公式。

根据瞬变过程分析，瞬变电磁场特征主要由 r 和 τ 确定，r 为观测点到场源的距离，τ 为瞬变场扩散系数［见式（6-66）］，由观测时间和介质电阻率决定。因此，取两个极限条件 $\tau/r \to 0$ 和 $\tau/r \to \infty$ 进行视电阻率分析，把 $\tau/r \to 0$ 称为早期条件，$\tau/r \to \infty$ 称为晚期条件，在此极限条件下得到视电阻率的简化计算公式。显然，电磁场处于早期还是晚期，不仅仅取决于观测延迟时间，还取决于介质的导电性和观测点到场源的距离。

限于本书篇幅，这里直接利用垂直阶跃磁偶极子的瞬变电磁场位场推导结果，将 $\tau/r < 2$ 作为早期的条件，得到早期视电阻率表达式为

$$\rho_\tau^{\mathrm{B}} = \frac{2\pi r^5}{9M}\frac{\partial B_z(t)}{\partial t} \tag{6-67}$$

类似地，将 $\tau/r > 16$ 作为晚期的条件，得到晚期视电阻率的表达式为

$$\rho_\tau^E = \frac{\mu_0}{4\pi t}\left(\frac{2\mu_0 M}{5t\dfrac{\partial B_z(t)}{\partial t}}\right)^{2/3} \tag{6-68}$$

其中，M 为磁偶极子的磁矩强度；B_z 为瞬变电磁场的磁场垂直分量。通过水平层状大地的瞬变电磁场磁场分量的测量，利用式 (6-67) 和式 (6-68)，可以得到相应的早期和晚期瞬变场视电阻率曲线。图 6-45 为二层地电断面上磁偶极子源的晚期视电阻率曲线。由图可见，曲线首支由于不能满足晚期条件，并不趋于第一层电阻率 ρ_1，而是向上翘起，曲线的尾支则均趋于第二层电阻率 ρ_2。

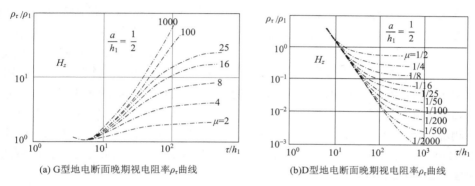

(a) G 型地电断面晚期视电阻率 ρ_τ 曲线　　　　(b) D 型地电断面晚期视电阻率 ρ_τ 曲线

图 6-45　垂直偶磁源二层电断面上晚期视电阻率理论曲线

a 为回线半径；h_1 为层厚；$\mu = \rho_2/\rho_1$

对二层大地视电阻率曲线的分析，可以推广到三层和多层介质视电阻率理论曲线的分析，多层介质视电阻率曲线类型及特征分析与电阻率测深曲线和大地电磁测深曲线类型分析类似。

4. 瞬变电磁法的资料解释

瞬变电磁法利用不接地回线向地下发射脉冲式一次电磁场，用线圈观测该脉冲磁场感应的二次电磁场，在给定目标区进行测量。目前，各种观测仪器绝大多数都是观测发送电路脉冲期间的感应电压值，通常会转换成磁感应强度 $B(t)$、感应强度瞬变值 $dB(t)$，或者视电阻率值 ρ_τ 输出，然后绘制相应的测深曲线类型图，在此基础上进行解释。

与其他测深方法类似，瞬变电磁测深资料的解释也分为定性解释、半定量解释和定量解释。

在定性解释阶段，确定各测点的视电阻率曲线类型，结合地质和钻井资料确定地电断面各电性层与地质层位的对应关系，然后再大致确定岩层厚度的横向变化及曲线类型发生变化的界线。

　　半定量解释阶段利用视电阻率曲线的特征点及渐近线，推断目标层的参数，对地层作垂向分层，并将相邻测点对应岩层连接，以大致了解岩层的横向变化。

　　以定性和半定量解释给出的层参数作为初始结构模型，利用数值模拟计算得到理论曲线，再和实测曲线进行对比拟合，其基本思路、流程和步骤，可参见电阻率测深和大地电磁测深方法的定性解释和反演计算部分。最后将经过修订的层参数作为实测曲线的解释层参数，将不同测点定量解释结果中的相应岩层进行连接，得到二维地电断面。

5. 瞬变电磁法的应用实例

　　瞬变电磁法在电流脉冲的间歇期间进行观测，不存在一次场源的干扰，称为时间上的可分性；同时，电流脉冲包含丰富的频率，不同频率的信号调查深度不同，称为空间上的可分性。这两个可分性，使得瞬变电磁法具有较高的信噪比和空间分辨能力，在矿产勘探、构造探测、水文工程及环境地质调查等各个领域都有应用。

　　图 6-46(a) 为某大型电厂厂基调查中的一条瞬变测深 ρ_τ 拟断面图，通过定量解释，确定了基底起伏情况，明确了基底断裂 F_1 和 F_2 的分布。图 6-46(b) 为某地热田瞬变测深 ρ_τ 断面图，由图可见，在 29 号点处出现明显的低阻中心，核部电阻率小于 7 $\Omega \cdot m$，认为该处是地热田在覆盖层中的出露部位。钻孔结果显示，该区域的储热地层产出 60℃ 热水，且水量较大。

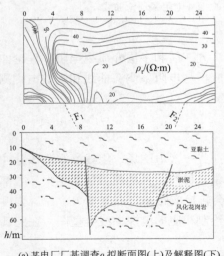

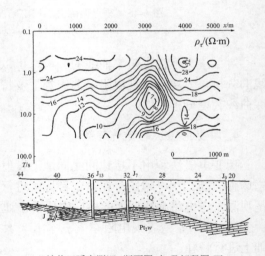

(a) 某电厂厂基调查 ρ_τ 拟断面图(上)及解释图(下)　　(b) 某地热田瞬变测深 ρ_τ 断面图(上)及解释图(下)

图 6-46　瞬变电磁法应用实例(据雷宛等，2006 修改)

6.3.5　高频电磁波探测方法：探地雷达

　　高频电磁波探测法是利用高频电磁波脉冲对地下目标体进行研究的一类电磁波

直接探测方法。本节介绍的探地雷达(ground penetrating radar，GPR)也称地质雷达，是向地下发射高频脉冲电磁波，利用来自地下电性界面上的反射波研究地下介质结构的一种高频电磁波探测方法。

1. 探地雷达的场源特征

探地雷达利用高频电磁脉冲波的反射来实现探测目的，使用的电磁波频率在$10^6 \sim 10^9$ Hz，系统中发射天线 T 和接收天线 R 成对出现，分别用于向地下发射电磁波和接收地下反射的电磁波[图 6-47(a)]。

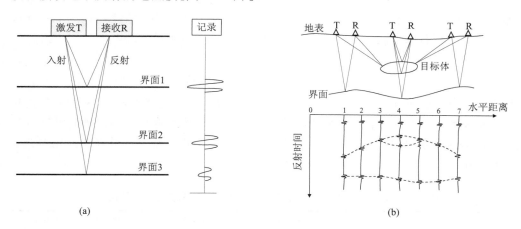

图 6-47 探地雷达探测原理示意图

由于地下介质具有不同的物理特性，如介质的介电性、导电性及导磁性差异，对电磁波具有不同的波阻抗，电磁波在波阻抗界面上会发生反射和折射，反射回地面的电磁波脉冲的传播路径、电磁波场强度、波形等都将随着通过的介质的电性及空间几何形态而变化。如图 6-47(b)所示，发射进入地下的电磁波脉冲，经存在电性差异的地层或者目标体反射后，返回地面并被接收天线所接收，称为回波。通过对反射回波走时、幅度及波形资料的处理和分析，可以推断地下目标电性体的空间位置和结构信息。

2. 高频电磁波场的基本特性

根据 6.3.2 节的推导，均匀介质中平面谐变电磁波场可以表示为空间和时间坐标的函数，距离场源为 r，角频率为 ω 的简谐波场可以表示为

$$P = P_0 e^{-i\omega t} e^{ikr} = P_0 e^{-i\omega t} e^{i\alpha r} e^{-\beta r} \tag{6-69}$$

其中，P_0 为入射波场的强度；$e^{-i\omega t}$ 为波场相位随时间的谐变；$e^{i\alpha r}$ 为波场相位随距离的谐变，α 为相位系数；$e^{-\beta r}$ 表明随着距离 r 的增加，电磁波场强因介质损耗而呈指数衰减，因此 β 为吸收系数。在不同频率的电磁场中，介质对电磁场的响应是不

同的。下面基于高频电磁波场，介绍描述电磁波的几个特性参数。

1）高频电磁波在介质中的传播速度

根据导电介质中平面电磁波的解[式(6-69)]和高频电磁波的传播相位系数 α[式(6-50)]，推得电磁波的速度为

$$v = \frac{\lambda}{T} = \frac{\omega}{\alpha} = \left[\frac{\varepsilon\mu}{2}\left(\sqrt{1+\left(\frac{\sigma}{\omega\varepsilon}\right)^2}+1\right)\right]^{-1/2} \tag{6-70}$$

其中，ε 为介质介电常数；μ 为介质磁导率；σ 为介质电导率；ω 为电磁波角频率。绝大多数岩、矿石磁性较弱，磁导率的变化相对较小，可取相对磁导率 $\mu_r \approx 1$。同时，大多数岩、矿石属于低导电介质，在高频情况下，通常满足 $\sigma/\omega\varepsilon \ll 1$，此时有

$$v \approx \frac{1}{\sqrt{\mu\varepsilon}} = \frac{1}{\sqrt{\mu_0\mu_r\varepsilon_0\varepsilon_r}} \approx \frac{c}{\sqrt{\varepsilon_r}} \tag{6-71}$$

其中，ε_0 为真空介电常数；μ_0 为真空磁导率；c 为真空中电磁波速度；ε_r 为介质的相对介电常数。式(6-71)表明，对于大多数低导电、弱磁性介质，高频电磁波在介质中的传播速度主要取决于介质的介电性。表 6-6 中给出了部分常见介质的相对介电常数、电导率、电磁波速度和吸收系数。

表 6-6　常见介质的相对介电常数、电导率、电磁波速度和吸收系数

介质	相对介电常数 ε_r	电导率 $\sigma/(mS/m)$	电磁波速度 $v/(m/ns)$	吸收系数 $\beta/(dB/m)$
空气	1	0	0.3	0
淡水	81	0.5	0.033	0.1
海水	81	3×10^4	0.01	10^3
干砂	3~5	0.01	0.15	0.01
饱和砂	20~30	0.1~1.0	0.06	0.03~0.3
石灰岩	4~8	0.5~2	0.12	0.4~1
泥岩	5~15	1~100	0.09	1~100
粉砂	5~30	1~100	0.07	1~100
花岗岩	4~6	0.01~1	0.13	0.01~1
黏土	5~40	2~1000	0.06	1~300

2）高频电磁波在介质中的吸收特性

高频电磁波探测是在地下有耗介质中进行的电磁探测，波在有耗介质中的衰减是由于传导电流的热损耗和介质极化过程中的附加损耗，除了这些本质原因外，还有波的空间发散损耗和散射损耗。这里仅考虑前一原因，即主要由介质吸收系数 β 决定的电磁波在传播过程中的衰减：

$$\beta = \omega\sqrt{\varepsilon\mu}\left[\frac{1}{2}\left(\sqrt{1+\left(\frac{\sigma}{\omega\varepsilon}\right)^2}-1\right)\right]^{1/2} \tag{6-72}$$

对于高频电磁波，在低导电介质中，当满足 $\sigma/\omega\varepsilon \ll 1$ 时，吸收系数近似为

$$\beta \approx \frac{\sigma}{2}\sqrt{\frac{\mu}{\varepsilon}} \tag{6-73}$$

此时，吸收系数与电磁波频率无关，与介质电导率 σ 成正比，与介电常数 ε 的平方根成反比。在真空中 $\sigma=0$，则吸收系数为 0。在一般介质中，当 $\sigma/\omega\varepsilon \gg 1$ 时，吸收系数的近似值为

$$\beta \approx \sqrt{\frac{\omega\sigma\mu}{2}} \tag{6-74}$$

此时，吸收系数与介电常数 ε 无关，与介质电导率 σ 或电磁波频率 ω 的平方根成正比。由上述分析可知，在高导电介质中或者使用高频波时，电磁波衰减加大。表 6-6 给出了部分常见介质的电磁特性参数与吸收系数的对应关系，从表中可以看到海水电导率最高，衰减也最强。

3）高频电磁波在界面上的反射系数

由于地下介质具有不同的电磁特性，在不均匀处形成波阻抗界面。电磁波在传播过程中遇到波阻抗界面会发生反射和折射，入射波、反射波与折射波的方向遵循 Snell 反射定律和折射定律。小于临界角的入射波，将发生一般的反射；大于临界角的入射波，将发生全反射。

电磁波在到达界面时，除了平面波方向的变化外，波的能量（振幅强度）也在发生变化。入射波的能量由于介质电磁参数的差异在反射波和折射波之间进行分配。对于平面波，定义反射波电场强度与入射波的电场强度的复振幅之比为反射系数，即

$$R_{12} = \frac{Z_2 - Z_1}{Z_2 + Z_1} \tag{6-75}$$

其中，R_{12} 为电磁波在 1、2 两种介质界面的反射系数，是一个量纲为一的物理量，一般情况下为复数，包含电磁场振幅和相位两方面的信息。R_{12} 与波阻抗和入射电磁波场相对界面的方向相关，Z 为介质的波阻抗，由介质的复介电常数决定。对于低导电介质，仅考虑位移电流，则有

$$|R_{12}| = \left|\frac{\sqrt{\varepsilon_{r2}} - \sqrt{\varepsilon_{r1}}}{\sqrt{\varepsilon_{r2}} + \sqrt{\varepsilon_{r1}}}\right| \tag{6-76}$$

其中，ε_{r1}、ε_{r2} 为介质的相对介电常数。例如，对于土壤和花岗岩（ε_r 分别为 20 和 5）的交界面，反射系数模值 $R=0.333$，即反射能量为入射能量的 33.3%，对于湿石灰岩和湿花岗岩（ε_r 分别为 8 和 7）接触面，则为 $R=0.0334$，即 3.34%，可见介电常数对反射系数的影响十分重要。

3. 探地雷达的测量方式

探地雷达利用高频电磁波在地下探测对象上的反射来实现探测目的，工作中必须根据探测目标和探测对象的状况及所处的地质环境，采用相应的测量方式并选择合适的测量参数，以保证雷达记录的质量。探地雷达常用的地面测量方式有反射剖面法和宽角法，在井下测量时也常用到透射法。限于篇幅，这里仅就两种地面常用测量方式加以介绍。

反射剖面法是发射天线(T)和接收天线(R)以固定间距沿测线同步移动的一种测量方式，图 6-48(a) 为反射剖面法示意图。当发射天线与接收天线间距为零，即二者合二为一时称为收-发一体式天线，反之称为收-发分离式天线。反射剖面法的测量结果可用探地雷达时间剖面图像[图 6-48(b)]来显示，图像的横坐标记录了天线在地表的位置，纵坐标为反射波双程走时。剖面法的优点是可以直观、准确地反映测线下方地下各界面的形态。由于介质对电磁波的吸收，来自深部界面的反射波会因信噪比过低而不易识别，可以在同一测线上应用不同的天线发送-接收距进行重复观测，把测量中相同位置的记录进行叠加，以增强对深部介质的分辨能力。

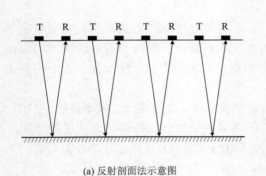

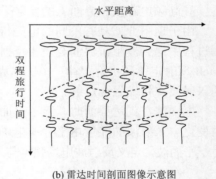

(a) 反射剖面法示意图　　　　　　　　　　(b) 雷达时间剖面图像示意图

图 6-48　反射剖面法和雷达时间剖面图像示意图

宽角法是把一个天线固定在地面上某一点不动，而另一个天线沿测线移动，记录地下界面反射波的双程走时[图 6-49(a)]。也可以用两个天线，在保持中心点位置不变的情况下，不断改变两个天线之间的距离，记录反射波双程走时，这种方法称为共中心点法[图 6-49(b)]。当地下界面平直时，这两种方法的测量结果一致。由于同一测点使用不同天线距得到的反射信号反映的是同一反射点，与地震勘探类似，可以通过动、静校正和水平叠加处理获得高信噪比雷达资料，并可以增加勘探深度。

宽角法或共中心点法测量通常是用于求取地下介质的雷达波速，为时深转换和数据解释提供资料。深度为 h 的地下水平界面的反射波双程走时 t 满足

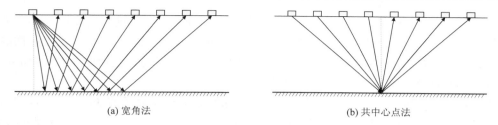

(a) 宽角法　　　　　　　　　　　　　(b) 共中心点法

图 6-49　宽角法和共中心点法示意图

$$t = \frac{\sqrt{(2h)^2 + x^2}}{V} \tag{6-77}$$

其中，x 为发射天线与接收天线之间的距离；h 为反射界面深度；V 为电磁波的传播速度。

4. 探地雷达的探测深度和空间分辨率

探地雷达能探测到最深目标体的深度是探地雷达的重要参数。探地雷达的探测距离受两个因素制约：一是仪器的技术性能指标，包括天线的发射功率和仪器接收的灵敏度；二是目标对象的电学性质，主要是电导率和介电常数。当探地雷达系统的技术参数确定后，探测距离 r 取决于电磁波的频率、介质的吸收特性、目标体的散射特性。

根据介质中电磁波的衰减特性分析[式(6-74)]，介质对电磁波的吸收系数 β 与介质电导率 σ 及电磁波频率 ω 的平方根成正比，电磁波的穿透深度随电磁波频率升高而减小，随介质电导率的增加而减小。图 6-50 为不同电导率土壤中的雷达剖面，可以看到在高电导率土壤[图 6-50(b)]中，无法观察到深部的反射特征细节。因此，对探地雷达来说，如果介质的电导率太大，则电磁波的穿透深度非常有限，此时就不应采用雷达方法了。

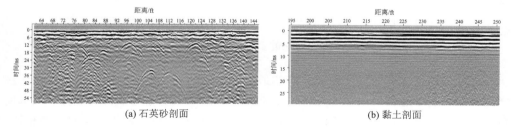

(a) 石英砂剖面　　　　　　　　　　　　(b) 黏土剖面

图 6-50　低电导率土壤(石英砂)和高电导率土壤(黏土)中的雷达剖面

1 ft ≈ 0.3048 m

探地雷达的分辨率分为垂向分辨率和横向分辨率。与地震勘探类似，将探地雷达剖面中能够区分一个以上反射界面的能力称为垂向分辨率。如图 6-51(a)所示，选用均匀介质中的一个厚度逐渐变薄的地层模型进行研究，上下地层速度均为 V_1，薄层速度为 V_2。电磁波垂直入射时，由来自地层顶面的反射子波 R_1 和来自地层底面的反射子波 R_2 叠加构成雷达反射记录，从图中观察地层厚度与地层顶底面的反射波雷达信号的对应特征，可以得到以下结论：

（1）地层厚度大于 $\lambda/4$ 主波长时，反射记录可以区分反射子波 R_1 和 R_2，地层厚度可以通过反射子波 R_1 和 R_2 之间的时间差加以确定。因此，一般把地层厚度 $b=\lambda/4$ 作为垂向分辨率的下限。

（2）地层厚度等于 $\lambda/4$ 主波长时，反射子波 R_1 和 R_2 发生相长性干扰，复合波形振幅达到最大值。

（3）地层厚度小于 $\lambda/4$ 主波长时，反射子波 R_1 和 R_2 波形叠置，反射振幅正比于地层厚度。

由上述分析可知，探地雷达的垂向分辨率与子波的形态和中心频率密切相关，频率越高，子波越窄，分辨能力越强。

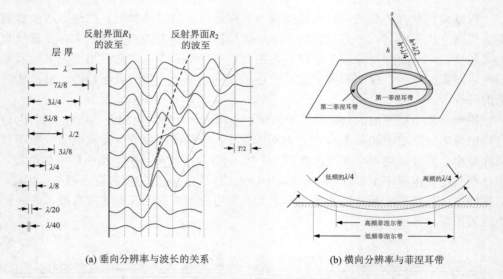

(a) 垂向分辨率与波长的关系　　　　　　(b) 横向分辨率与菲涅耳带

图 6-51　探地雷达的垂向分辨率和横向分辨率

探地雷达在水平方向上所能分辨的最小异常体的尺寸称为横向分辨率。雷达剖面的横向分辨率通常可用菲涅耳带加以说明。如图 6-51(b) 所示，设地下有一水平反射面，以发射天线为圆心，以其到界面的垂距 h 为半径，作一圆弧与反射界面相切，此圆弧代表雷达到达此界面时的波前，再以多出 1/4 及 1/2 子波波长的半径画弧，在水平面界面的平面上得到两个圆。其内圆称为第一菲涅耳带，两圆之间的环形带称为第二菲涅耳带。根据波的干涉原理，法线反射波与第一菲涅耳带外缘的反射波的光程差 $\lambda/2$（双程光路），反射波之间发生相长性干扰，振幅增强。第二菲涅耳带内的反射则发生相消性干涉，振幅减弱。第一带以外诸带彼此消长，对反射的贡献不大，可以不考虑。由于第一菲涅耳带的存在，当两个有限异常体的间距小于菲涅耳带直径时，不易把两个目标体区分开。当反射界面的埋深为 H，发射-接收天线的距离远远小于 H 时，第一菲涅耳带直径的计算方法为

$$d = \sqrt{\frac{\lambda H}{2}} \tag{6-78}$$

其中，λ 为雷达子波的波长；H 为异常体埋藏深度。从式(6-78)中可以看出，频率越高，子波波长越小，菲涅耳带直径越小，横向分辨率越高；反射界面深度越大，横向分辨率越低。

5. 探地雷达的数据处理

探地雷达的野外工作流程通常分为如下几步：首先，对目标体特征(深度、电性、几何形态等)和工作环境(干扰源、地形、地层孔隙度、含水率等)进行分析，以确定探地雷达能否取得预期效果；其次，建立测区坐标，布置测网，确定测线的平面位置；再次，选择测量参数，包括天线中心频率、采样率、记录时窗、发射-接收天线间距等；最后，进行测量和数据处理，建立探地雷达剖面图像。

在探地雷达的探测过程中，电磁波在地下传播并被天线接收，其中不可避免地混杂了各种干扰波。探地雷达数据处理的目的，就是压制随机和规则干扰，提高信噪比或分辨率，在探地雷达图像剖面上显示反射波，提取反射波的各种参数(包括走时、振幅、波形、频率等)。

探地雷达方法虽然测量波场的物理性质与地震反射方法不一样，但是二者都是测量脉冲回波信号，记录地下介质界面的反射波，并且遵循相同形式的波动方程。二者在运动学上的相似性，使得地震数据处理和解释中的许多成熟技术(如动静校正、数字滤波、偏移归位、多次叠加等数据处理技术)均可用于探地雷达数据处理，达到改善雷达剖面图像质量的目的。图 6-52 为探地雷达数据的常规处理流程，与勘

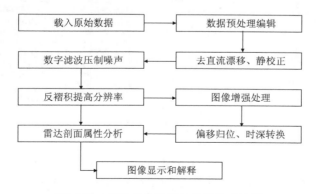

图 6-52　探地雷达数据的常规处理流程

探地震数据处理方法类似，可参阅第 3 章地震数据处理部分，这里不再详细介绍。经过上述处理，得到高质量的探地雷达剖面图像，在此基础上进行下一步地质解释。

6. 探地雷达图像的解释

探地雷达剖面图像是探地雷达资料地质解释的基础图件，地质界面或者地质构造体由于存在电性差异产生反射波，可以在雷达剖面图像上找到相应的反射波。

根据相邻道上反射波的对比，把不同道上同一个反射波相同相位连接起来的对比线称为同相轴。一般在无构造的测区，同一个波组的相位特征，即波峰、波谷的位置沿测线基本上不变化或者缓慢变化，因此同一个波组往往有一组光滑平行的同相轴与之对应，这一特性称为反射波组的同相性。同一地层的电性特征比较接近，介质的横向变化在一般情况下比较平缓，因此相邻记录道上来自同一地层的反射波在波形、振幅、周期及其包络线形态上往往具有相似的特征，称为反射波组特征。

探地雷达资料的解释工作首先是识别反射波组特征。通常从过勘探孔的测线开始，通过对比雷达图像和钻探结果，基于反射波组的同相性和相似性原则，建立测区各地层的反射波组特征。图 6-53 为部分特殊地质界面或地质体的反射波组图。

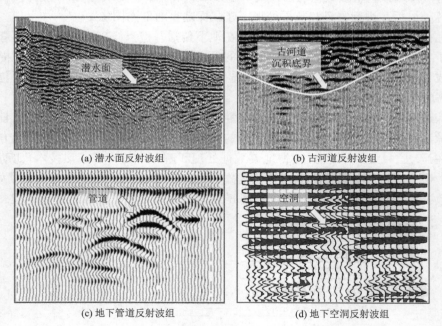

(a) 潜水面反射波组　　　　　　　　　　(b) 古河道反射波组

(c) 地下管道反射波组　　　　　　　　　(d) 地下空洞反射波组

图 6-53　部分特殊地质界面或地质体的反射波组图

图 6-53（a）为潜水面的反射波组，潜水面上下因为含水量的差别，介电常数差异较大，反射系数较大，形成近水平的强振幅反射波组，潜水面以下反射波组衰减较大；图 6-53（b）为古河道的反射波场特征，反射波振幅大，波形粗黑，同相轴不连续，

波形杂乱，河道沉积底界明显；图 6-53(c)为地下管道的反射波场特征，反射同相轴呈向上凸起的弧形，顶部反射振幅最强，弧形两端反射振幅最弱；地下空洞的反射波场特征主要取决于孔洞的形态特征及充填物的性质，图 6-53(d)为一拱形地下空间的反射特征，显示为双曲线形态，洞内有积水或者淤积物，造成波形明显的衰减。

根据反射波组特征就可以在雷达剖面图像中拾取反射层，进行地层划分。一般是从垂直走向的测线开始，逐条测线进行，最后拾取的反射层必须在全部测线中都能连接起来，并保证在全部测线交点上相互一致。不同测量目的对地层的划分是不同的。例如，进行考古调查时，特别关注文化层的识别；而在进行工程地质调查时，常以地层的承载力作为地层划分依据，不仅要划分基岩，对基岩的风化程度也需要加以区分。

在完成地层的拾取和地质体的识别后，就可以进行时间剖面的对比和解释。探地雷达反映的是地下介质的电性分布，要把电性结构转化为地质结构，必须要把地质、钻探、探地雷达三方面的资料有机结合起来，构建合理的地质结构模型。

7. 探地雷达的应用实例

探地雷达是一种非破坏性的地球物理探测技术，具有很强的抗干扰性和极高的分辨率，因此在工程、环境、资源、考古研究等领域获得了广泛的应用。工程与环境领域中可以完成的任务包括高层建筑、桥梁等的桩基勘探，河湖堤坝的稳固性评价，道路施工质量检测，建筑物的无损探伤，管线探测，等等。在石油勘探中，探地雷达可以作为地震勘探的辅助设备，提供浅层介质(如低速带)的厚度、潜水面的深度等信息。

1) 公路质量检测

公路质量检测的原始方法是钻探取心法，效率低且对公路有破坏性，目前常用于公路检测的无损检测方法有探地雷达、瞬态面波法和人工地震等。在这些方法中，由于探地雷达具有快速、连续、无损检测的特点，在公路质量检测中得到更为广泛的应用。

高速公路由土基础、碎石层和沥青面层等构成，由于各层介质的介电常数不同，电磁波在介质发生变化的界面上产生反射波。通过在探地雷达剖面上读取电磁波在各层中的反射波双程走时，利用电磁波在各层介质中的传播速度，就可以计算出介质层厚度。图 6-54 为某高速公路探地雷达图像剖面图，该段公路采用沥青路面，路面下为碎石垫层，设计路面厚度为 25 cm，在工程竣工前用探地雷达进行了路面厚度检测。图中 5.8 ns 附近的强反射为沥青路面层与碎石垫层界面的反射。沥青路面的电磁波速采用实验标定，根据反射界面的双程走时和电磁波在沥青中的传播速度计算路面厚度。检测结果表明，由于碎石垫层的凹凸不平，沥青路面厚度有较大变化，最薄处为 26 cm，最厚处为 43 cm，总体达到了设计厚度要求。

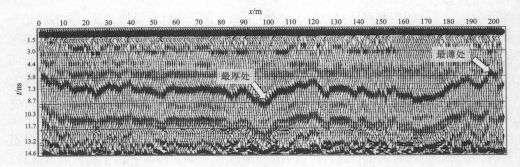

图 6-54　某段高速公路路面的探地雷达检测剖面(据田钢等，2005 修改)

2) 地下管线和埋设物调查

在工程施工前，必须进行地下管线和埋设物的调查，以了解地下空间的地电特征，为施工工程提供风险评估资料。地下管线按照物理性质大致可以分为三类：金属管道(如供水、燃气等工业管道)、非金属管道(如排水管、给水管)和带保护层的电缆(如通信电缆、动力电缆等)。上述管线和周围介质在电磁特性上存在明显差异，采用探地雷达进行探测时，其反射波组特征明显，可以取得很好的定位效果。图 6-55(a)是某铁路工程电缆探测结果，剖面横向距离上的 43.6 m 和 38.3 m 处，分别为电缆束和有水泥护层的电缆束，埋深均为 0.75 m。图 6-55(b)为黄河大堤某工区引水拱形涵洞上的探测结果，该涵洞由砖砌成，洞内淤积泥土和充水，造成波形较大的衰减，在剖面上有明显的反映。

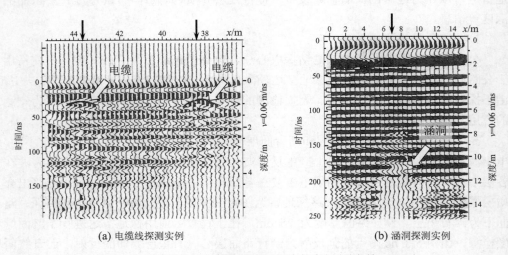

(a) 电缆线探测实例　　　　　　　　　　(b) 涵洞探测实例

图 6-55　探地雷达进行管线和涵洞调查的实例(雷宛等，2005)

主要参考文献

安振昌, 王月华. 1999. 1900~2000 年非偶极子磁场的全球变化. 地球物理学报, 42(2): 169~177.

操华胜. 2020. 地球重力学基础. 北京: 科学出版社.

陈传仁, 李国发. 2011. 勘探地震学教程. 北京: 石油工业出版社.

程志平. 2007. 电法勘探教程. 北京: 冶金工业出版社.

傅良魁. 1983. 电法勘探教程. 北京: 地质出版社.

傅容珊, 刘斌. 2009. 固体地球物理学基础. 合肥: 中国科学技术大学出版社.

胡德昭, 朱慧娟. 1995. 地球物理学原理及应用. 南京: 南京大学出版社.

李金铭. 2005. 地电场与电法勘探. 北京: 地质出版社.

李振宇, 潘玉玲, 张文波. 2020. 电法勘探原理. 北京: 地质出版社.

雷宛, 肖宏跃, 邓一谦. 2006. 工程与环境物探教程. 北京: 地质出版社.

刘光鼎. 2018. 地球物理通论. 上海: 上海科学技术出版社.

刘国兴. 2005. 电法勘探原理与方法. 北京: 地质出版社.

刘天佑. 2018. 地球物理勘探概论(修订本). 武汉: 中国地质大学出版社.

孟令顺, 杜晓娟. 2013. 固体地球物理学——地球构造、重力学与地磁学. 北京: 地质出版社.

汤吉, 詹艳, 赵国泽, 等. 2005. 青藏高原东北缘玛沁—兰州—靖边剖面地壳上地幔电性结构研究. 地球物理学报, 48(5): 1205~1216.

滕吉文. 2003. 固体地球物理学概论. 北京: 地震出版社.

田钢, 刘菁华, 曾绍发. 2005. 环境地球物理教程. 北京: 地质出版社.

王谦身, 等. 2003. 重力学. 北京: 地震出版社.

吴庆鹏. 1997. 重力学与固体潮. 北京: 地震出版社.

熊盛青, 周伏洪, 姚正煦, 等. 2001. 青藏高原中西部航磁调查. 北京: 地质出版社.

徐果明, 周蕙兰. 1982. 地震学原理. 北京: 科学出版社.

徐文耀. 2009. 地球电磁现象物理学. 合肥: 中国科学技术大学出版社.

姚姚. 2006. 地震波场与地震勘探. 北京: 地质出版社.

周仕勇, 许忠淮. 2010. 现代地震学教程. 北京: 北京大学出版社.

朱良保. 2016. 基础地震学. 北京: 科学出版社.

Brown L D, Zhao W J, Nelson K D, et al. 1996. Bright spots, structure, and magmatism in southern Tibet from INDEPTH Seismic Reflection Profiling. Science, 274: 1688~1690.

Fowler C M R. 2005. The Solid Earth: An Introduction to Global Geophysics. 2nd ed. Cambridge: Cambridge University Press.

French S W, Romanowicz B. 2015. Broad plumes rooted at the base of the Earth's mantle beneath major hotspots. Nature, 525: 95~99.

Heirtzler J R, le Pichon X, Baron J G. 1966. Magnetic anomalies over the Reykjanes Ridge. Deep Sea

Research and Oceanographic Abstracts, 13(3): 427~443.

Kawakatsu H, Watada S. 2007. Seismic evidence for deep-water transportation in the mantle. Science, 316(5830): 1468~1471.

Kearey P, Brooks M, Hill I. 2002. An Introduction to Geophysical Exploration. 3rd ed. Oxford: Wiley-Blackwell Science Ltd.

Koppers A A P, Becker T W, Jackson M G, et al. 2021. Mantle plumes and their role in Earth processes. Nature Reviews, Earth and Environment, 2: 382~401.

Lay T, Wallace T C. 1995. Modern Global Seismology. San Diego: Academic Press.

Lowrie W. 2007. Fundamentals of Geophysics. 2nd ed. New York: Cambridge University Press.

Lu C, Grand S P, Lai H, et al. 2019. TX2019slab: A new P and S tomography model incorporating subducting slabs. Journal of Geophysical Research: Solid Earth, 124: 11549~11567.

Menke W. 2018. Geophysical Data Analysis: Discrete Inverse Theory. 4th ed. London: Academic Press.

Qu S. 2021. Atlas of Typical Seismic and Geological Sections for Major Petroliferous Basins in China. Beijing: Petroleum Industry Press.

Shearer P M. 2009. Introduction to Seismology. 2nd ed. New York: Cambridge University Press.

Stein S, Wysession M. 2002. An Introduction to Seismology, Earthquakes, and Earth Structure. Oxford: Wiley-Blackwell Publishing Ltd.

Thomson A W P, Flower S M. 2021. Modernizing a global magnetic partnership. EOS, 102, https://doi.org/10.1029/2021EO156569.

Wang G C, Thybo H, Artemieva I M. 2021. No mafic layer in 80 km thick Tibetan crust. Nature Communications, 12: 1069.

Waszek L, Tauzin B, Schmerr N C, et al. 2021. A poorly mixed mantle transition zone and its thermal state inferred from seismic waves. Nature Geoscience, 14: 949~955.

Wookey J, Stackhouse S, Kendall J M, et al. 2005. Efficacy of the post-perovskite phase as an explanation for lowermost-mantle seismic properties. Nature, 438: 1004~1007.

Yeats R S. 2004. Living with Earthquakes in the Pacific Northwest. Corvallis: Oregon State University.

Zhao J M, Yuan X H, Liu H B, et al. 2010. The boundary between the Indian and Asian tectonic plates below Tibet. Proceedings of the National Academy of Sciences of the United States of America, 107(25): 11229~11233.